彩图插页

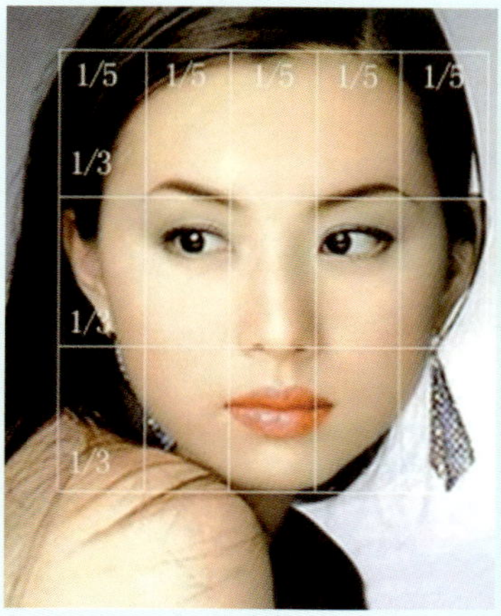

彩图 1　美女的黄金分割

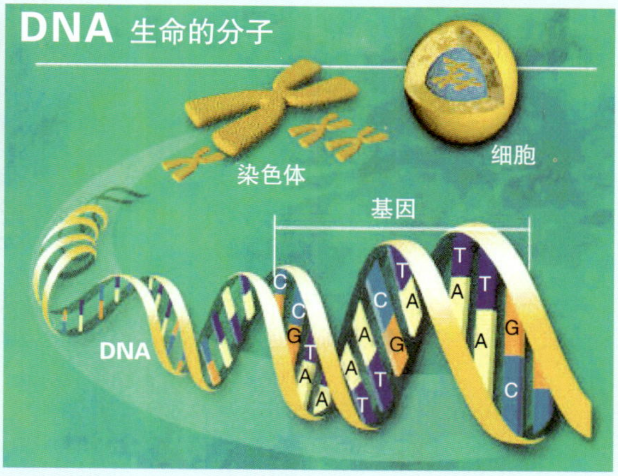

彩图 2　DNA 的双螺旋结构

彩图 3　植物具有类似的对称性的叶子、花瓣、形态

彩图 4　动物的头部对称和形体对称

彩图 5　巴黎凯旋门

彩图 7　印度泰姬陵

彩图 6　埃菲尔铁塔

彩图 8　北京故宫

彩图 9　台北故宫博物院

彩图 10　数学的形象美

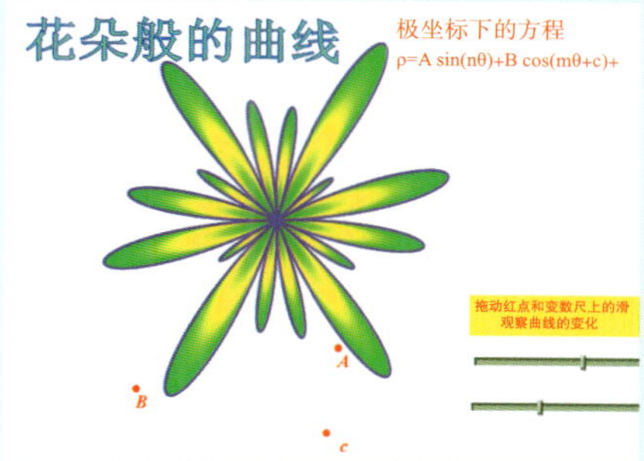

彩图 11

彩图 12　数学的动态美

彩图 13

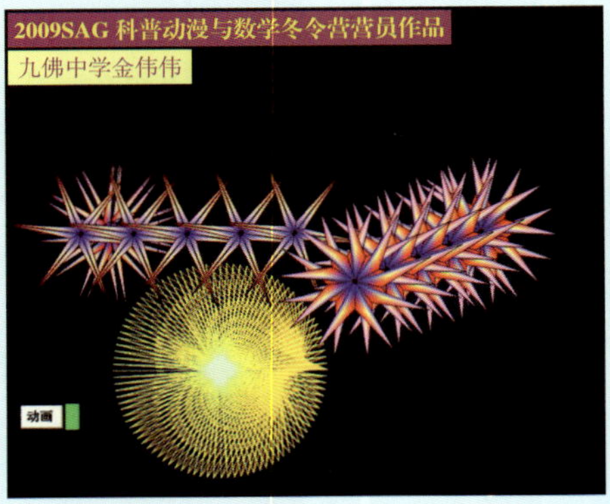

彩图 14

彩图 15　美丽的分形几何学

彩图 16

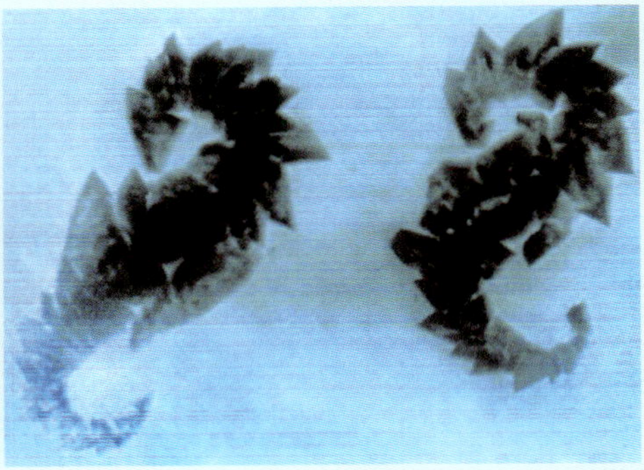

彩图 17　海马

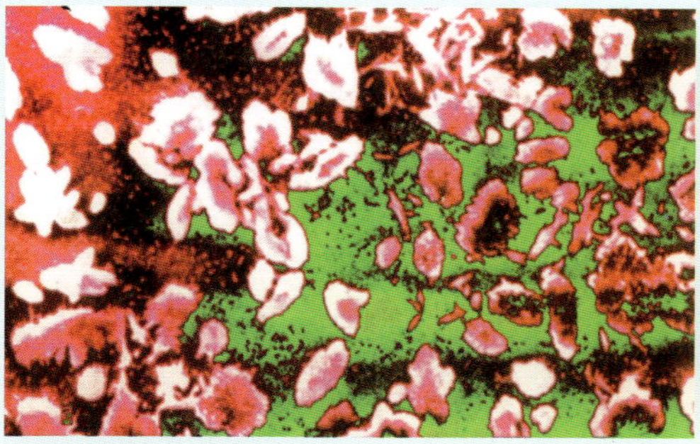
彩图 18　野花

彩图 19　鲜果

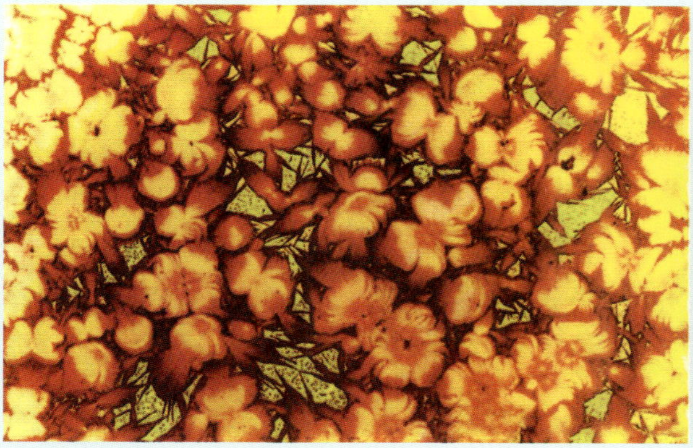
彩图 20　野花

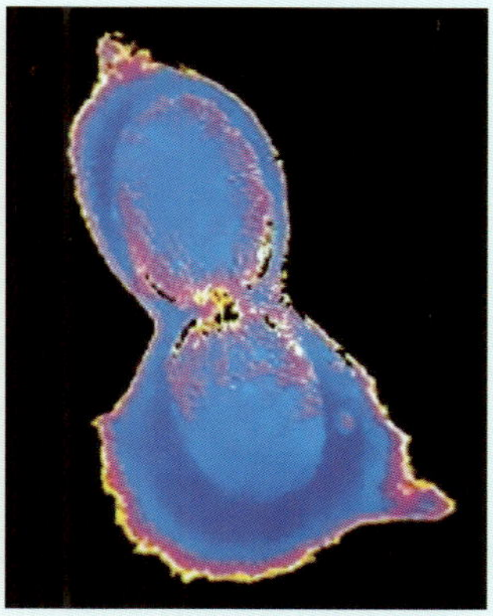
彩图 21　电镜拍摄的细菌分裂图

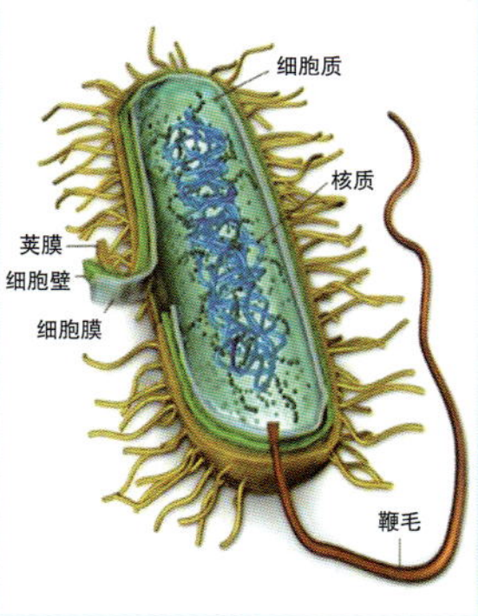

彩图 22　细菌结构示意图

彩图 23　DNA 双螺旋与胎儿

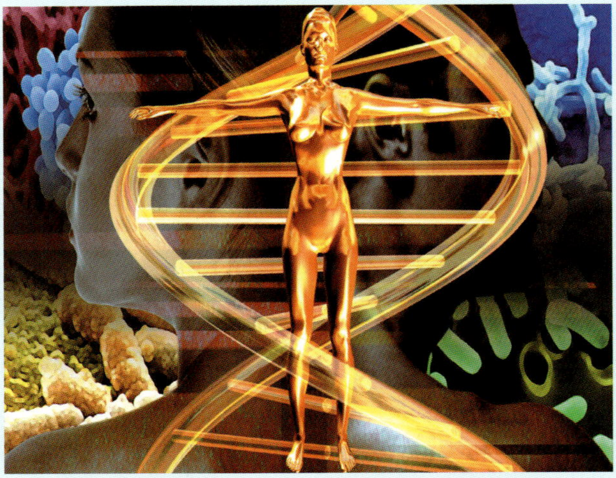

彩图 24　呼唤生命的真谛！

彩图 25　“仨老头”自左至右：汤寿根、顾钧祚、欧同化

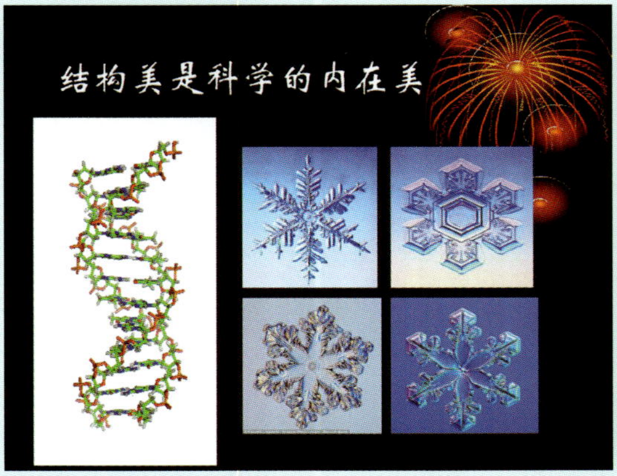

彩图 26

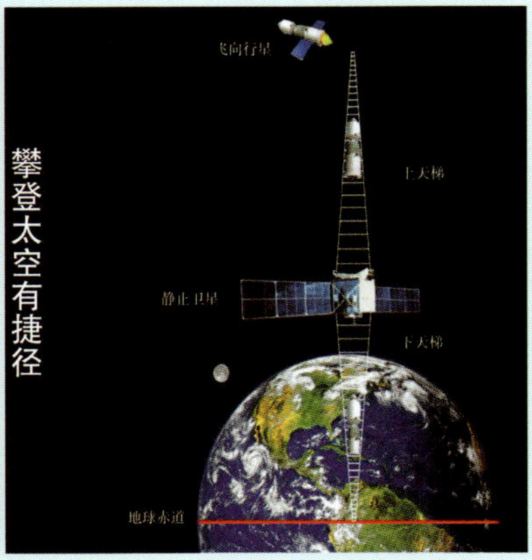

彩图 27

彩图 28　达 · 芬奇

彩图 29　拉斐尔

彩图 30　米开朗基罗

彩图 31　达 · 芬奇《蒙娜丽莎的微笑》

彩图 32　拉斐尔《雅典学院》

彩图 33　米开朗基罗《创世纪》

彩图 34　修拉《大碗岛上星期天的下午》

彩图 35　毕加索《三个乐师》

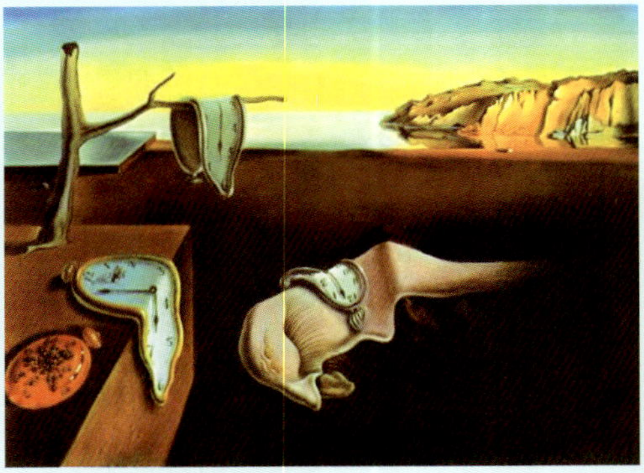

彩图 36　达利《永恒的记忆》

彩图 37　理查德 · 汉密尔顿《什么使今天的家庭如此温馨、格外不同》

彩图 38　理查德 · 埃斯蒂斯《旧街景》

彩图 39　克里斯托《峡谷瀑布》

彩图 40　哈尔滨阎家岗旧石器时代三叉形玉器图案

彩图 41　战国时期的《御龙图》

彩图 42　隋代展子虔《游春图》

彩图 43　北宋张择端《清明上河图》

彩图 44　赵孟頫《鹊华秋色图》

彩图 45　陈洪绶人物画《九歌图》

彩图 47　席德进《台湾乡村风景》

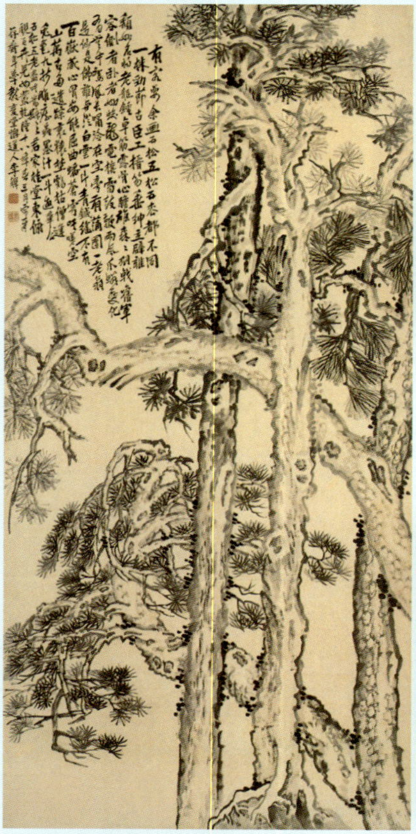

彩图 46　清代李鱓作品

彩图 48　电脑美术家陈大钢及其作品

彩图 49　陈大钢《敦煌艺术》

彩图 50　朱明《云山图》（抽象国画）

彩图 51　内画鼻烟壶精品

彩图 52　情侣手绘 T 恤

彩图 53　指画

彩图 54　潘天寿《露气》(指画)

彩图 55　水粉画《徽派建筑》

彩图 56　壁画《中国龙》

彩图 57　风景画写生（油画）

彩图 58　吹画《秋天的树》

彩图 59　吹画

彩图 60　拉斐尔《西斯廷圣母》

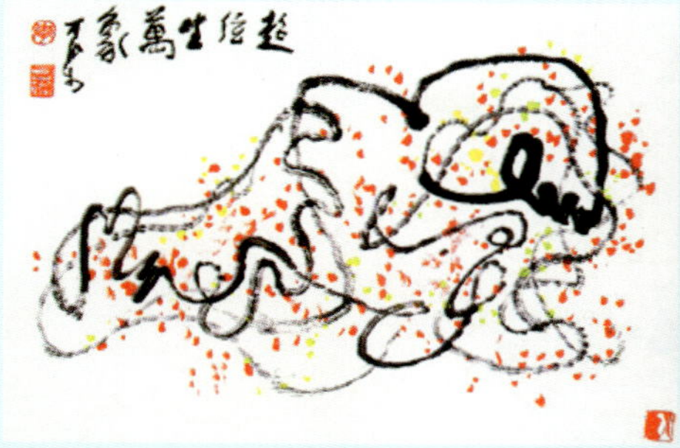

彩图 61　李可染《超弦生万象》

彩图 62　吴同椿《天空之眼》

彩图 63　彭追云《层林尽染》（金奖）

彩图 64　汤景炀《天上掉馅饼》（优秀奖）

彩图 65　刘夕庆《进化的天梯》——人类和大猩猩在基因表达上分道扬镳、各自前行……

彩图 66　刘夕庆《地球生物的标志性纹身》——DNA 统一生物多样性的“大美”图景

彩图 67　刘夕庆《天生识图者》——蜜蜂识图的探寻轨迹是由其遗传基因决定的

彩图 68　刘夕庆《无奈的进化》——人类不能因为生命的“坚强”而无视生存环境的恶化

彩图 69　刘夕庆《人类性别之谜》——X、Y 染色体的不同决定了男女性别的不同

彩图 70　缪印堂《古树新芽》

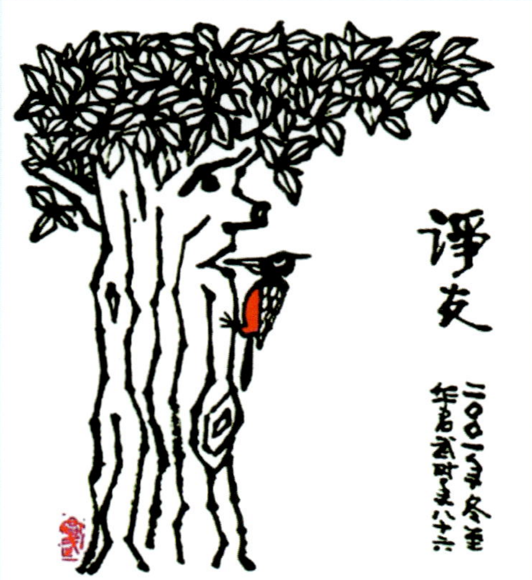

彩图 71　华君武《诤友》

彩图 72　华君武《不可牛饮》

彩图 73　朱自尊《爱因斯坦》

彩图 74　缪印堂《绿林“好汉”》

彩图 75　佚名《无题》

彩图 76　徐滔《曲线救国》
（先锋漫画）

彩图 77　缪印堂《四大发明的反思》（组画）

彩图 78　缪印堂

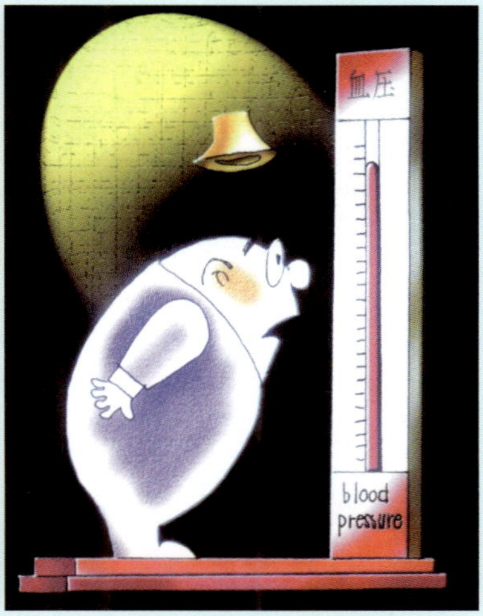

彩图 79　缪印堂《你重它就高》

科普美学

汤寿根　主编

科学普及出版社
·北　京·

图书在版编目（CIP）数据

科普美学 / 汤寿根主编 . —北京：科学普及出版社，2016.7
ISBN 978-7-110-09353-5

Ⅰ. ①科…　Ⅱ. ①汤…　Ⅲ. ①科学美学　Ⅳ. ① G301

中国版本图书馆 CIP 数据核字 (2016) 第 154597 号

策划编辑	杨虚杰
责任编辑	王卫英　李　英
装帧设计	中文天地
责任校对	凌红霞
责任印制	马宇晨

出版发行	科学普及出版社
地　　址	北京市海淀区中关村南大街16号
邮　　编	100081
发行电话	010-62103130
传　　真	010-62179148
网　　址	http://www.cspbooks.com.cn

开　　本	787mm × 1092mm　1/16
字　　数	264千字
插　　页	10
印　　张	23.25
版　　次	2016年7月第1版
印　　次	2016年7月第1次印刷
印　　刷	北京凯鑫彩色印刷有限公司

书　　号	ISBN 978-7-110-09353-5 / G·3935
定　　价	68.00元

前　言

那是十年前的事了！

中国科普作家协会第四届理事会理事长是我国著名的数学家、科普作家张景中先生。景中先生在广州工作，每年中国科学院召开院士大会或中国科普作家协会举行常务理事会议时，他就来北京参加会议或主持会议。景中先生不在北京时，委托我这个副理事长协助他处理日常重大工作并及时向他汇报、请示。我曾在先生领导下共事八年。

大约是 2005 年吧！

景中先生来京参与院士大会。我前往京西宾馆向他汇报工作。先生正在伏案工作，电脑屏幕上有一朵美丽的花朵，彩色的花瓣不断地舒展、变幻着，仿佛是一个生命体，正绽放着她的千姿百态。我简直看呆了！先生说：这里演示的是“数学的动态美”。它所反映的其实是一个很简单的几何图形中一个点的运动变化。

我在大学时代，成绩最差的就是数学，想不到这门意象的、理性的“纯科学”，竟然蕴涵着如此丰富的“感情”！这样简单的几何图形，居然变化出如此艳丽的花纹。这是数学具象的感性美！正是:“万物皆有爱；科学也多情”。据此，我萌发了要研究和撰写有关“科学美学”的著作。先生要我直接研究“科普美学”，因为科普之美源于科学之美。从此，我铭记在心，将撰写《科普美学》作为我余生之年，必须完成的一件“大事”！

忙忙碌碌，杂事缠身，然未敢忘却初衷，抽暇查阅、学习有关美学的专著（此类专著极少，尤其是鲜见谈到“科学美学”的，更无提及“科普美学”的）。转眼之间，十年过去了，我终于完成了《试论科普美学》的初稿。说来也奇怪，当我决心提笔（我使用手写“汉王笔”输入）时，思潮如涌，仿佛这是我五十余年科普生涯的演绎与总结。数周时间，两万多字，跨越了五十度春秋。垂垂耄耋，岂敢虚度；匆匆岁月，莫负“金秋”！

当我将《试论科普美学》初稿，于 2014 年 10 月 15 日传奉景中先生教正时，先生又给了我鼓励与勇气。先生推荐拙文的评语是:“本文为作者积数十年科普创作理论研究与实践的总结。作者将科普创作理论提高到了哲学的层次，获得了科普创作界普遍的好评。目前，尚未见到有关‘科普美学’的系统性的论述，可以认为本文填补了这方面的空白。”由此，又激励了我的信心与决心，以“试论”发祥，演绎为《科普美学》的专著。感谢科普创作界同仁的支持！特别是焦国力、霞子等科普作家鼎力相助，圆了我十年之夙愿！在此谨表深切谢忱！

当今世界已进入网络时代，高度发达的信息技术，已将时空极度“压缩”，时间与距离已不成为人们交互的障碍。随着人们科学文化水平的不断提高，单纯科技知识普及作品的功能，将被互联网技术的发展和普及所淡化。人们运用强大的网络搜索引擎，几乎所有已成熟的科技知识都能共享。但是，寓科学技术于文学艺术之中，弘扬科学精神，宣传科学思想的作品是难以替代的。随着时代的发展，科学文艺和文理结合的科普作品的社会功能将会日益显现出来。鉴此，本书内容均为“文艺体”科普创作的美学思考，如散文、诗歌、童话、传记、演讲、美术、漫画等（科普创作的体裁，主要分为“文艺体”与“讲述体”两大类）。

由于科学文艺是以文艺作为载体，传播科技知识的一门边缘学科。它首先必须“尊重科学”，具有科学的审美特征；同时，又要遵循文艺创作的普遍规律，具有文艺的审美特征。它的顶峰，似应是“‘美美与共’可以成就‘天下大美’”。先哲梁启超说：“艺术（可以引申为‘美’）和科学有一共同因素——自然，两者的关键都是‘观察自然’”。因此，本书体例一律首先阐述该品种文学艺术的创作规律及其特征，然后再阐述科学普及的创作规律及其特征。如以本书第二章“科学散文的审美”为例，首先为散文的涵义、沿革、类别、审美特征、写作技巧等；其后为科学散文的涵义与沿革、审美特征等。

美学本身就是一门哲学性质的学科。这是因为：美学的基本理念就是一个哲学思辨的问题。这种把人的注意力，从杂然纷呈的感性现象，引向统摄一切的抽象的本质；从变动不居的美的事物，引向恒久不变的美的本身，显然是遵循了古希腊形而上的哲学传统。

“科普美学”是研究科普美的审美形式及其规律的学问，是从哲学、心理学、社会学的角度来研究科普的艺术，以提高作者的创作能力和读者的审美能力的学问。涉及“科普美”的言论，仅有少量散见于杂志的文章，尚无人梳理、诠释、演绎、归纳为《科普美学》专著。但是，任何事物总会有一个“开端”。我斗胆“出头”编纂成书，俾能聆听业界意见，并求教于方家。

2015 年 4 月 10 日于平和斋

目录 | CONTENTS

前　言 / 汤寿根

第一章　**概论** / 汤寿根 …… 001

第二章　**科学散文的审美** / 汤寿根 …… 037

第三章　**科学诗歌的审美** / 汤寿根 …… 068

第四章　**科学童话的审美** / 霞　子 …… 109

第五章　**科普演讲的审美** / 焦国力　汤寿根 …… 161

第六章　**科学家传记的审美** / 汤寿根 …… 207

第七章　**科学美术的审美** / 汤寿根 …… 269

第八章　**科学漫画的审美** / 汤寿根 …… 337

第一章 概　论

汤寿根

1.1　科普的社会功能

笔者经过多年来对科普创作理论的学习、研究与实践，认识到：“科普的社会功能”可以概括为一副对联和五个词组。

一副对联是“解读自然奥秘，探究人生真理”。自然科学追求的是穷尽“自然的真谛”；人文科学追求的是穷尽“人生的真理”，两者都是人类社会发展所亟需的。科学本身就是一种人文理想。人类社会谋求持续协调、全面发展需要以科技为动力，人文作导向。

五个词组是“求真、崇实、启善、臻美、至爱”，以达“天人和谐”。“真善美”是人类追求的最高理想，为什么还要“至爱”呢？因为，爱与真善美相比，有它独特的性质。符合真善美的事物主要存在于客观世界，它们本身并不是人的一种感情。而爱来自人的内心，是一种理智的感情、一种生命的本质、一种生命的力量。这种生命力可以推动人类进行不懈的努力，去追求、实现真善美，去创造出世界上原来没有的、美好的事物。“爱”也应列为人文精神的重要内涵，是人性中应该大力弘扬的重要元素。

柏拉图说：“爱的力量是伟大的、神奇的、无所不包的”。世界上一切麻烦的根源，都因为缺少了“爱”。生态环境要靠爱的力量来维护；社会和谐要靠爱的力量来维持；世界和平要靠爱的力量来维和。“爱”是人类的一切最高的幸福源泉。

人类应当用“爱”来统领“真善美”！

1.2 关于美、科学美及科普美学

1.2.1 美

“美”是一种身心的享受、一种心灵的谐振、一种优秀的品德、一种崇高的追求。

爱美是人类与生俱有的天性。追求美、创造美是人类矢志不渝的理想。梁启超说：“美，是人类生活的一要素，或者还是各种要素中之最重要者。倘若在生活的全部内容中把‘美’的成分抽去，恐怕便活得不自在，甚至活不成”。

当您欣赏一幅优美的图画、一首典雅的乐曲或扣人心弦的诗歌，甚至一轴龙飞凤舞的书法时，您是否感到，它们引发了您心灵的感应和激荡，是愉悦、是陶醉、是憧憬，或许还夹杂着一丝淡淡的惆怅和眷念！仿佛这是您等待已久的梦境。“大美不言”，动情之处，不觉热泪盈眶。这就是您感到了“美”！

对我辈科普作家来说，想让自己的作品产生社会价值，说白了就是要用“科学之美”去感染读者。

曾经有学者认为，科学研究主要是对自然、社会和人本身的奥秘及其演变规律的发现和认识的过程，侧重于理性的抽象、演绎与归纳，即主要是探求真理，似与“美”无关。但是自古以来，人们在对自然的认识与发现过程中，尤其是科学家在科学实验和理论研究活动中，确实发现了美，感受到愉悦和陶醉。早在公元前 6 世纪末成立的古希腊毕达哥拉斯学派，就从数学研究中发现了和谐之美；陈景润在我国 20 世纪六七十年代极其恶劣的环境、极其严酷的生活条件下，仍能迷醉于数论王国之中，因为他感受到了数学之美、数论王国的瑰丽。极其抽象的“纯科学”尚且如此，其他学科可想而知。

1.2.2　科学美

“科学美”是理性认知活动及其成果所具有的审美（审视美感）价值形式，是理性的一种纯粹的抽象或净化的形式。

科学美的特点如下。

净化和抽象　科学美和艺术美一样也是人造的形式，是第二性的美（自然美为第一性，科学美为第二性，而科普美则是第三性了）。艺术美是一种理想的美，科学美作为真理的形式，则是一种理性的美；艺术美主要呈现为感性形式，或者形象形式，科学美则主要呈现为净化形式，或者抽象形式。科学美是在理性的抽象形式中，包含着感性的丰富内容，呈现为抽象形式之美。

随着各门科学的数学化，数学美已成为人们的共识，愈益显现其璀璨光辉。法国哲学家狄德罗说：“所谓美的解答，是指一个困难复杂的问题的简单回答。”爱因斯坦的质量与能量的关系公式：“*E*（能量）等于 *m*（质量）乘 *c*（光速）的平方”，可以说是“净化和抽象”的范式。他只用 3 个字母和 1 个数字便解答了内容极为丰富的科学问题。

规整和简洁 科学家以最规整、最简洁的形式，概括最丰富、最大量的自然现象，去揭示最普遍、最深刻的自然规律。科学公式和理论的规整性和简洁性，就是其深广内涵的最好形式。例如黄金分割律是一种最简洁、最美，也是最有普遍性的比例形式（一根直线的前半段与后半段之比应等于后半段与全长之比，其解为 0.618，即黄金分割值）；爱因斯坦的广义相对论，因其简洁、准确而被人们称为“漂亮的理论”、“现有物理理论中最美的”；DNA 规整美丽的双螺旋结构，以及和谐地包含其中的 A、T、G、C 四个核苷酸，构成了简洁的旋转形阶梯。就是这一对生命的曲线，却演化为地球上生生不息、千姿百态的芸芸众生。这简直是“大美”了！

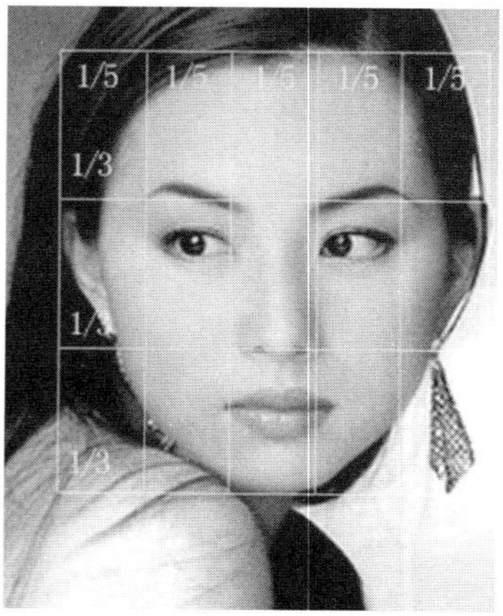

美女的黄金分割（见彩图 1）

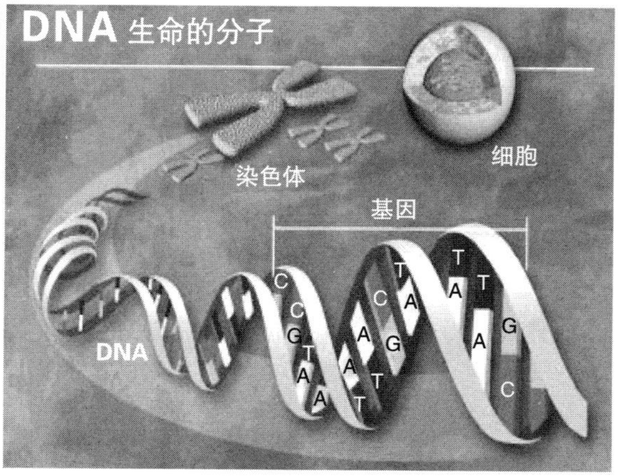

DNA 的双螺旋结构（见彩图 2）

对称和有序　自然科学的任务是探索大自然的现象和规律，而这些现象都具有对称、有序等特性。正是这些理性活动及其成果显示的审美（审视美感）形式而使人激动。例如，1869 年俄国科学家门捷列夫首创的“化学元素周期表”。他发现各种元素原子的结构是有规律的，可以列成周期表，并能解释原子和分子是如何构成物质世界的。人们不能不惊叹，五彩缤纷的大千世界竟如此和谐地统一于原子的周期排列。自然界的形成、运行、演化、生长、繁衍、消亡都是有规律的。这就是令人信服的科学美。

美学是研究有关美的规律的学问。三十余年前，何寄梅在《科普创作》杂志（中国科普作家协会会刊）上就曾经发表过有关“科学的美”的文章；1988 年 7 月，袁正光在《科普创作》（1988，4 期）上发表的《关于科学美的思考》中，谈到了科学的五种美学形式：隐象美、规律美、实验美、理论美、理性美；汤正华在《科普创作》的同期上，发表的《科普创作的美学情趣》中认为：“科学与文学、美学之间，并非一般所认为的那样不相干，科学与文学的结合，将达到一种高层次的美学境界”、“我们不能把逻辑认识与艺术认识，或者说逻辑思维与形象思维绝对地对立起来，这是统一认识的两个方面……在一些优秀的科普作品里，总是同时具备这两种思维能力，作品所显示的惊人的剖析能力和艺术魅力，使我们感受到人类的高尚情趣与智慧光芒。”她呼吁“时代要求科普创作提高到更高的美学层次”；1990 年 3 月，焦国力在《科普创作》（1990，2 期）上发表的《引进文学手法　建立科普美学》，在阐述了“科普创作走进了低谷期”的原因后，明确提出“科普创作的突破口在哪里？我认为：科普创作的出路在于——引进文学手法，创立科普美学”、“美学就是艺术的哲学。科普要按照美的规律进行创作……科普创作需要理论指导，这种理论就是科普美学。科普美学是从哲学、心理学、社会学的角度来研究科普的艺术，提高科普的创作能力和读者的审美能力。”他还提出了科普美学的内容和研究的范围：“调动一切可以利用的文学手段”、“研究如何创造科普作品的艺术意境”、“要求科普作家有广阔的知识面和丰富的生活阅历”、“在创作科普作品时，必须考虑如何才能为广大的群众喜闻乐见、通俗易懂”、“要求科普作家具有良好的审美意识”。

1.2.3 科普美学

“科普美学”说全了是“科普创作的美学”。在这里，科普创作者是审视美感的主体（审美主体）；他的审美对象（审美客体）是“科学”。科普创作者需要发现和研究“科学之美”，并将这种美感经过创作（读、视、听）手段和创作技巧，形成不同媒介（影视、广播、网络、图书）、不同体裁（讲述体、文艺体、辞书体等）的科普作品。

科普创作者对审美客体“科学”的分析研究，大致有两个方面：一是科学（包括技术）能够使人产生美感的根本原因（共性）是什么？有什么规律可循？二是人的美感是怎样产生的？有什么特征？此外，需要分析研究，怎样使自己的作品（审美客体），让受众（审美主体）产生兴趣，从而激发阅读、收视、收听的欲望。

笼统来说，以上就是“科普美学”的内涵。

1.3 科普美学的审美对象——审美的主体与客体

具有审美性质的客体是构成审美对象的必要前提，没有审美客体存在，也就不可能有审美对象存在，审美对象是由审美客体转化而成的。客体包括：自然事物和现象、社会事物和现象，以及文学艺术，由于它们具有审美性质，即具有潜在的审美价值属性，而被称为审美客体。无数的自然、社会、文艺审美客体，为审美对象的形成提供了无限可能性，成为审美对象构成的客观基础和来源。

具有科学美的事物（审美客体）作用于审美主体（科普受众），从而在其内心世界中激发起欢快、愉悦等特殊心理感受，称之为“科学美感”。科学美感不同于一般审美过程中的美感。它不是仅仅由事物的表现形式（文字、结构、图像、色彩、音响）作用于感官所产生的感受，而是审美主体与客体互相作用的产物。一方面，审美客体作用于人的感官，使欣赏者产生心理和情感的共鸣，引起内心世界和谐的、美的享受；另一方面，主体以其特有的审美判断和审美评介选择客体，在无数对象中仅仅同他所理解的客体建立审美联系。主体的审美活动不是机械的、照镜子式的被动活动，而是探照灯式的能动活动。

“科学”作为审美对象，包含有自然界和社会中，具有科学审美属性的多种多样客体，但只有当审美主体欣赏它们时，才会成为审美对象；当主体还没有形成审美能力（缺乏科学素养）或审美态度（无意揽胜）时，它们也不会成为审美对象。

由于上述原因，科普创作者就需要着意在“引人入胜”上下功夫。“胜”就是追求科学真理的乐趣；“入胜”就是进入到科学真理的胜景中去的喜悦。这种胜景是科学技术本身的美所造成的。

赵之于 1983 年《科普创作》第 4 期上发表的文章《趣味的层次》中说：“科学对于科学家、科技工作者来说，那是一种有生命的东西，极其生动，非常有趣，可以令人迷醉……所以，发现量子力学的海登堡在记录他和爱因斯坦的对话时写道：‘如果自然给我们显示了一个非常简单和美丽的数学形式，显示了任何人都不曾遇到的形式，那么我不得不相信它是真的，他揭示了自然界的奥秘。’在这些科学大师们看来，真实的、合规律的就必然是美的。因此，我们在科普写作和科普编辑中除了要讲求一般的趣味手段之外，更应当着意于把科学本身的趣味（科学美），即把科学的本性挖掘出来，让他们（读者）感受到科学本身就是迷人的，是美的。只有这种趣味，才能叫做‘科学趣味’。或者借用一下我国古代诗论中的语言，叫做‘理趣’。只有把科学趣味发掘出来，才会收到使读者愿意不避艰险、不怕枯燥，进入科学领域去追求科学本身的效果。”

创作一篇科普作品时，在结构上怎样来体现“科学技术本身的趣味”呢？读者在阅读科普作品时，总是带着生产或生活中碰到的许多问题——什么？怎么？为什么？这些问题在读者的头脑里不是零乱地出现的，而是有规律地产生的。也就是说，读者有自己的思维活动。想要吸引读者，就一定要抓住读者的思维逻辑，当读者想到什么时，作者正好讲到这个问题，从而使读者产生浓厚的兴趣。科学技术本身是一种严格的逻辑思维。作者不仅不能违背这个逻辑，而且要善于把读者的思想引导到科学的思路上来。一方面要掌握和顺应读者的思维活动规律；另一方面又要往科学的思维上引导。通过顺和引，把两者结合起来。这个过程就可以概括为“引人入胜”四个字。

科学本身的趣味在于追求真理，如果着意挖掘了“科学趣味”让读者感受到了科学的美，引导读者进入科学真理的胜景，感染和熏陶读者去树立高尚的思想情操，这样的科普作品必然是弘扬了“求真、崇实、无畏、创新”的科学精神的。科普作家在写作技巧上需要构思的是“引人”两个字。这里说的是“引人”而不能“强人”。关键是要找到与读者的“感情世界”和“经验世界”契合的切入点，引起读者的情感认同而将作者传播的科技知识融为自己的知识。不同的读者对象，由于科学文化水平、兴趣和年龄的差异，有着不同的感情世界和经验世界。可见，作为科普创作者，必须对自己作品的审美主体——受众要有深入的研究和了解。

科普创作者的审美对象是“科学技术”。他们的任务是运用其特有的审美经验、审美判断与评介，发现科学技术的审美价值属性，运用高超的写作技巧，把科学美呈献于读者。

科学是反映自然、社会、思维等客观规律的分科的知识。科学是“求真”，科学用逻辑和概念等抽象形式反映世界，揭示事物发展的客观规律，探求客观真理；技术是“务实”，根据生产实践经验和自然科学原理而发展成的各种工艺操作方法和技能（还可包括相应的生产工具和设备，以及工艺流程）。

科学技术的审美价值属性可以用一段话来概括："科学技术是艰巨的、诚实的劳动，它启迪人们的智慧，培养人们的艰苦奋斗精神和务实精神；科学技术是探索未来、创造未来的，它培养人们宏伟的胸襟、宽阔的眼界、探索的勇气和创新的胆识；科学技术是同谬误做斗争中发展起来的，它培养人们不畏艰险、不怕挫折、锲而不舍，一往直前地追求真理和捍卫真理的大无畏勇气；科学技术是人类共同的财富，它同一切投机取巧、唯利是图、自私自利的行径格格不入，它陶冶人们高尚的情操，培养人们的献身精神。"

以上这些人类优秀的品德"科学之美"，都是科学技术的属性，是人类科学精神的具体表现。

1.4　科普美的内涵

"科普美"是审美主体——科普作者通过创造性劳动，将审美客体——科学技术知识，运用"逻辑思维"或"形象思维"或"逻辑思维与形象思维相互结合"的创作技巧，整合、演绎为第三性美学作品的审美形式（第一性为自然美，第二性为科学美）。

在讨论科普美的形式之前，似有必要来重温一下科学和艺术大师们对"科学技术与文学艺术"的关系及融合方面的名言。由于新时代的科普作品是科学技术与文学艺术结合、"文理交融"的产物，有关这个问题的认识与实践，对我们科普作家来说是至关重要的。

我国最早探讨“美”与“真”的是梁启超。他认为：“从表面来看，艺术是情感的产物，科学是理性的产物，两个东西很像是互不相容的。但是西方文艺复兴的历史却证明，艺术可以产生科学……艺术和科学有一共同因素——自然，两者的关键都是‘观察自然’。”

李政道认为：“科学是人类探究、认识大自然的结晶；艺术是人类描绘、表现大自然的升华。它们的共同基础是人类的创造力；它们的共同目标都是追求真理的普遍性。

“艺术，例如诗歌、绘画、音乐等，用创新的手法去唤起每个人的意识或潜意识中深藏着的已经存在的情感。情感越珍贵，唤起越强烈，反响越普遍，艺术就越优秀。

“科学，例如化学、物理、生物等，对自然界的现象进行新的准确的抽象，这种抽象通常被称为自然定律。定律的阐述越简单，应用越广泛，科学就越深刻。尽管自然现象不依赖于科学家而存在，它们的抽象是一种人为的成果，这和艺术家的创造是一样的。”

诗人臧克家说：“研究大自然，参透它的奥妙，是科学家的任务；描绘大自然，表现大自然，是文学家的事情。”

爱因斯坦说得好：“在那不再是个人企求和欲望主宰的地方，在那自由的人们惊奇的目光探索和注视的地方，人们进入了艺术和科学的王国。如果通过逻辑语言来描述我们对事物的观察和体验，这就是科学；如果用有意识的思维难以理解而通过直觉感受来表达我们的观察和体验，这就是艺术。二者共同之处就是摒弃专断、超越自我的献身精神。”

科学家与文艺家是天然的同盟军。他们从不同的立场、用不同的方法，各自而又协同地研究和描绘着绚丽多姿、五彩缤纷的大千世界。而科普作家则应是兼两家之所长，融会贯通地运用逻辑思维和形象思维、生动地描绘和传播自然知识的专家。

科普作家要学会用两只眼睛看世界：一只眼睛看的是“科学技术”，另一只眼睛看的是“文学艺术”，从而用文学艺术的心灵和笔触来演绎和释读科学技术。

笔者的一位好友科普作家顾钧祚说，马王爷有三只眼，我们应当还有一只眼睛，看的是市场。

科普创作也需像李政道所说的艺术一样，用创新的手法去唤起人们心中的良知、激发读者的情感，使他们进入科学美的境界，去感受科学探究的过程。传播技术也一样，技术所依据的科学原理是已知的，但将科学物化所使用的技术路线却是创新的。普及技术的科普作品应将这种创新思想写出来。

科普创作与艺术创作一样，都是运用艺术的手段（就科普创作而言，就是发掘或表现科学美的创新的技巧），遵循美学的规律，将科学所内涵的美去感染人们，给人以真与善的感悟（包括科学的探索与发明，技术的创新与进步）。

什么是美学的规律？“人类是按照美的规律创造世界的。美的规律就是人类在进行自由的、有意识的、有目的的创造性实践活动时，符合客观物质运动的那些规律。因此美的规律恰恰就是左右物质运动的那些规律……美学与自然科学在实践基础上是辩证统一的。”（王天宇《论科普作品应给人以科学美学思想的感染与熏陶》）

下面，笔者根据多年的编创实践，介绍“科普美”的五种审美形式及其创作技巧。

1.5 科普美的审美形式

1.5.1 逻辑美

科学重理性，具抽象性；科学研究主要依靠分析、归纳和推理，以逻辑思维的方法为主。科学认识世界的纽带是“逻辑”。

科普作者运用逻辑思维进行创作的主要体裁是“讲述体”。讲述体通过通俗的讲解、叙述，传播某种科学知识或应用技术，力求表达科学技术的“逻辑美”。一般行文平铺直叙，大都要求从不同侧面穿插历史、联系生活，做到深入浅出、引人入胜。

在讲述体作品中，又可以分为各有特色的不同表达形式，如浅说、趣谈、史话、对话、自述等。

浅说——这是最常用的形式。这种文体一般保持了原有的学科体系，但回避了繁复的数学公式和深奥的术语、定理，用简明、流畅、生动的语言通俗地介绍科技知识。

趣谈——在浅说（漫话）文体的基础上，以有趣的故事、生活中常见的现象，以及谚语、成语、诗词切入主题。这类文体常常使用一些生活的、历史的、文学的情趣来吸引读者，旁征博引、涉古论今、谈天说地，既给人以知识，又给人以乐趣。

这是知识性和技术性科普读物的特点与要求。

“讲述体”科普作品如何体现“逻辑美”呢？对于这种体裁的科普作品，可以有两种创作手法。

第一，抓住读者的思维逻辑，从他们的感情世界与经验世界中的科学问题作为切入点，层层剥笋，步步深入，运用严密的逻辑，不断地展示科学思维的美，将读者引进科学真理的胜景。

现以北京大学数学力学系老教授武际可的文章《捞面条的学问——兼谈分离技术》为例来说明。

这篇文章的目的是介绍应用力学原理的两大类分离技术——筛选法与扰动法。首先，作者起了一个好题目“捞面条的学问”。读者第一个反应是：“什么？捞面条还有学问吗？这是什么学问？倒要看个明白！”这个题目就吸引读者非要读读下文不可了。当然，好题目还必须有好内容，千万不要形成“虎头、猪肚、蛇尾”，否则，读者就要泄气了。

作者在文章开头先谈了一些笊篱的历史和掌故，以增加一点人文的情趣。接着，他提出一个问题，“捞面条用笊篱，这是常识”……“然而还有一种只用筷子不用笊篱的捞面方法”“用筷子挑面条，开始比较容易，问题是剩下最后几根面条如何捞起”。怎样才能把最后几根面条捞干净？说实话，这个问题笔者也感兴趣。为了怕浪费粮食，这最后几根面条确实让我伤脑筋。然后，武际可告诉您如何捞的具体方法：“先使锅离火，然后用筷子在锅里作圆形搅动，使面汤旋转起来，面条便自然会集中到锅底中心，再用筷子到锅底去捞。如此，重复几次，面条便会一根不剩。不信请君一试便知”（用现在时兴的话来说，这叫做“参与意识”）。读者自然会想，这是什么道理呢？于是，作者要“请君入瓮”了，将读者往科学思维上引导，阐述了流体力学的“二次流”概念。原来锅里的面汤在旋转的同时，沿着锅壁产生了“二次流”。这是一个垂直于锅壁的打圈圈的二次流动，面条在这两种力的作用下，就听话地跑到锅底中心去了。这本来是个枯燥的力学原理，但到这份上读者得耐着性子弄懂它。

按说“捞面条的学问”到此为止了，然而这还只是正题的引子，作者是要引导读者进入更深的科学层次，“让我们将前面介绍的捞面条的两种方法稍加总结……捞面条的问题是如何根据面条和面汤的物理几何性质将它们分离……这种将两种或多种混合物的每一种成分分离开来的技术问题，从古以来，一直是科学家和工程师所执著研究的重要问题，一般就称为分离技术”。作者再从浅显的、日常碰到的生产上的例子说明了“筛选法”与“扰动法”的科学原理，又进而引申到第二次世界大战期间分离铀同位素的美国研究原子弹的“曼哈顿计划”。作者是这样结束这篇文章的：“‘曼哈顿计划’不过是以大量的人力、物力、财力精细地‘捞取’铀 235 这锅‘面条’，从而使核技术跨进一个新时代。当今，我们正在和将要更精细地‘捞’更难‘捞’的‘面条’，以使人类科学技术进入更为发达的时代。”原来“捞面条”里面竟有这么大的学问，说不定哪位青年读者看了这篇文章后，有志于毕生去从事“分离技术”的科学事业。这样的结尾就不是“蛇尾”而是“豹尾”了。

第二，从读者的感情世界和经验世界中的科学问题作为切入点，经过设计，有意识地在科普作品的形式和结构中设置相应的环节，在传播科技知识的同时表达了“逻辑美”。

例如，发表在《青年科学向导》2000 年第 5 期上笔者的文章《主宰生命的双螺旋》。本文原意是普及基因的科学知识的，但作者没有正面从基因是什么开头，而是从“探索生命的奥秘”切入：“千百年来，‘生命的奥秘’从来就是一个不容人侵犯的神圣领域。西方的基督教认为众生是上帝创造的；中国的神话传说人类是女娲氏用黄土造成的。不论东方或西方的宗教都认为人是有灵魂的，有灵魂才有生命；只要坚持修炼，肉身死后，灵魂就会升入天国和极乐世界，或成仙成佛，或投胎转生富贵人家。”接着作者提出一个问题：

“人有没有灵魂？灵魂是什么东西？”然后告诉读者：“由美、日、德、法、英以及中国科学家参与的‘绘制人类生命的蓝图’的计划，正在对上面的问题作出答复。在这些科学家看来，生命也可以用物理和化学的法则来加以说明。‘人的生命产生了精神，而生命现象却是可以用物质来解释的’。”“人类总有那么一些‘叛逆’，他们往往是智慧的先行；他们不安于现状，敢于质疑，敢于创新，并因此促进了人类自身的发展，对于生命奥秘的探索也不例外。”于是文章谈到了人们发现和研究基因的科学史，解释了 DNA 的分子结构模型和它的遗传特性。“这么说来 DNA 上的基因倒真有点儿像灵魂呢？它确实能‘投胎转生’。不过这是物质，不是精神。”

为什么说生命现象是可以用物质来解释的？文章接着用物质的运动、蛋白质和核酸的生理功能来解释了生命的特征与本质。“你们看，人体是不是像一架有机物质构成的机器。体内各种部件协调地运动就产生了生命现象。机器一旦老化或损坏到不能修复时，生命也就终止了。哪里有什么灵魂呢？不过你的基因已经‘投胎’传给了下一代，由此生生不息。”

人类的基因图谱为什么是“绘制生命的蓝图”？作者在展望

了人类 DNA 图谱研究与应用的前景后，得出了结论:“不是上帝创造和主宰了生命，而是在适宜的生态环境下，蛋白质与核酸相互作用的结果；是氨基酸与核苷酸生物大分子的分离和合成，生物细胞长期多代遗传、变异的结果。冥冥之中没有天意，人类自己要掌握自己的命运。”

1.5.2 形象美

艺术重感性，具形象性；艺术创作主要依靠联想、想象和灵感，以形象思维为主。艺术认识世界的纽带是“感情”。形象思维是人们依据客观之象，经过主观创意的加工，创造出形象，运用形象进行表述。

科普作者运用形象思维进行科普创作的主要体裁是“文艺体”。文艺体是运用文学艺术的形式来记述或说明某些科技内容的一种创作体裁。它寓科学技术于文艺之中，把叙事、描写、抒情和议论不同程度地结合在一起。用群众喜闻乐见的各种文艺手段来宣传科技知识和科学思想，富有“形象美”，使科学较易为人们所接受。

文艺体科普创作的体裁有：科学散文、小品、诗歌；科学小说、故事、童话；科学报告文学、考察记、游记等。科学文艺作品可以说能够采用文学的所有体裁。

关于这些体裁的特点与作用，可以参考章道义、陶世龙、郭正谊主编的《科普创作概论》(北京大学出版社，1983 年 9 月)，本书不再赘述。

笔者仅就如何区别文艺体的“科学小品”与讲述体的“科普

短文”提供一些意见。

科学小品是一种以科学为题材的小品文。它区别于讲述体浅说文体的科普短文，在于运用了文学和哲学的情趣；区别于讲述体趣谈文体的科普短文，在于运用了哲学的情趣。所以，一篇短篇科普作品，在界定它是否属于科学小品时，主要看它是否富含哲理。

科学小品在普及科学知识的同时，可以写景抒情、格物记事。这种古老的文学体裁有如行云流水，原无定形，可以兴之所至，各出心裁；海阔天空、舒卷自如，不受时空约束，议论与叙事交融，兼跨形象思维与逻辑思维两个领域。作家对科学、对科学与社会生活之间关系的认识、感想、评价等，也不可避免地同时是科学小品的内容。科学小品不同于科普短文的正在于它接触生活，作家于倾爱吐憎中烛古窥今、见微发隐、小中见大，把引人入胜的诗情画意、耐人寻味的哲理遐思，渗透到饶有趣味的科学知识之中。诗、哲、知三位一体。读者不仅能由此增长知识，而且可以启迪才智、陶冶情操。

当然，由于一篇作品的侧重面有所不同，科学小品和科普短文之间会存在一个模糊的边界层。

现以中国科学院过程工程研究所研究员、博士生导师罗保林的文章《对称与失衡》为例，这是一篇文艺体科学小品体裁的作品（经删节）。

【写景抒情、格物记事】

我们生活在其中的自然界，物种繁多，异彩纷呈。

林木青葱的森林，绿茵铺陈的草原，陡峭高耸、逶迤连绵的高山，五彩斑斓、变幻莫测的大海，以及欢腾跳跃、曲折蜿蜒的淙淙溪流，都有生机蓬勃的生命。

无论是天上翱翔的，森林中奔跑的，树上栖息的，还是江河湖海中遨游的，地底下穿行的各种动物，以及大地母亲滋养的千奇百怪的植物，夜以继日，不断地奏响着生命的交响曲。

斑驳世界，万千变化，虽说光怪陆离，却也物以类聚，循以类似模式；撮其要点，归纳类同，特征也很鲜明。

大自然真的很神奇，看看你的周围，许许多多的植物与动物，尽管千姿百态，却不难发现它们蕴含有一个共同且鲜明的特征，那就是对称。

看看那些争奇斗艳的奇花异葩，青翠欲滴的绿叶，个个姿态万千，却总是相依相偎，你顾我盼，不离左右，似乎都有一位神奇的设计师给它们量身度造了不同的对称规范。

植物具有类似的对称性的叶子、花瓣、形态（见彩图 3）

动物的头部对称和形体对称（见彩图 4）

动物也是具有对称性的五官和肢体。无论是水中的鱼类还是天上的飞鸟，更遑论地上跑着的牲畜和野兽了。五官中眼和耳朵左右成对，鼻孔有对称的两个孔，嘴有上下两片唇；肢体中有对称的左右四肢或鱼鳍或鸟翼。

可以说对称竟然就是“天造地设”，所有活物概莫能外。

而在自然界的其他方面，特别是物理和化学中，也都广泛地存在着许多对称的概念：生命从最原始的单细胞动物向多细胞动物的演化，就拥有了以“对称性”为特征的复杂性，如二倍体生物都能进行两性繁殖，有雌有雄；带负电的电子与带正电的反电子；磁场的南极和北极；物质和反物质；化学中的分解和化合反应；遥远的河外星系也存在着正旋和逆旋的旋涡结构，等等。

人们不禁感到疑惑：难道在宇宙中存在着一种奇特的普适性的对称规律？

确确实实，在自然界到处有对称。对称给人以美和秩序，“对称是自然观念”，对称性是最深层次的自然规律。

对称给人以整齐划一、肃穆与庄严的秩序和力量感，让人感到和谐、稳定与美。在世界各地，建筑师们用对称构建了无数美丽、魅力无穷的建筑，经久不衰，巴黎的凯旋门、埃菲尔铁塔，印度的泰姬陵，中国的故宫等，夺人眼目的各样对称建筑美韵悠长，令人陶醉。

巴黎凯旋门（见彩图 5）

埃菲尔铁塔（见彩图 6）

印度泰姬陵（见彩图 7）

北京故宫（见彩图 8）

台北故宫博物院（见彩图 9）

对称就是平衡。对称给人以匀称、均衡、连贯、流畅的映像，所以才使人感到一种娴静、稳重和肃穆。

“对称破缺”意味着原有对称的失衡，旧的对称关系不复存在。说得通俗些，天平两侧的重物如果不相等，天平一定会“失衡”倾斜，只有重新调整两侧的重量使之均衡，天平才能重新达到新的平衡。

对称的破缺，表明事物将进入一种新的依存和制约，将会出现新的机遇，新的生长、新的平衡，从而一种新的“图景”将出现。它酝酿着新的美学价值，蕴含一种新的秩序和稳定，事物将迈上一段新的发展阶梯。

自然界同样也存在着诸多对称性破缺的例子。比如，弱相互作用力下的宇称不守恒、粒子与反粒子的不对称、手性分子的对称性破缺等。对称性破缺是一个跨物理学、生物学、社会学与系统论等学科的概念，狭义简单的理解可归结为对称元素的缺失；或者理解为原来具有较高对称性的系统，出现不对称因素，其对称程度自发降低的现象。

对称破缺是事物差异性的方式，任何的对称都一定存在对称破缺。对称性普遍存在于各个尺度下的系统中，有对称性的存在，就必然存在对称性的破缺。假如没有对称性破缺，这个世界将会失去活力，也将是单调、黯淡的，没有物质与反物质的不对称，世界上甚至不会有生物。

显然，对称性的破坏是事物不断发展演化，变得丰富多彩的动因。

【富于哲理的结尾】

有了对称才会有平衡，对称遭遇破坏，失衡随之而来，秩序就会紊乱。社会崇尚公平和效率的平衡，社会的不公正，将会打破这种平衡，引发社会的危机，造成秩序的破坏。因而，需要法制、法治来保障社会公正，维护不断变化情况下的公平与效率的平衡、稳定与和谐。

人与自然亟须和谐相处，人对自然的索取与回馈也必须相互对称，对资源的过度开发，对环境的日复一日的破坏，必将打破人与自然的平衡，使人与自然关系的“对称”遭遇破缺，这种失衡也终将给人类以惩罚。自然的法则必定会改变这种失衡，重新确立新的对称与稳定，维护人与自然的和谐。

然而，在自然界中真正重要的对称性并不是事物的对称，而是法则的对称。自然法则的对称性，表现在当人们从自身观察自然现象的角度做出某些改变时，自然法则并不改变恒定性。

类似地，我们在生活中做出抉择，打破原有的对称，进入新的稳定态，就是在以不稳定的潜在的自由换取稳定的现实的一种过程，一种经历。

社会的治与乱、稳定与失衡，同样是社会发展前进的根本原因，没有不断的否定甚至否定之否定，社会就会停滞；没有生产关系的变革，就不可能有生产力和经济的更大发展；对社会结构的失衡、各种诉求的变化不做出及时反应，就会影响到社会的和谐与稳定。

人们的生活何尝不也是如此，守旧、一成不变、没有矛盾就不会有生活的多姿多彩，死水一潭是不会有生命的蓬勃与生动的。因此，生活既需要和谐、稳定，但一定不能“抱残守缺”，否定旧的是为了开创新的，对称的失衡是为了生动与多彩！

对称赋予世界以统一的共性，给出了和谐与有序，但对称的失衡或破缺则在造成差异，带来新的特性和活力，使世界更加多样，更加鲜活，更加精彩。现实世界的存在和演化正是对称与对称破缺的完美统一。

近年来，笔者从张景中、吴全德两位院士的科普作品中感悟到科学确实有感性的“形象美”。怪不得陈景润会迷醉于“数理王国”之中，想来他不但在脑海里看到了数学“逻辑美”的意象，而且也看到了数学的“形象美”。

随便画一个圆，圆周上任意作 3 个点 A，B，C，把两点 A，B 连成一条线段，线段上取第四个点 D，作线段 CD，再在 CD 上任取一点 E，想象 A、B、C 是 3 个抬轿子的，E 是坐轿子的。3 个抬轿子的在圆上用各自不同的速度奔走，那么 E 的轨迹是什么样子的呢？

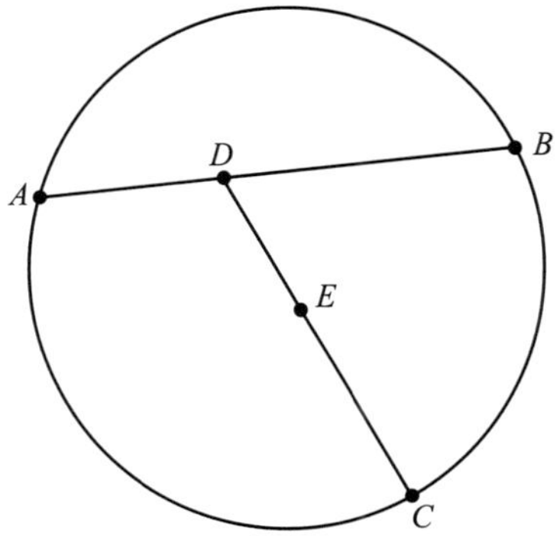

任何一位小学生，学习十几分钟，就可以用《超级画板》作出这个几何图形，再用《超级画板》的轨迹功能作出坐轿人运动的轨迹。给 3 个抬轿子的速度的不同设置和 D、E 两点不同位置，做做数学实验，就会得到成百上千种图案。

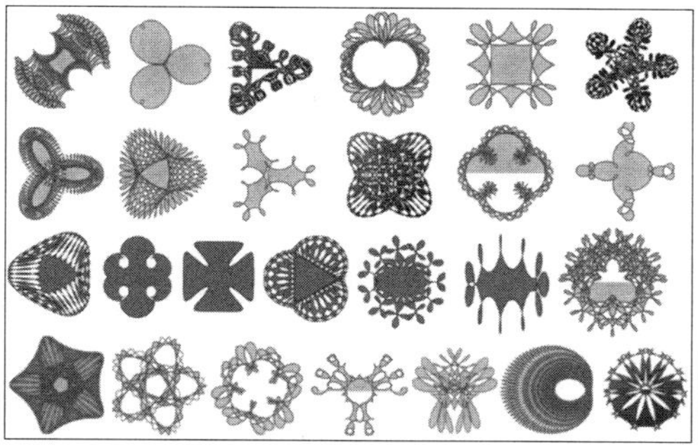

数学的形象美（见彩图 10）

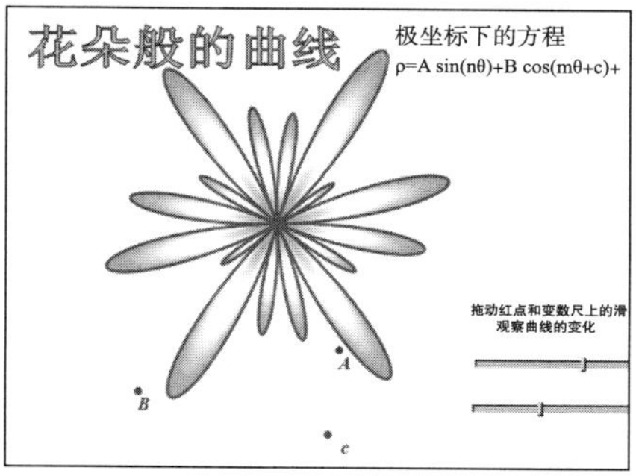

（见彩图 11）

“超级画板”是张景中先生根据上述原理，编制的“科普数理动漫”软件。孩子们作为审美主体，可以充分发挥想象力，运用它去发现、制作出美丽的数理形象。

数学的动态美（见彩图 12）

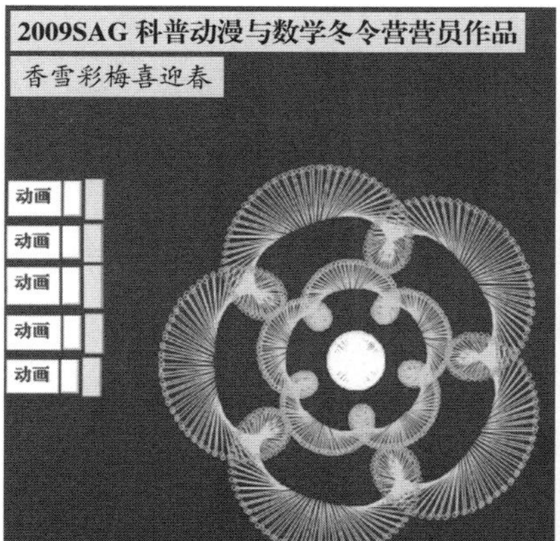

（见彩图 13）

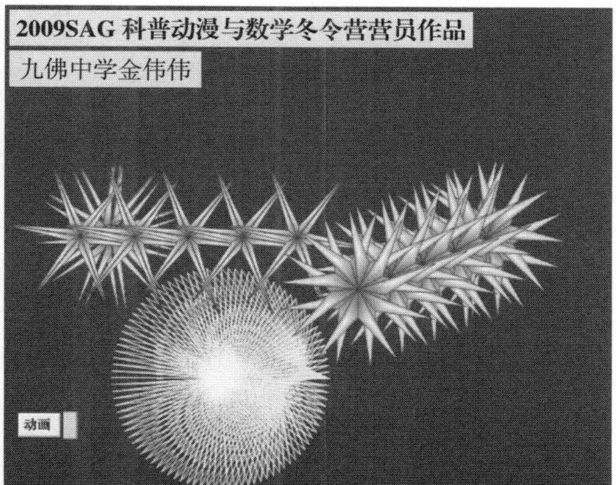

（见彩图 14）

20 世纪 80 年代产生了一门新的数学分支——分形几何学。这是研究无限复杂的自相似图形和结构的几何学。这是描述大自然的几何学，揭示了世界的本质。它是科学美和艺术美的有机结合、数学与艺术的审美统一。枯燥的数学不再是抽象的哲学，而是具象的感受。

美丽的分形几何学（见彩图 15、彩图 16）

吴全德院士是北京大学研究纳米科学的。他在研究“金属纳米薄膜的成核生长机理”时，发现科学实验能够把科学与艺术融合起来，使它既反映深奥的科学问题，又具有艺术欣赏价值。他用电子显微镜拍摄了银胶粒聚合而成的“野花”、“鲜果”“海马”等许多美丽的形象。由此，他认为“科学美”可以是抽象的，也可以是形象的，可以用视觉欣赏。科学实验会出现各种各样极为复杂的图形，包括许多分形图形。他探讨了“科学实验艺术”形象美形成的机理，撰写了科普图书《科学与艺术的交融·纳米科技与人类文明》（北京大学出版社，2001 年 7 月）。

海马（见彩图 17）

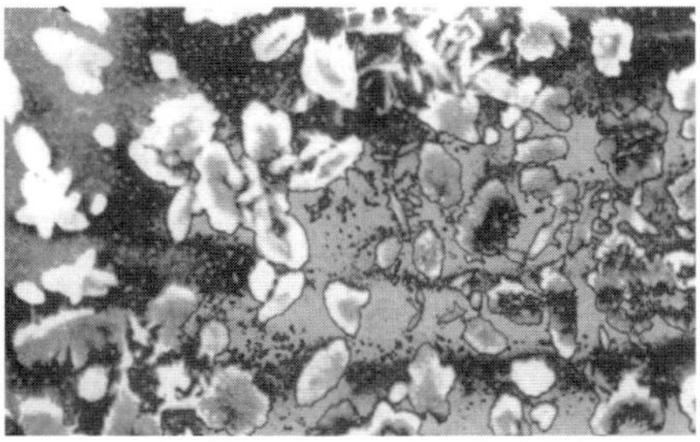
野花（见彩图 18）

鲜果（见彩图 19）

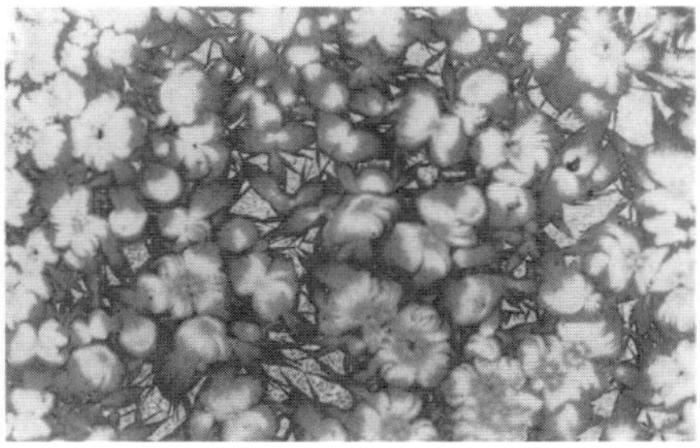
野花（见彩图 20）

1.5.3 哲理美

将“逻辑美”与“形象美”融为一体，运用“文学艺术的心灵与笔触去释读与演绎科学技术”，或者简化为“使用感性的文笔；释读理性的科学”就产生了“哲理美”。笔者认为，这是当前需要提倡的创作方向，如文前所言“科普的社会功能可以概括为一副对联和五个词组：一副对联是‘解读自然奥秘，探究人生真理’；五个词组是‘求真、崇实、启善、臻美、至爱’”。这种作品兼跨形象思维和逻辑思维两个领域。在这里，不仅仅是科学内容与文学形式的结合，科学的内容也具有文学的意义，符合文学的要求。文学与科学一样，都是我们认识世界的眼睛。由于文学向科学渗透，在同一篇文章中，科学与文学能够各自从不同的侧面向纵深开拓，互相补充，发挥着认识同一事物的特殊功能。期望读者在获得科学知识的同时，感悟人生。

笔者曾经尝试创作了一批“科学散文”:《蒲公英的情怀》《故乡的小河》《悠悠寸心草》《让世界充满爱》《大雁情》《仰望星空》《生命永恒》等。

科学知识会过时和更新，但文学的价值却是永存的。

现以笔者的《生命永恒》为例，抛砖引玉，求教方家。

唐代诗人李白在《春夜宴桃李园序》中说:“夫天地者，万物之逆旅；光阴者，百代之过客。而浮生若梦，为欢几何？古人秉烛夜游，良有以也。”无非是叹人生苦短，人们只是生命旅途中来去匆匆的过客。老子说:“生者寄也，死者归也”。

是啊！人生不过百岁（算长寿的了），而细菌（如大肠杆菌）呢？每 18 ~ 20 分钟就算是一代了（真叫短命）。正如宋代欧阳修所说“生死，天地之常理，畏者不可以苟免，贪者不可以苟得也。”这是宏观的生死观。

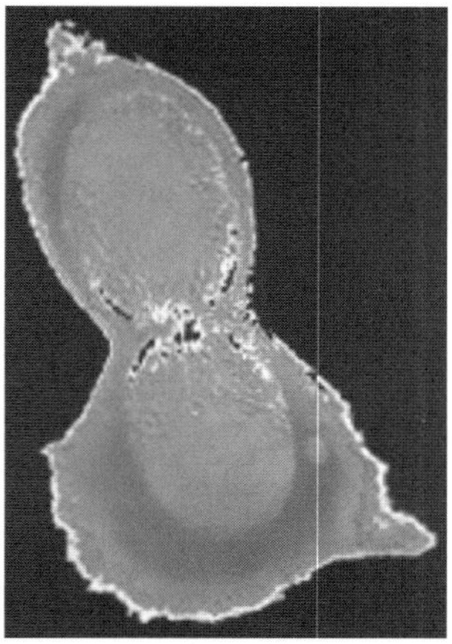

电镜拍摄的细菌分裂图（见彩图 21）

生态学认为：生物体是由不同层次构成的，每个层次都有其自身独特的结构和功能，生死的本质也不同；生态学对生物体的分类是物种的个体、种群、群落及生态系。对个体而言，有生必有死，死亡是生命发生、发展的必然规律；而对种群而言，并无生死之别，生命是永恒的，除非像恐龙那样种群灭绝。

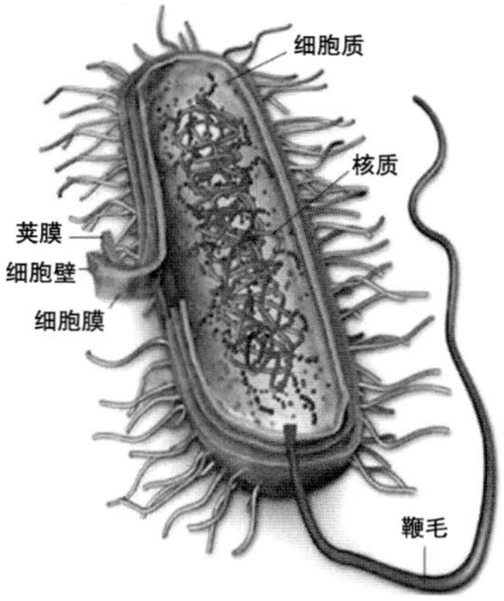

细菌结构示意图（见彩图 22）

细菌属于原核生物。原核生物是由一些没有细胞核的细胞组成的低等生物。一般没有细胞核膜，但依然有遗传物质。大肠杆菌不到 20 分钟就分裂一代，1 变 2、2 变 4、4 变 8；若是八叠球菌，那就 1 变 8、8 变 64、64 变 512。在这个分裂过程中只见生、不见死，始终保持着生命信息载体的转运和扩增（复制），不断增殖，以至于无穷。其他生物体，也都有各自的生死周期。生是永恒的，死是暂时的；死是生的开始，生是死的继续。

人类是一种高等多细胞真核生物。真核生物是所有单细胞（如真菌、霉菌和酵母）或多细胞的、具有细胞核的生物的总称。由于具有细胞核，因此细胞分裂过程与没有细胞核的原核生物大不相同。对人类的个体而言，生命是暂时的，但是您的 DNA 上的生命信息——基因，已经遗传给了子代，因此对您的家族来说，生命是永恒的。

曹操有一首诗说："神龟虽寿，犹有竟时；腾蛇乘雾，终为土灰。"对于任何生物个体而言，确实是有生必有死；但是，生命作为一种自然现象，却是生生不息的。

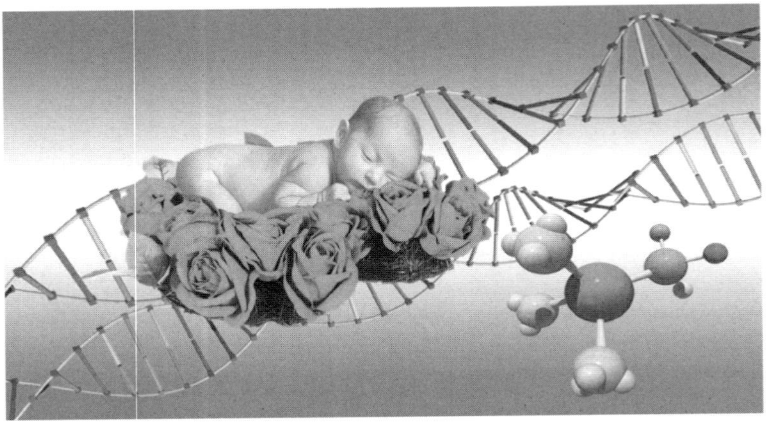

DNA 双螺旋与胎儿（见彩图 23）

大连医科大学康白教授认为：生命是物质运动的一种表现，其特征是能够自我复制和代代相传。生命有四个属性：①生命信息。信息是密码，不是物质，是物质基本粒子或作用量子“波粒互补”高速运动所形成的密码。所谓“波粒互补”可以这样来理解：物质世界的光可以表现为光子，也可表现为光波。这是一个有代表性的“粒相与波相”的关系。大肠杆菌内 DNA 的双螺旋运动，每分钟可达数万转。②信息载体。信息如果没有载体就没有表现的形式。这个载体就是 DNA。③生命载体。这是信息载体扩增和传递的动态实体，是遗传信息的驿站。④生命本体。个体生命只是生命本体长河中的一个质点。生命本体存在于生命信息、信息载体及生命载体的全部运动的过程中。

呼唤生命的真谛！（见彩图 24）

生命的连续性是生命信息连续性的表现。生命信息的动态发展，表现出个体生命的间断性和种群生命的连续性。

这是科学的生命观，又是人文的生死观。你我只是永恒的人类生命长河中瞬间的载体。在这短暂的一生中，为了祖国的昌盛、子孙的繁荣，我们应该做些什么呢？留点什么呢？方才不枉人间走一遭！

正是："临生无需哭，谢世莫要愁；生死无尽日，原始又反终。"

1.5.4 语言美

言之无文，行之不远。科普作品还应讲究文采，力求文笔优美，甚至要具有艺术的感染力。作品的文采，主要表现在语言艺术上，在通俗和准确的基础上讲求鲜明生动、简洁流畅，"惟陈言之务去"，以形成自己的文章风格。"风格"就是作家在创作中所体现的艺术特色、创作个性。作家由于生活经历、学识素养、个性特征的不同，在处理材料、驾驭体裁、描绘形象、运用技巧、遣词造句方面各有特色。

科普作品的美感，尤其是科学散文，在很大程度上表现为"语言美"。语言美的基本特征，苏轼在《答谢民师书》中作了精辟论述："常行于所当行，常止于不可不止，文理自然，姿态横生"。语言艺术风格多种多样，古朴华丽、刚劲委婉、细腻简洁、幽默谐趣。无论何种风格，在整篇结构紧凑凝练的基础上，行文自然、语言明快，是我国散文民族传统的精髓。

现以笔者的散文《长青草与仨老头》的片段，忝为佐证：

"离离原上草，一岁一枯荣；野火烧不尽，春风吹又生。"这是我国唐代白居易所作，脍炙人口的《赋得古原草送别》诗的前半首。其后半首为“远芳侵古道，晴翠接荒城；又送王孙去，萋萋满别情。”就不一定尽为人知了。此诗写出了野草顽强的生命力，而又以草寓情，贴切自然地表达了朋友之间永恒的情谊。诗句也道出了大自然的普遍规律，即使有着旺盛活力的野草也得“一岁一枯荣”。然而——

有一些草，经过科学配伍，悉心培育，它们就能够相辅相成，长青不败；更妙的是，还可以育成草毯，卷起搬走。将它铺在你家的阳光厅里，布置一个生态角；或者干脆植在小院里，种两株松柏，长几丛凤竹，布数块奇石。冬雪初融，草儿从冰凌中露出了尖尖角，越发感到青翠欲滴。像画家在严冬萧瑟的背景中，抹上了几笔新绿，让你仍然感到生命的顽强与萌动。

有仨老头，他们都干“爬格子”的活，都年届古稀了，都经历过几乎相同的人生坎坷，都是毛泽东时代磨炼出来的文化人。相同的经历，相同的爱好，相同的命运，加上改不了的“臭老九”脾性，于是他们一见钟情、相见恨晚，结为知己。这仨老头中，就有我一个；那俩就是广西柳州市科普作家协会的两位名誉理事长：欧同化和顾钧祚。

“仨老头”自左至右：汤寿根、顾钧祚、欧同化（见彩图 25）

1.5.5 结构美

结构是作品的骨架，是表现作品的内容，显示作品的主题的重要手段。对于一篇优秀的科普作品来说，必须要有一个完美的结构，即完整、和谐、统一。完整就是要内容充实、脉络清晰、因果分明；和谐就是要主次分明、前后呼应、协调匀称，切忌章节杂乱、旁枝丛生；统一就是要格调一致、起承转合、顺理成章，观点与材料形成一个完美的统一体。读者不仅从文章的内容上，即使在文章的结构上，也能体会到“和谐有序”的美感。结构美其实正是科学的内在美。DNA 双螺旋阶梯形结构，若视其与螺旋轴垂直的平面投影（顶视图），则形似一个漂亮的五角星勋章；雪花美丽的对称有序、千变万化的晶体结构，莫不令人惊叹大自然造物之工。结构是科普作家对题材进行全面调度和把知识加以深化的一种艺术审美。

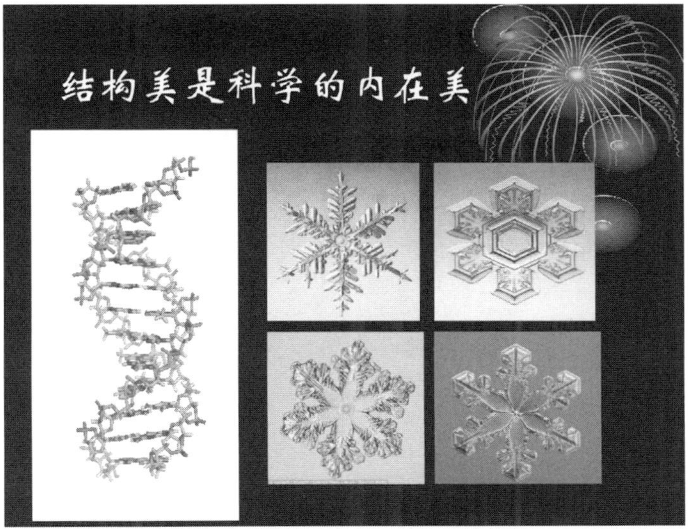

（见彩图 26）

求索（笔名）于《科普创作》杂志1990年第3期上发表的《科普作品的美感》一文中谈道：“科普作品的美感，另一重要方面就是文章的结构美。文学作品要求用美的形象来表现社会生活，要求美的内容和美的形式的统一。科普作品毕竟是姓科的，以科为主。对于大量的科学信息、科学材料，要进行恰当的编织和组合，在结构上做到疏与密、繁与简的统一。散文素来要求谋篇布局艺术，无论内容繁简，都应该做到主线分明、层次清楚、脉络清晰、腴瘠有致，‘疏可走马，密不透风’，使整篇文章结构匀称，无论从整体还是局部看，都觉得很美。刘勰说：‘文贵圆通，辞忌枝碎，必使心与理合，弥缝莫见其隙’（《文心雕龙·论说》）。这些话深刻地阐明了文章结构美的规律，科普作品也应该努力做到。”

现以1983年《科普创作》杂志发表的朱毅麟院士的文章《能乘电梯登天吗？》为例。

作者首先从读者熟知的中国古代神话切入：“传说在巍峨的昆仑山顶上有一棵叫‘建木’的参天大树，谁要是能沿着这棵大树攀登到顶，谁就能进入天宫，得道成仙。”接着作者提出了一个问题：“今天如果有人建议：从航天站上挂下一条长长的绳梯，直达地面。人们可以沿着这条绳梯攀登上天，也许会被认为是胡思乱想，痴人说梦。其实，这个设想虽属大胆，科学家们正在从理论上分析实现的可能性，其中包含有许多有趣的力学原理，值得我们探讨。”这个问题会引起读者的感情认同而急于知道下文，然后抓住读者的逻辑思维步步深入。文章从能否在地球赤道上建立一座高塔，人们能否顺着这座高塔直达地球同步卫星开始进行分析，结论是没有这种可能性。因为：“塔的形状总要上面小下面大才能站得稳。高度越高，底面积要越大。”如果要造一座这样高的塔，底面积就要相当于整个江苏省那样大。这显然是办不到的。而且，塔底的直径也不能缩小，否则它相对来说就细长得像一根铁丝一样，没法在地面上站起来，而且受不得一点压力。真是**“万里高塔难竖起”**（小标题）。但是，铁丝的特点是不经压，却经拉。一根细细的铁丝却能吊起一辆摩托车。那么，建造一座受拉力的塔，从人造卫星上挂下来，像直升机上的绳梯一样，岂不是可以大大缩小它的直径和体积吗？问题似乎解决了，作者却又进一步提出了新问题：人造卫星所以不掉下来，是因为它绕地球旋转时的离心力抵消了地球的引力，可现在卫星下面拖了根长长的尾巴坠着它，岂不是要掉下来了吗？怎么办呢？不要紧，如果在卫星的上面再造一座高塔，这座塔在旋转时产生了一个新的离心力，刚好抵消了下面挂着的塔的坠力，不是又平衡了吗？而且，从上塔的塔身各点的离心力来分析，始终是上面的力大于下面的力，也是一座受拉力的塔。这叫**“形影相吊成双塔”**（小标题）。这样做，看起来不错，但让人像爬楼梯一样爬上去，是万万不能的。请不要着急，“未来的天梯当然不会像云梯那样一级一级地让人去爬，而是做成管状通道。人和载人

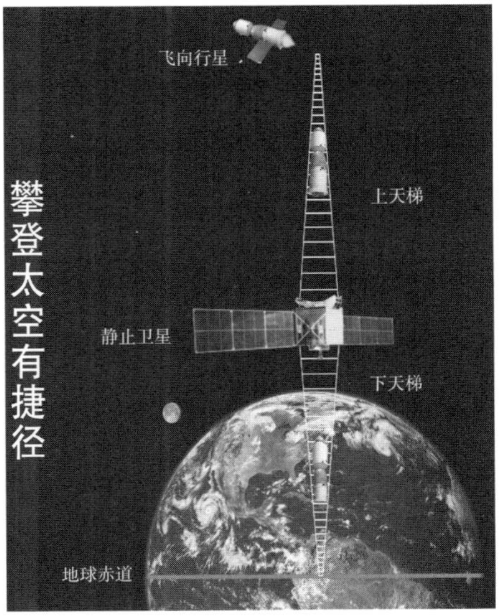

（见彩图 27）

的飞船装进电梯里，沿管道升降”。飞船在下面管道里上升要花费一定的能量。但“在上升过程中，随着高度的增加，重力越来越小，离心力越来越大”，等到上升到上面的管道后，离心力超过重力，电梯就会加速上升，飞船自动直达出口，飞往其他星球。正像一棵黄豆装进一根长长的玻璃管中，用手使劲一甩，黄豆就顺着管子飞出去了。果真是“**攀登太空有捷径**”（小标题）。请看，人们利用这些办法，真的可以乘电梯登天了！

参考文献

[1] 杨恩寰. 美学引论 [M]. 北京：人民出版社，2005.
[2] 周莉. 身边的美学 [M]. 北京：中国林业出版社，2004.
[3] 章道义，陶世龙，郭正谊. 科普创作概论 [M]. 北京：北京大学出版社，1983.

第二章 科学散文的审美

汤寿根

2.1 散文的涵义

散文是指以文字为创作、审美对象，与诗歌、小说、戏剧并称的一种文学艺术体裁。它是最自由的文体，不讲究韵律、排比，没有任何的束缚及限制。

散文是中国最早出现的行文体例，其历史可以追溯到甲骨文时代。殷商时代有了文字，也就有了记史的散文。到了周朝，各诸侯国的史官进一步以朴素的语言、简洁的文字记录列国间的史实，如《春秋》。随着时代的需求，产生了描述现实的历史文学，有了《左传》《国语》《战国策》等历史著作。春秋战国之交是社会大变革的时代，各种学术流派纷纷著书立说，争论不休，形成百家争鸣的局面。代表不同阶级或阶层的思想家的著作，促进了说理散文的发展。这些思想家有儒家、墨家、道家、法家等。记载他们言论的书流传的有《论语》《孟子》《墨子》《庄子》《韩非子》。先秦诸子的说理散文无论在思想上，还是在艺术风格上，都对后世散文的发展产生了显而易见的影响。

《吕氏春秋》是秦丞相吕不韦门客的集体创作。它包括八览、六论、十二纪，兼有儒、道、墨、法、农、兵诸家学说。书中保留了大量先秦时代的文献和轶事。它是一种系统化的、集合许多单篇的说理文，层层深入，最见条理。和诸子散文一样，它往往以寓言故事为比喻，因而文章富于形象性。

六朝（吴、东晋、宋、齐、梁、陈）以来，为区别于韵文、骈文，而把凡是不押韵、不重排偶的散体文章，概称散文。

现代散文，按其内容和形式的不同，又可分为杂文、小品、随笔、游记等。它是一种以记叙或抒情为主，取材广泛、笔法灵活、篇幅短小、情文并茂的文学样式。

散文在我国是“集诸美于一身”的语言艺术文学体裁的典范，具有很高的审美价值。在长期流传过程中，它浇灌了各个时代的文学园地，也熏陶了历代文人，至今仍使人们受益。

2.2 散文的类别

散文形散而神不散，有一个明确的主旨贯穿全文，根据内容和性质的不同，主要可分为叙事、抒情、写景、哲理等几类。

叙事　以写人记事为主的散文。这类散文对人和事的叙述和描绘较为具体、突出，同时表现作者的认识和感受，也带有浓厚的抒情成分，字里行间充满饱满的感情。叙事散文侧重于从叙述人物和事件的发展变化过程中反映事物的本质，具有时间、地点、人物、事件等因素，从一个角度选取题材，表现作者的思想感情。例如，鲁迅的《藤野先生》、吴伯箫的《记一辆纺车》。根据该类散文内容的侧重点不同，又可将它区分为记事散文和记人散文。

记事的散文以事件发展为线索，偏重对事件的叙述。它可以是一个有头有尾的故事，如许地山的《落花生》；也可以是几个片断的剪辑，如鲁迅的《从百草园到三味书屋》。在叙事中倾注作者真挚的感情，这是与小说叙事最显著的区别。记人的散文，全篇以人物为中心。它往往抓住人物的性格特征作粗线条勾勒，偏重表现人物的基本气质、性格和精神面貌，如鲁迅《藤野先生》。人物形象是否真实是它与小说的区别。

抒情　注重表现作者的思想感受，抒发作者的思想感情的散文。这类散文有对具体事物的记叙和描绘，但通常没有贯穿全篇的情节，其突出的特点是强烈的抒情性。它或直抒胸臆，或触景生情，洋溢着浓烈的诗情画意，即使描写的是自然风物，也赋予了深刻的人文内涵。优秀的抒情散文，感情真挚、语言生动，还常常运用象征和比拟的手法，把思想寓于形象之中，具有强烈的艺术感染力。例如，茅盾的《白杨礼赞》、魏巍的《依依惜别的深情》、朱自清的《荷塘月色》、冰心的《樱花赞》。

写景　以描绘景物为主的散文。这类文章多是在描绘景物的同时抒发感情，或借景抒情，或寓情于景，抓住景物的特征，按照空间的变换顺序，运用移步换景的方法，把观察的变化作为全文的脉络。生动的景物描绘，不但可以交代背景，渲染气氛，而且可以烘托人物的思想感情，更好地表现主题。例如，刘白羽的《长江三峡》。

哲理 哲理是感悟的参透、思想的火花、理念的凝聚、睿智的结晶。它纵贯古今，横亘中外；包容大千世界，穿透人生社会；寄寓于人生百态家长里短，闪现在思维领域万千景观。高明的作者，善于抓住哲理闪光的瞬间，形诸笔墨，写就内涵丰厚、耐人寻味的美文。这类美文，自然能令人在潜移默化中受到启迪和熏陶，洗礼和升华。

哲理散文以种种形象来参与生命的真理，从而揭露万物之间的永恒相似。它因其深邃性和心灵透辟的整合，给我们一种透过现象深入本质、揭示事物的底蕴，具有震撼性的审美效果。分析哲理散文体现的思维方式，可以体悟其蕴藏的深厚文化底蕴和文化积淀。

哲理散文的象征思维：哲理散文因为超越日常经验的意义和自身的自然物理性质，构成了本体的象征表达。它摒弃浅薄，达到一种与人的思想情性相通、生命交感、灵气往来的境界。我们从象征中获得理性的醒悟和精神的畅快，由心灵的平静转到灵魂的震颤，超越一般情感反应而居于精神的顶端。

哲理散文的联想思维：由于哲理散文是立体的、综合的思维体系，经过联想，文章拥有更丰富的内涵，不至于显得单薄，把自然、社会、人生多个角度进行了融合。

哲理散文的情感思维：哲理散文在本质意义上是思想表达对情感的一种依赖。“外师造化，中得心源”，由于作者对生活的感悟过程中有情感参与，理解的结果有情感及想象的融入，所以哲理散文中的思想，就不是一般干巴巴的议论，而是寓含了生活情感的思想，是蘸满了审美情感液汁的思想。从哲理散文的字里行间读解到心智的深邃，理解生命的本义。这就是哲理散文艺术美之所在。

2.3　散文的审美特征

形散而神不散

“形散”主要是说散文取材十分广泛自由，不受时间和空间的限制；表现手法不拘一格：可以叙述事件的发展，可以描写人物的形象，可以托物抒情，可以发表议论，而且作者可以根据内容需要自由调整、随意变化。“神不散”主要是从散文的立意方面说的，即散文所要表达的主题必须明确而集中，无论散文的内容多么广泛，表现手法多么灵活，无不为更好地表达主题服务。

为了做到形散而神不散，在选材上应注意材料与中心思想的内在联系，在结构上借助一定的线索把材料贯穿成一个有机整体。散文中常见的线索有：(1) 以含有深刻意义或象征意义的事物为线索；(2) 以作品中的“我”为线索，由于写的都是“我”的所见所闻所思所感，侃侃而谈，自由畅达，使读者觉得更加真实可信、亲切感人。

意境深邃

意境深邃，注重表现作者的生活感受，抒情性强，情感真挚。作者借助想象与联想，由此及彼，由浅入深，由实而虚依次写来，可以融情于景、寄情于事、寓情于物、托物言志，表达作者的真情实感，实现物我的统一，展现出更深远的思想，使读者领会更深的道理。

语言优美凝练

所谓优美，就是指散文的语言清新明丽、生动活泼，富于音乐感。行文如涓涓流水，叮咚有声；如娓娓而谈，情真意切。所谓凝练，是说散文的语言简洁质朴，自然流畅，寥寥数语就可以描绘出生动的形象，勾勒出动人的场景，显示出深远的意境。散文力求写景如在眼前，写情沁人心脾。

散文素有“美文”之称，它除了有精神的见解、优美的意境外，还有清新隽永、质朴无华的文采。经常读一些好的散文，不仅可以丰富知识、开阔眼界，培养高尚的思想情操，还可以从中学习选材立意、谋篇布局和遣词造句的技巧，提高自己的语言表达能力。

散文的一大特色是语言美。优美的散文语言具有自然美、含蓄美、音乐美的审美价值。关于散文的语言美，作家们有不少独到精辟的见解。秦牧说：“文采，同样产生艺术魅力和文笔情趣。丰富的词汇，生动的口语，铿锵的音节，适当的偶句，色彩鲜明的描绘，精彩的叠句……这些东西的配合，都会增加文笔的情趣。”佘树森说：“散文的语言，似乎比小说多几分浓密和雕饰，而又比诗歌多几分清淡和自然。它简洁而又潇洒，朴素而又优美，自然中透着情韵。可以说，它的美，恰恰就在这浓与淡、雕饰与自然之间。”“简洁”并不是简境，而是简笔；笔既简，而境不简，是一种高度准确的概括力。杜牧《阿房宫赋》开头写道：“六王毕，四海一。蜀山兀，阿房出。”仅仅十二字，就写出了六国王朝的覆灭。秦始皇统一了天下，把蜀山的树木砍光了，山顶上光秃秃的，就在这里，修建起阿房宫。短短十二个字，写出了这么丰富的历史内容，时空跨度又很大，真可谓“言简意繁”了。“潇洒”对人来说，是一种气质，一种风度。对散文来说，是语句变化多姿。短句，促而严；长句，舒而缓；偶句，匀称凝重；奇句，流美洒脱。这些句式的错落而谐调的配置，自然便构成散文语言特有的简洁而潇洒的美。

散文语言的朴素美，并不排斥华丽美，两者是相对成立的。在散文作品里，我们往往看到朴素和华丽两副笔墨并用。该浓墨重彩的地方，尽意渲染，如天边锦缎般的晚霞；该朴素的地方，轻描淡写，似清澈小溪涓涓流淌。朴素有如美女的“淡扫蛾眉”，华丽亦非丽词艳句的堆砌，而是精巧的艺术加工，不着斧凿的痕迹。但不论是朴素还是华丽，若不附属于真挚感情和崇高思想的美，就易于像无根的浮萍，变得苍白无力，流于玩弄技巧的文字游戏。

像生活的海洋一样，语言的海洋也是辽阔无边的。行文潇洒，不拘一格，鲜活的文气，新颖的语言，巧妙的比喻，迷人的情韵，精彩的叠句，智慧的警语，优美的排比，隽永的格言，风趣的谚语，机智的幽默，含蓄的寓意，多种多样艺术技巧的自如运用，将使散文创作越发清新隽永，光彩照人。

杰出的散文家的语言又各具不同的语言风格：鲁迅的散文语言精炼深邃，茅盾的散文语言细腻深刻，郭沫若的散文语言气势磅礴，巴金的散文语言朴素优美，朱自清的散文语言清新隽永，冰心的散文语言委婉明丽。一些散文大家的语言，又常常因内容而异。如鲁迅的《纪念刘和珍君》的语言，锋利如匕首;《好的故事》的语言，绚丽如云锦;《风筝》的语言，凝重如深潭。

2.4 散文的写作技巧

灵感　散文往往通过生活中偶发的、片断的事物和现象，去反映其复杂的背景和深广的内涵，做到“一粒沙里见世界，半瓣花上说人情”。灵感看似偶然，实则必然，迁思妙得，得自长期积累。灵感来自对复杂问题的深思熟虑，是情绪最充沛时的突发奇想，是思想最活跃时的突发联想。散文不是贵在触发吗？由此及彼是触发，既是触发，也是联想。深厚的积累，有助于触发的深化。

构思　构思是作者对一篇作品的整个认识过程，从他对外界事物的最初感受到成篇的全过程。就是进入下笔阶段，也仍然在思考，再探索，再继续认识所要描写的对象，深入发掘其底蕴和内涵。这是一种复杂的、艰辛的、严肃的精神活动，是对作家人格、修养、功力的考验。由于事物间的联系是深邃而微妙的，作家要善于由表及里，从纷繁错综的联系里，发现其独特而奥妙的联系点，才能够从“引心”到“会心”，由“迎意”到“立意”。

构思的奥妙，不同的作家有不同的发现。于是就出现了种种不同的构思方法。秦牧的构思方法，有人叫做“滚雪球”。他写散文，起初的感受只是一点点，如一片小雪花，随着题材的增加，体会的深入，联想的展开，那感觉一步步膨胀起来，就像滚雪球一样。这里可贵的是最初的感觉，照秦牧的话说，它是事物的“尖端”部分，最富有“特征”的部分，一旦被作家抓住，就像一粒饱满的种子，落到肥沃的土壤里。作家用思想、感情的阳光雨露惠泽它，使它萌发成丰富的果实。这是一个核心，越滚越大，形成统一的构思。他的名篇《土地》《社稷坛抒情》就是很好的例子。

徐迟的构思方法，叫“抓一刹那”。这“一刹那”他认为是事物的“精华”部分，最有“光彩”部分。抓住这“一刹那”，就抓住了头绪，抓住了中心，零散杂乱的材料才得以集中，才有了归宿。如他的《在湍流的涡旋中》的创作，正反两方面的教训都可以说明这个问题。

总之，一篇散文的谋篇、构思，不同的作家有不同的方法，因人而异，不可强求一律，更不能照猫画虎，每人应有每人的独特方法，但讲究构思，则对每一个作家而言，都是极重要的。

联想　一篇优秀的散文，几乎难以离开联想。所谓联想，是指对事物由此及彼、由表及里的想象活动。由一事物过渡到另一事物的心理过程。当人们由当前事物回忆起有关的另一事物，或者由想起的一件事物又波及另一件事物时，都离不开联想。在这种联想活动中，事物的特征和本质，更容易鲜明和突出，作者的思想认识也能不断提高和深化。一个作者的知识积累，储藏愈厚实，则对生活的感受愈敏锐，易于触类旁通，浮想联翩，文思泉涌。联想，在心理活动中占有重要地位。回忆常以联想的形式出现，联想还有助于举一反三的推理过程。特别是在散文创作及其他样式的文艺创作中，联想有着增强作品艺术魅力的功效。

散文的联想，总是同精细的观察、细微的描述相结合。散文的画面，首先力求真实、具体，使人读之如身临其境，同时也要做到含蓄、深邃，使人读之能临境生情。作者给读者的想象空间愈大，则诗意的芬芳愈浓，这就离不开丰富而活跃的联想。联想，实质上是观察的深化，是此时此地的观察，与彼时彼地观察的融会贯通。没有这种融会贯通，便没有感受的加深、思想的升华、诗意的结晶。如果说，精细的观察，为作者采集了丰富的矿石，那活跃的联想，则是对这些矿石的冶炼和加工。联想不是凭着个人的闪念所得，漫无边际地胡思乱想。倘若没有广博的学识，没有一定的生活积累，不掌握事物的内在联系，没有创作的激情，没有思想、形式和内容的广大空间，联想的翅膀是飞不起来的。

文采　散文笔调的魅力，固然来自作家的真知、真见、真性、真情。但要将其化作文学和谐的色彩、自然的节奏、隽永的韵味，还必须依靠驾驭文字的娴熟，笔墨的高度净化。

文采，不在于文字的花哨和刻意雕饰，而在于表情达意，朴实真挚。如果只是堆砌辞藻，就像爱美而又不善于打扮的女人一样，以为涂脂抹粉，越浓越好，花花绿绿，越艳越好，其实俗不可耐。散文作者，要有特别敏锐的眼光和洞察力，能看到和发现别人所没有看到的事物，还需有异常严密而深厚的文字功夫。创作时，不能心浮气躁，要静下心来，挖空心思找到准确的词句，并把它们排列得能用很少的文字表达较多的意思。这就是古人所说的“言简意赅”。要使语言能表现出一幅生动的画面，简洁地描绘出人物的音容笑貌和主要特征，让读者一下子就牢牢记住被描写人物的动作、步态和语气。朱自清的《背影》就是典型范文。

2.5　科学散文的涵义与沿革

由于散文的结构自由灵活、创作手法多样，最适用于表现科学内容。文学散文的文体特点与写作要领，可以说都适用于科学散文。科学散文不同于文学散文的是：创作的题材是科学技术，内容是普及科技知识、弘扬科学精神、传播科学思想与方法。

我国科学散文的滥觞，可以上溯一百年。1914 年，在美国康奈尔大学的中国留学生们忧心国事，抱定“科学救国”的理想，以任鸿隽为首，胡明复、赵元任、周仁等 9 人，发起创办《科学》（*Science*）月刊，以“提倡科学，鼓吹实业，审定名词，传播知识”为宗旨。同年，在美国的倚色佳小镇成立了中国科学社，任鸿隽任会长。这是中国现代科学的第一个民间社团和科学杂志社。

《科学》月刊的创刊号于 1915 年 1 月在上海发行。办刊方针是“求真致用两方面当同时并重”。当时发表的文章可归纳为科学通论、各科知识、科学史与科学家、科教事业发展、科学新闻与知识小品 6 大类。《科学》杂志历年来曾经发表过不少“科学散文”（或接近于散文性质的文章），如任鸿隽的《科学精神论》《科学与近史文明》，戴芳澜的《说蝗》，竺可桢的《利害与是非》《航空与天气》，胡明复的《近世科学的宇宙观》，秉志的《科学与民族复兴》，胡焕庸的《气候变更说》等，富于时代的精神；现代许多科普作品都采用了散文体裁，而且还具有相当高的文学价值，特别是老一辈科学作家的作品，如茅以升的《没有不能造的桥》、华罗庚的《大哉！数学之为用》、梁思成的《千篇一律与千变万化》、方宗熙的《生命进行曲》、张景中的《数学传奇》、甘本祓的《茫茫宇宙觅知音》和《谁是电波报春人》等。国外的科普名著：法布尔的《昆虫记》、蕾切尔·卡逊的《寂静的春天》也都是用散文写成的。散文中有些类别如小品、游记、考察记、传记文学、报告文学等都已经和科普结合起来，形成了各具特色的新品种，甚至科学故事与童话，一般也应用了散文体裁。

在 21 世纪，“自然科学、技术科学和人文科学、社会科学交叉融合，将成为强大的潮流”（周光召）。科学精神、科学思想、科学方法的弘扬和传播，提高人们的综合素质，将日益为人们所关注。随着各学科的边缘化，各学科之间的联系正日益密切，文理不再分科将是发展的必然趋势。文中有理、理中有文将是未来学科的特点。在科普创作领域，文学艺术与科学技术的相互渗透也已成为时代的潮流，特别是随着信息技术的发展，纯科学知识型的普及，在强大的互联网搜索引擎帮助下都能找到答案。“知识”在网上是共享的。可以想象，科学散文类的作品将会成为科普创作的主要品种。

2.6　科学散文的审美特征

求真寻美　科学是“求真”，这毋庸置疑。但是，社会、人生和自然并不总是美好的，也会充满社会矛盾、人生坎坷和自然灾难。科普作家要善于从美好的世界和不和谐的社会中寻找“美”和鼓舞人们为和平正义、自由平等而奋进的题材，创作出使人愉悦、惊喜，引发激情的具有审美价值的作品。

“美”可以从大自然、社会、生活中寻找，可以从欢乐和悲壮中寻找，可以从微观毫末或浩瀚世界中寻找，也可以从明快和朦胧中寻找；有时还要从下面、背面、上面、仰面去寻找。东晋大书法家王羲之在《兰亭集序》里写道：“仰观宇宙之大，俯察品类之盛，所以游目骋怀，足以极视听之娱，信可乐也”。

先哲梁启超说：“艺术（可以引申为‘美’）和科学有一共同因素——自然，两者的关键都是‘观察自然’。它们有共同要求：一要肯观察，会观察；热心与冷脑相结合是创造第一流艺术品的主要条件，也是科学成立的主要条件。二要有‘同中观异’的分析精神，要从寻常人不会注意的地方，找出各人情感特色。这种分析精神，不又是科学成立的主要成分吗？三要善于把握事物的整体与生命，而且要深刻。四要有精密的科学头脑。”

科学散文是“真与美融合”的作品，同艺术与科学一样，需要深刻地观察自然、社会和人生。

我国著名的科学散文作家甘本祓的著作可以作为阐明“真与美融合”、“深刻地观察自然、社会和人生”的佐证。难能可贵的是，他不仅在三十多年前就创作出了《茫茫宇宙觅知音》《谁是电波报春人》那些脍炙人口的科学散文经典，而且封笔二十多年、重归神州科苑之后，在他撰写的新作（例如《航母来了》《硅谷启示录》）中都洋溢着散文诗般的语言。对于他的作品，近来有诸多评述。尹传红说：“在我看来，其诠释之有力，无愧于史家；分析之精密，不亚于哲人；思考之深入，犹胜于政要。”陈芳烈说：“他使科学知识的传播如春风细雨一般，悄然浸润每个读者的心扉。”王直华说：“他用真挚的人文情怀，让读者心扉开放；再以科学的理性光芒，把人们的心田照亮。”

笔者在为他的近作《硅谷启示录》所作的序中有这样一段评述：“甘本祓不仅在本书中，而且包括他所有的科普作品里，都在普及科技知识的同时，告诉读者如何对待人生、世界，甚至宇宙。正因为这样，才让我于二十多年前，对他的作品产生了深刻印象。我曾把这种科普创作观归纳为一副对联‘解读自然奥秘，探究人生真谛’。他的作品堪称科学性、思想性、艺术性‘三性完美与统一’的范例。”

现在，就让我们来欣赏一段他在《硅谷启示录》中的咏唱：

一汪碧蓝的海水，穿过美国旧金山的地标——金门大桥，向南溢来。亲着岩石、吻着草地、追着海鸥、伴着帆影，终于在海岸线公园岸边停了下来。没有喧哗、没有焦躁。似乎怕惊动林间闲步的麋鹿、打扰蜂鸟和鲜花的私语、影响天鹅与鸳鸯的嬉戏……

只带来一丝丝清新的海风，从海岸线大道登陆，掠过成行的棕榈、高耸的红杉、盛开的玉兰、青翠的银杏，向右、向远处的圣塔克鲁兹山和迪阿布洛山低矮苍茫的山峦吹去。这轻柔的海风抚摸的这片沃土，正是硅谷的核心地段——旧金山湾区南湾的山景城。一个人口不足十万、土地仅有三十多平方英里的，一个曾经轰动世界而又默默无闻的小城。

是啊，山景城！光阴荏苒，我们在这里一住就是二十年，人生有几个二十年？！我不能说我熟悉山景城的一草一木、一人一事。但是，二十年来，道听途说、耳濡目染、挂一漏万，也总会有一些心得。更何况，信息革命的狂飙，在山景城是刮得那样的猛烈，怎能不把这旧金山海湾的一汪春水，掀得巨浪滔天……

其实，这些年来，我一直在留意山景城的点点滴滴、收集它的奇闻异事，倒没有想过要用来写稿，只是想填补一下未来的怀念。我发现：

山景城没有山，山都在城外面。

山景城没有景，景都在海岸边。

山景城没有城，城就是几条街。

山景城有什么？有故事，

有许许多多的故事，

有很精彩的故事……

真的，我在这里已经住了二十年，却好像还没有住够。

为什么？

因为它有一股异样的吸力，我有一丝莫名的眷恋……

也不仅仅是我，

有一天，山景城老人中心，来了一对老人，并不起眼，没有几个人与他们熟悉。

过了些日子，报上说，那个男的叫高锟，瑞典皇家科学院决定颁给他 2009 年度诺贝尔物理学奖。

这种事，在山景城，也不算新鲜。

半个世纪前，山景城的一个水果仓库前，来了一个中年人，他与房东商量：想租这间库房，改建成一间实验室。

过了些日子，报上说，那个中年人叫肖克利，瑞典皇家科学院决定颁给他 1956 年度诺贝尔物理学奖。

又过了几年，山景城的一条林荫大道旁，有两个绅士在那里端详厂门前的招牌，评论它是否显眼。

次日，报上说，仙童公司的老板抄了自己公司的“鱿鱼”，新成立的公司取名“Intel”（英特尔公司）。

又过了几年，山景城的一家商店前，来了一个小伙子，身着T恤牛仔、足踏拖鞋、手捧一个木盒，对店东连比带画，意思是：这个“小玩意儿”定能赚钱。

过了些日子，报上说，那个小伙子叫乔布斯，他捧的是苹果电脑的第一代。

又过了几年，一个中年人带着一个小伙子，到山景城的卡斯楚街上租了一间小办公室。

过了些日子，报上说，他俩是一间名为“网景”的新公司的老板。正是他们推出了第一代网路浏览器，使互联网普及起来。

又过了几年，山景城的 101 高速公路边，来了一个西装革履的人士，对身边的几个同伴下达指示。大意是，就选这片空地吧，交通方便，离“网景公司”的总部也不远，我们也搞个网路浏览器，让大家看看。

次日，报上说，比尔·盖茨已经决定：要在山景城搞基建。

又过了几年，山景城的海岸线公园旁，来了两个文质彬彬的学者，对着两条路中间的一大片楼房议论。意思是，我们把它买下来，再把它改建。

过了几天，报上说，Google（谷歌公司）已经把它的全球总部定在了山景城。

……

你看，山景城的故事多不多？

我常常想，山景城早就应该把邓丽君请来，用她那天籁之音在市府大厦的台阶上高唱：

“小城故事多，充满喜和乐。若是你到小城来，收获特别多。看似一幅画，听像一首歌……”

形神和谐 启智启美 这是科学散文作家杨文丰的科学散文美学观。

杨文丰认为：“科学美体现了自然事物的对称、简洁、简明和本质规律。科学美以真为基础，体现了自然和社会的规律、客观事物的位置乃至本质；科学美反映了和谐的自然律；科学美是真与美的统一。

“‘形神和谐，启智启美’既是散文创作的美学准则，也体现了科学散文的情与理、形与神在美学层面的统一。”

科学性与文学性珠联璧合 科学散文善于在事物多样性中寻求高层次的和谐与统一；善于综合运用形象思维和逻辑思维来处理尚未认识的事物；善于以丰富的想象力，融入心灵的感受和人文的求索，将科学性与文学性珠联璧合。

杨文丰认为，科学散文的“写作重点并不是普及科学知识，而是在写科学知识的同时还表达科学美、科学哲理、人生哲理和科学伦理等。在科学散文里，科学知识只是船，而船上还有人、有思想和空气等美好的东西”，而科学美也只占科学散文美的一部分。如果说科学散文美是一座花园的话，那么文学美和哲理美只是这座花园中的两类花朵。当科学散文完成后——成了科学散文家的心灵雕像之后，科学美便变成作品的有机部分了。作家要在科学发展的今天，不忘为自己保留一个不受污染的“心中明月”，存留和保护自然的诗性和纯美。不然，人类便只能沦为自己亲手创造的传统自然美学的“掘墓人”。要求“科技真”，更要保留“情感真”，从而把一个科学化、艺术化、哲理化的自然呈现在读者面前。

科学精神与人文沉思相融合　在对自然的观照中，既要以科学精神解析、描述、理解自然，同时也要挖掘其中蕴涵的哲理，并对自然的诗性美感、人文性、科学性加以感悟。这就是以科学家的目光观察自然、以文学家的心灵描绘自然、以思想者的思考认识自然，并力求将文化的因素、人文的精神和生命的体验融贯其间，这就是立足于文学解读之上的深层发掘，是结合了文学和科学后，对于自然之“美”的解释，更是对于所谓自然之“道”的终极领悟和思索。

将科学视线与理性思维相结合，将自然美、科学美、哲理美相结合，努力把自然界的种种现象同人类的生命智慧、生存哲理和生产实践结合起来，抓住人与自然的关系这一核心问题，进行深入的思考。例如，以自然的“美”反衬出人类的自私和贪婪，反思自身。工业革命以来，人类的思维和手段，多是“攻击型”的，所有举措的矛头皆指向大自然……有多少作为乃是“和善型”的呢？又有多少作为是忌讳后果的呢？要对自然进行所谓“和善型”的开发，就需要科技伦理的监督和制约。泰戈尔说：“上帝等待着人在智慧中重新获得童年”。人类需要秉承科学精神的“真”，带着敬畏和“善”，重新认识自然的“美”，方能使人类重新回归那智慧的童年。

科学散文把文学的手法和思维融入科学作品中，既有科学事实，又给人以文学美和哲理美的享受，并给人以文化批判的启迪。这种以科学知识作为平台，写作的逻辑重点在于挖掘自然科学知识中的思想内涵、人文内涵，进而上升到作理性层面、文化层面的思考，对现代人类社会进行认真反思，着力于文化批判的作品，乃是科学与文学结合的高境界。美国女作家蕾切尔·卡逊的《寂静的春天》是很好的例子。杨文丰的科学散文作品《尘寰里的绿叶》有异曲同工之妙，现转载如下：

有位散文家说冬天的白杨树是温暖的，称这是他一年中的大发现。花草树木有无情感，科学上尚待研究，但绿叶和人一样也有体温却是事实。朝阳叶子的温度起码高于气温 10 摄氏度。白天叶温比气温高，凉夜则相反。茶树在叶温 25 摄氏度时光合作用最旺盛，叶温 40 摄氏度时净光合作用几乎为零，叶温若达 48 摄氏度，叶片会被灼伤。

叶温与阳光的关系，就似海洋与波浪的密切关系。

我在《花草树木的体温》中写过：“植物体温升高的主要原因，是阳光中的远红外线被植物体中的水分吸收引起的。植物体温是难以无限升高的。植物自有自己的降温妙法：一是依靠空气摩触散热，二是通过蒸腾作用让温热水汽从气孔散发出去。”

在任何时候，在人间的任何地方，绿叶都是温热的，都是不设防的，都在表达自己的好恶。

绿叶是善的化身。

不带功利，竭力赐予，

绿叶之善乃是至善。

绿叶的善表现在物理上，以不伤人为特征，譬如柔软。以手按压绿叶，手一放开，绿叶马上反弹，柔软的树冠可缓冲暴风雨对尘寰的袭击。又譬如覆盖大地、围拢河湖的呵护与包容。炎炎夏日，童年的我走在故乡琴江河坝上时，总感激茂密的麻竹长龙的阴凉。今天想来，那夹在麻竹长龙间的河水，真似日本风景画家东山魁夷的《绿的歌声》。还譬如开明疏松，绿叶蓬蓬，人、鸟、兽和风均可穿行，是通透、起伏、颤抖的乐园。那本只应天上有的鸟鸣，在绿叶间是多么富有审美价值。那连绵起伏的绿叶多像是天然空调。绿叶啊，你为地球村究竟降了多少温？

经由作家、艺术家的升华后，绿叶的善愈加迷人。朱自清笔下那一泓《梅雨潭的绿》，仍抚学子的心灵。艾青的名诗《绿》，摇摇曳曳，仍在教风教水教阳光，幻作绿的舞蹈。当年我还是知青，倘遇雨天，广东音乐《雨打芭蕉》就应和我栖身的二楼窗下芭蕉叶上叮叮咚咚的雨声，送我柔情和慰藉，尽管那情景现在想来有些凄清、凄婉、凄楚。

《纽约时报》曾载题为《为那棵橡树算笔账》的文章中写道，曼哈顿街上那棵40岁的豆梨树干直径才65厘米，树高才 7 米，每年却能让行人肺脏少吸入污染物 527.67 克。纽约城中的树，每年可减少 143 吨污染物进入人体。

想一想，4 亿年前地球上开始有了绿叶摇曳，至今天，全球绿色植物一年输出氧气达 1000 亿吨。这不要钱的氧气和其他气体一起尽心地呵护着地球。大爱若虚，大善若无。氧气，你我却无法看见，即便我们将眼睛睁得再大。绿叶最大的善是什么？我想，不就是馈赠地球以氧气吗？

好东西若过于善良，却未必能得到人的珍爱。

绿叶手无寸铁，有的只是行善的天性，沉默如金。俗云："人善被人欺，马善被人骑。"善良往往是受欺的别名。这又有什么法子呢，如此善良的绿叶，在光天化日之下已失去了安全，且还在一天天丧失安全。这成了绿叶的宿命。在这尘世，丧失安全不仅是最恐怖的事，而且是最荒谬的事。俗称"世界爷"的美洲红杉不是世界上最高的树吗？美国就有一棵"世界爷"，绿叶摇荡白云，树干直径超过 12 米，谁都认为是应该保护的珍贵植物，但树干基部还是被人活活凿通一条"隧道"，嘶喊的车辆鱼贯穿行。

在中国民间传说里，月宫中的桂树也无法逃脱受伤害的命运，那长驻月亮的吴刚就是破坏桂树绿叶的"屠夫"。月圆月缺，一年又一年。地球上的绿叶与月中桂树遥相对应，恍如镜像。地球上的绿叶也总是莫名、莫测地落地，不是飘飘然就是轰轰然、哗哗然地落地。不同的是，传说中月宫里的桂树被砍倒后还能死而复生，而地球上落地的绿叶却再也无法返回枝头。

一天天丧失的是生命的绿色，一天天裸露的是呻吟的地球。

我很担忧，子孙后代会不会只能到唐诗宋词和中国传统山水画中去辨识绿叶呢?

尽管绿叶命运堪虑，却从未放弃“绿叶立场”。在日益恶劣的环境面前，在绿叶一天天丧生的危难中，绿叶仍然固守着自己的“绿叶立场”，从不言弃，而且，也无法放弃。

绿叶之所以能够坚守自己的立场，我以为在于绿叶中包含有叶绿素。

叶绿素在1817年才被人发现。那一天，法国人佩尔蒂埃和卡芬杜很偶然地从植物叶子中分离出一种东西，并证明，正是它使绿色植物呈现绿色。他们将之命名为“叶绿素”。叶绿素一词是希腊语，意谓“绿色叶子”。后来科学家又发现，绿叶长绿的原因是绿叶中总有叶绿素前赴后继，有新生叶绿素做接班人。叶绿素乃绿的本钱，绿的基础。

没有任何坚守是轻松的，是平静和容易的，何况如此善良的绿叶。

何况坚守还可能被覆盖，被掩埋。你读过秋海棠、糖萝卜、红苋菜吗? 她们的叶子总是热烈如红霞，却依然能进行光合作用。这是什么原因呢? 是叶绿素被红色的花青素掩盖了。如果将秋海棠的红叶浸入盛水的烧杯，置于酒精炉上加热，就可以看到叶色在一点点变绿。这是因为受热，花青素被溶解了，叶绿素露出了本色。

我是多么希望有更多的绿叶能够福庇地球，慰安人类啊!

然而，如此善良的绿叶给我们的视觉感受却总是那么冷，非常之冷，比深秋寒舍的北屋还要寒，还要冷。

从光谱上看，从色彩学上看，这绿色，位于黄蓝色之间的绿色，的确是冷色。

入目的绿叶的寒冷，

比冷敷在唐人画屏上的银烛秋光，

更凄清，更寒冷。

绿叶给我们人类的视觉感受大抵只能如此寒冷了，而且将越来越冷，在如今气候变暖，寰球冷热差增大的背景下。

不是“让高山低头，让河水让路”的全人类，而只有独个儿的你，你踽踽独行在“空翠湿人衣”的山阴道上时，当四面全是游走着一两句鸟声的比庭院还深的绿时，那比锣鼓更喧响的烫人的静静的冷，那死寂一般的冷，必定会朝你倾轧、包围过来。我相信，在这时，你无论如何都会感到沁入骨髓的寒冷。

这就是绿叶给人寰的安静的脸色，是出于大爱而给人类送来的冷静提醒！

2.7　科学散文散论

由于科学散文的创作理论，目前尚处于几乎空白的地位，现将杨文丰的《科学散文散论》附后，以供科普作家参考。

1

科学美是客观存在的，尽管科学美如同包拥我们的空气，是那么空灵、神秘、若有似无。

古希腊欧几里得的《几何原本》被公认是“科学史上的艺术品”。

数学“具有至高无上的美——冷峻的和简朴的美，像雕塑之美一样……它可以纯净到崇高的地步，能够达到严格的、只有最伟大的艺术才能显示的那种完美的境地。”（罗素）

爱因斯坦的相对论被公认为是最美的理论，玻恩说它“像一个被人远远观赏的艺术作品”。

“在技艺达到一个出神入化的地步后，科学和艺术就可以很好地在美学、形象和形式方面结合在一起。伟大的科学家也常常是伟大的艺术家。”（爱因斯坦）

科学散文美自然也是客观存在的——存在于科学散文中。

2

彭加勒赋予科学美以雅致、和谐、对称、平衡、秩序、统一、简单性、对照、适应、奇异、思维、经济等含义。

杨振宁认为“科学美是和谐、优雅、一致、简单、整齐”。

科学美体现了自然物事的对称、简洁、简明和本质规律。

科学美以真为基础：体现了自然和社会的规律、客观事物的位置乃至本质。

科学美反映了和谐的自然律。

科学美是真与美的统一。

“形神和谐，启智启美”既是散文创作的美学准则，也体现了科学散文的情与理、形与神在美学层面的统一。

3

自然美里存在科学美，犹如原野中恒有鲜花开放。

艺术美中也可包含科学美的因素。

科学美比艺术美稳定，甚至科学美比艺术美更稳定，更有规律。

科学美是美的高级形式。

科学美与艺术美一般都建筑在自然美的原野上。

融入了科学美的散文是增加了审美内容和提高了审美层次的散文，也是对读者的情商和智商有着更多考验的散文。

4

科学美是探索之美。居里夫人就说过，科学的探索研究，其本身就含有美。

爱因斯坦是迄今为止最伟大的“艺术型”科学家。

我以为爱因斯坦的“相对论”不仅是一篇伟大的科学论文，也是一篇写进了星空的伟大的科学散文。

我认为《庄子》和《老子》也是伟大的科学散文——伟大的人文科学散文。

何必隐瞒呢，在这科技时代，科学散文的发展空间完全可以比大地、比海洋、比天空还要辽阔、深厚和高远。

5

科学美是真的光辉。

科学散文和其他散文一样尚真。

一种科学理论成果，如果揭示了自然界的规律，反映了自然界的和谐，它就不仅是“真”的，而且还是“美”的。

科学散文表现的自然奥秘、自然规律及探求其行为本身，属真，也隶属于美。

科学散文的思维方式和创造精神无疑体现了求真求美。

科学散文本身就是美的发现、感受和创造。科学散文以美和真为起飞的双翼。

6

科学散文除体现科学美外，还应表现人的自由本性，表现人的自然性与社会性的统一，表现科学精神、科学伦理和文化批判的勇气，表现社会律及其他属于散文表现的内容。

7

科学美与自然美的关系犹同海洋与海波的关系——在我们眼中，海洋美是由海波手拉手的海面展示的。海洋美在视觉上即浪波之美。

“人是按照美的规律来塑造物体。”（马克思）科学散文写作是以知性为主、感性为辅的精神性的创造活动。

科学散文展示的科学美，是美的感性和知性的高级形态，是作家按照美的规律创造的结晶。

8

科学散文的形神和谐，最终来自作家胸襟的辽阔、思想的深刻及文体的和谐。

9

发现科学美的过程一如攻城的过程，以科学散文表现科学美同样是攻城的过程。

发现科学美既靠直觉思维，也靠抽象思维。感受艺术美则主要靠直觉思维和形象思维。

科学美感主要是理智愉悦的体验，而艺术美感则主要是情感愉悦的体验。

科学美感所体验的主要是理性的自由和幸福。诚如席勒所说："思维啊，幸福！"

发现科学美需要独特的眼睛，欣赏科学美需要独特的心灵，而表现科学美的科学散文无疑是独特的散文。

10

科学美只占科学散文美的一部分。如果说科学散文美是一座花园的话，那么文学美和哲理美只是这座花园中的两类花朵。

当科学散文完成后——成了科学散文家的心灵雕像之后，科学美便变成作品的有机部分了。

科学散文展现了"美的组合"。

11

科学美是科学散文的起跑线，是基础平台，也是联结科学和人文的纽带。

科学散文家之所以写作，是因为被科学美所激动，抑制不住审美愉悦，无法压抑创作冲动。

12

科学散文的写作离不开科学鉴赏力。科学鉴赏力是否缺席，一般来说，对非科学散文的写作却并不那么重要。

写作科学散文的科学鉴赏力——是智性与感性的统一，是直觉与推理的水乳交融，是理解与体验的愉快邂逅。

一个人如果缺乏科学鉴赏力，就不可能领略科学美，自然也无法写好科学散文。

法国数学家和天文学家拉普拉斯从牛顿力学“感受到数学的完美性”，英国数学家和哲学家罗素从欧几里得《几何原本》“读出音乐般的美妙”，德国生物学家海克尔从达尔文的《物种起源》“见出生物世界无与伦比的统一之美”，这一切，都以良好的科学鉴赏力为必要条件。

科学鉴赏力之有无，一半靠天分，一半靠培养。

13

科学研究在某种程度上其实就是一种选择。

科学散文创作也是一种选择。

科学选择追求“简化”。

科学散文的创作也追求“简化”，也追求“简单与宏远”。

科学散文创作过程中对科学知识和人文情态的选择和简化，均脱不开科学美的支配作用。

2.8 科学小品的特点

科学小品是一种以科学为题材的小品文。它与科学散文的区别在于短小精悍“详者为散文，略者为小品”。笔者认为，其性质与功能与科学散文类同。从科普创作体裁的分类，同属科学文艺。这种文学体裁，在西方多称之为随笔；东方多称之为小品，并包括部分杂文在内。

2.8.1 科学小品的沿革

科学小品是“五四”新文化运动以来进步的小品文中，具有鲜明特色的一类科普文体。这种知识性散文在我国源远流长，如古代郦道元的《水经注》、沈括的《梦溪笔谈》、王象晋的《群芳谱》等，可识为这种文体的滥觞。我国第一批现代科学小品，最早出现在1934年，陈望道创办的《太白》杂志上。我国科学小品在中华民族抗日救亡的时刻，以独创的清新、鲜明的面目登上中国文坛，向大众普及科学知识，破除封建迷信，起到了发扬蹈厉的作用，涌现了一批作家队伍：如戴文赛、周建人、高士其、朱洗、顾均正、贾祖璋、董纯才等。

我国科学小品第二次繁荣时期是在中华人民共和国成立后“向科学进军”的时期。国家的工作重点转向技术革命和社会主义建设。其时，出现了一批著名科学家如竺可桢、茅以升、华罗庚、傅连暲等撰写科学小品的盛况，同时也涌现了一批写科学小品的新作家。十年“文化大革命”浩劫中，以《燕山夜话》为代表的科学小品文遭到了覆灭的命运。

1978年“全国科学大会”召开后，“科学的春天”终于回归祖国大地，“科学小品”如同生命力旺盛的芳草，“野火烧不尽，春风吹又生”，迎来了第三次繁荣时期。虽然在20世纪80年代后期、90年代初期，由于当时的历史背景，以及受“全民经商”下海的影响，一度陷于低潮，但不久就进入了缓和的复苏时期，走向正常。由此可见，科学小品的兴衰，始终和祖国现代化建设的命运紧密相连，是战斗的匕首、建设的瓦刀。

源远流长和短小精悍是科学小品不同于科学散文的特色。

2.8.2 科学小品的审美特征

小中见大 科学小品反映事物，既能望远，也能显微。不但能尺幅千里，小中见大；寸镜万菌，小中见细。而且，还能快中出新、雅俗共赏。在工作与生活都很繁忙的今天，可以有较多的人来写、更多的人来读。一篇千字文，在乘车的时间、午休的间隙，就能漫游大千世界，获得阅读的美感与愉悦。

鼎味调和 科学小品是科学性、艺术性、思想性的结晶，是主观思想感情与客观自然规律的交融。把引人入胜的诗情画意、耐人寻味的哲理遐思，渗透到有趣的科学知识之中，诗、哲、知三位一体。科学小品不是正餐是饭前“小吃”。如果这茶点色香味俱全，就能引起人们进一步求知的欲望。

科学小品是非驴非马、似鹿似驼的边缘文章，很适合于各门学科相互渗透。因此，应该继承我国民族文化中这种“四不像”特产之传统，在新的科学文化历史条件下，进一步发扬光大。

博采精炼 采百花酿蜜，挖江沙淘金。科学小品要精炼，前提也是博采。平时结合自己工作、学习、生活，广泛收集古今中外、文史科哲，直至琴棋书画等各种知识材料；用时，方能做到行云流水、谈天说地、旁征博引。

黎先耀是我国著名的科学小品理论与作品双丰收的作家。

笔者读过《黎先耀文集》后，最喜欢、最感动的一篇是《观音水仙》，说的是产出自浙江普陀的一种野生水仙，而从这种水仙引申出一位被当地群众誉为“不肯去观音”的青年女教师。她的父亲在日本发了财，但她不愿离开生养她的故土和舍弃不下她的学生，依然在普陀山区过着清淡的生活。作家案头曾经用清水珠玑供养着的洁净芬芳的“观音水仙”就是这位女教师赠送的，象征着这位平凡妇女的纯洁心灵。

这篇科学小品文，题文和谐，文风清新隽永，仿佛在字里行间也让读者看见了、闻到了这“观音水仙”素雅的身姿和淡淡的幽香。

参考文献

[1] 杨文丰. 蝴蝶为什么这样美［M］. 北京：中国人民大学出版社，2012.
[2] 章道义，陶世龙，郭正谊. 科普创作概论［M］. 北京：北京大学出版社，1983.
[3] 黎先耀. 缪斯之恋［M］. 上海：文汇出版社，2004.

第三章　科学诗歌的审美

汤寿根

3.1　诗歌的涵义

诗歌是世界上最古老、最基本的文学形式，是一种阐述心灵、抒情言志的文学体裁。赵缺在《无咎诗三百序》中曰：“诗者，感其况而述其心，发乎情而施乎艺也”，而诗人则需要掌握成熟的艺术技巧，并按照一定的音节、声调和韵律的要求，用凝练的语言、充沛的感情，以及丰富的意象来高度集中地表现社会生活和人类精神世界。我国现代诗人、文学评论家何其芳在《关于写诗和读诗》中说：“诗是一种最集中地反映社会生活的文学样式。它饱和（含）着丰富的想象和感情，常常以直接抒情的方式来表现，并且在精炼与和谐的程度上，特别是节奏的鲜明上，它的语言有别于散文的语言。”

诗歌起源于上古的社会生活，因劳动生产、两性相恋、原始宗教等而产生的一种有韵律、富有感情色彩的语言形式。由于古时候信息技术不发达，所以人们从这一个地区到那一个地区传递信息都非常不方便，于是他们将写好的诗编成歌，而诗歌就从人们的口中传递。

诗歌来源于古代人们的劳动号子和民歌，原是诗词和歌曲的总称。我国最早出现的文学体裁——诗歌总集是《诗经》。它高度集中地概括、反映社会生活，饱含着丰富的思想感情和想象，语言精炼而形象性强，并具有一定的节奏韵律，一般为分行排列。

在我国古代，不合乐的称为诗，合乐的称为歌，后世将两者统称为诗歌。《尚书·虞书》记载："诗言志，歌咏言，声依永，律和声。"《礼记·乐记》记载："诗，言其志也；歌，咏其声也；舞，动其容也；三者本于心，然后乐器从之。"早期，诗、歌与乐、舞是合为一体的。诗即歌词，在实际表演中总是配合音乐、舞蹈而歌唱，后来诗、歌、乐、舞各自发展，独立成体。诗从歌中分化而来，为语言艺术，而歌则是一种历史久远的音乐文学。《诗经》是入乐歌唱的，严格地说它是歌，正因为如此，《诗经》被学者称之为我国音乐文学成熟的标志。

诗歌的体裁很多，我国最早流行而至今仍常常使用的传统体裁有绝句、词、曲等。诗歌按照有无故事情节分为叙事诗和抒情诗；按照语言有无格律分为格律诗和自由诗；按照有无押韵分为有韵诗和无韵诗。

中国诗歌具有悠久的历史和丰富的遗产，如《诗经》《楚辞》和《汉乐府》，以及无数诗人的作品。欧洲的诗歌，由古希腊的荷马、萨福，古罗马的维吉尔、贺拉斯等诗人开启创作之源。

3.2 诗歌的沿革

中国是一个诗的国度，诗歌堪称国粹。在泱泱中华五千年璀璨而辉煌的文化殿堂中，中国诗歌创造了众多的体裁：诗经体、骚体、汉魏古诗、乐府、格律诗、杂体诗、白话自由诗和民歌。传承至今，象征着中国诗词创作高潮的《唐诗三百首》《宋词三百首》成为家喻户晓的传统文学典籍。千百年来，古今诗人吟咏出了数不胜数、历久不衰的诗篇，涌现出无数彪炳史册的杰出诗人，古有屈原、李白、杜甫、白居易、韩愈、刘禹锡、柳宗元、李商隐、苏东坡、辛弃疾、陆游等，近现代有郭沫若、闻一多、艾青、徐志摩、臧克家、贺敬之、李季、田间、闻捷、郭小川、苏局仙、凌禹门、汪德祖、姚丹萍、易苏民，以及雷抒雁、李瑛等。可以说，一部诗歌史几乎就是一部中华民族的发展史。

诗为史，好诗必然得到世间的崇敬和传承。古往今来的好诗，往往是思想性、艺术性、民族性的高度统一。在卷帙浩繁的中国诗典里，诗人们真切反映人民的喜怒哀乐，真实记载世间的百态万象，既有歌颂、也有批判，既有抒情、也有叙事，既简练精粹、又深邃隽永，既明白易懂、又朗朗上口，既是润物无声的甘霖、又是激人奋进的鼙鼓。古往今来，国人以学诗、作诗、咏诗为雅事，以成为诗人、诗入典籍为荣光。诗歌还被列为华夏文化“诗、书、礼、乐、易、春秋”六艺之首，成为中华先进文化的瑰宝之一。

改革开放以来，我国文坛呈现新气象，许多诗人积极探索诗歌创新，好的诗歌也时而涌现，新诗创作成就毋庸置疑。但是，曾几何时，诗歌却逐渐淡出公众的阅读视野，诗歌的繁盛已经是“故事”。认真观察当今的中国诗坛，可以大致得出如下结论：诗歌已没有昔日的风光，诗歌也没有热闹的阅读市场；写诗的竟比读诗的多，一边是诗人们的自我陶醉，一边是人们对诗歌的不屑一顾、敬而远之！

3.2.1 理论源流

现代诗歌流派及其理论：（1）20 世纪初以胡适、刘半农、沈尹默为代表的“尝试派”；20 年代初期以徐志摩、闻一多等为代表的“新月派”，以及 20 年代中期出现的以李金发为代表的“象征派”；（2）20 世纪 30 年代以戴望舒为代表的“现代派”，以及以艾青、彭燕郊、牛汉、曾卓等为代表的“七月诗派”；（3）20 世纪 40 年代以穆旦、杜运燮、郑敏等为代表的“中国新诗派”；（4）20 世纪 50 年代以纪弦为代表的“现代派诗群”；（5）20 世纪 50 年代以覃子豪、钟鼎文和后起的余光中、罗门、蓉子为代表的“蓝星诗群”；（6）20 世纪 50 年代以洛夫、张默和痖弦为代表的“创世纪诗群”；（7）20 世纪 70 年代末 80 年代初以北岛、杨炼、多多、顾城、江河、舒婷等为代表的“朦胧诗派”；（8）20 世纪 80 年代中后期以海子为代表的“神性写作”，以韩东、于坚等为代表的“他们诗群”，以及以周伦佑、杨黎等为代表的“非非诗派”。

3.2.2 现代（当代）诗歌的主要流派

“五四”派

现代诗歌是“五四”运动以来的诗歌，其主体是用白话写作，以打破旧诗词格律为主要标志的新诗。最早试验并倡导新诗的杂志是《新青年》，1917年2月2卷6号上刊出胡适的白话诗8首；1920年胡适的《尝试集》出版，是第一部白话新诗集。代表初期新诗最高成就的是浪漫主义诗人郭沫若，他的《女神》中大部分作品写于1920年前后，传达着五四狂飙突进的时代精神，开一代诗风。

1926年围绕北京《晨报》的《诗镌》，集合了一批立志要为新诗创格律的诗人，其中有闻一多、徐志摩、朱湘等人。他们随后还创办了《新月》和《诗刊》，“新月派”由此得名。新月派诗人中，闻一多的理论最为完整明确。他主张诗应当有音乐的美（主要指平仄和音韵），绘画的美（主要指辞藻、色彩与意境等），建筑的美（主要指诗节句式的匀称整饬），总之要“理性节制情感”，戴着“镣铐”来“跳舞”。这是对诗人更高的审美要求。

新月派

现代新诗史上一个重要的诗歌流派。该诗派大体上以1927年为界，分为前后两个时期。前期自1926年春始，以北京的《晨报副刊·诗镌》为阵地，主要成员有闻一多、徐志摩、朱湘、饶孟侃、孙大雨、刘梦苇等。他们不满于“五四”以后“自由诗人”忽视诗艺的作风，提倡新格律诗，主张“理性节制情感”，反对滥情主义和诗的散文化倾向，从理论到实践上对新诗的格律化进行了认真的探索。闻一多在《诗的格律》中提出了著名的“三美”主张，即“音乐美、绘画美、建筑美”。因此新月派又被称为“新格律诗派”。新月派纠正了早期新诗创作过于散文化弱点，也使新诗进入了自觉创造的时期。1927年春，胡适、徐志摩、闻一多、梁实秋等人创办新月书店，次年又创办《新月》月刊，“新月派”的主要活动转移到上海，这是后期新月派。它以《新月》月刊和 1930 年创刊的《诗刊》季刊为主要阵地，新加入成员有陈梦家、方玮德、卞之琳等。后期新月派提出了“健康”、“尊严”的原则，坚持的仍是超功利的、自我表现的、贵族化的“纯诗”的立场，讲求“本质的醇正、技巧的周密和格律的谨严”，但诗的艺术表现、抒情方式与现代派趋近。

现代派

“现代派”诗歌流派，是指 1932 年之后围绕《现代》杂志的一批诗人，包括戴望舒、何其芳、卞之琳、废名、林庚等。何其芳的《预言》等诗华丽、精致。卞之琳的《数行集》《鱼目集》里的作品，善于将日常生活的观察转为哲理性的感悟，其圆熟、冷静的表达常常出奇制胜。

20 世纪 30 年代还有另一诗潮是“左联”倡导的革命诗歌运动，以 1932 年成立的中国诗歌会为中坚，特点是密切反映时代变化，抒发革命激情，追求形式的大众化、通俗化，追求刚健壮阔的力之美。30 年代成名的艾青和臧克家也是贴近现实，有强烈的革命使命感的诗人。他们的创作更能代表这一时期现实主义诗歌的成就。

代表抗战时期以及 40 年代新诗发展水平的是“七月派”和“九叶派”。“七月派”是在艾青影响下，以理论家胡风为中心的作家诗人群，代表人物有绿原、阿垅、曾卓、牛汉等。

九叶派

“九叶派”则是 40 年代以《中国新诗》等刊物为中心的另一

风格趋向的诗人群（又称“中国新诗派”），代表诗人是辛笛、穆旦、郑敏、杜运燮、陈敬容、杭约赫、唐祈、唐湜、袁可嘉等。80年代出版有他们9人的诗歌合集《九叶集》，“九叶派”由此得名。文学史通常认为“九叶诗派”的艺术探求很有价值，拥有一批艺术水准较高的诗人诗作，对新诗的表达方式以及诗学观念都有大的突破。

20世纪60年代的诗歌带有非常鲜明的时代特色，政治抒情诗是这一时期最受欢迎的文体之一。1976年天安门诗歌运动，是群众自发的诗歌集体创作运动。

新时期首先出现的是现实主义诗歌潮流，稍后出现了有关“朦胧诗”的讨论，说明一种新生代的诗歌正在文坛崛起。

朦胧诗

“朦胧诗”不仅仅是某个诗人群，或者某类诗作，而是一种带有叛逆性、先锋性的创作潮流。因其作品在艺术上多用总体象征，具有表达的多义性和不确定性，而被称为“朦胧诗”。如北岛、舒婷、顾城、江河、杨炼等，是“朦胧诗”的代表人物。

中间代

20世纪60年代出生的诗人中，有一部分人并没有机会成为“第三代诗群”的成员，他们以相对独立的方式写作，被称为中间代诗人。他们的诗歌，已成为20世纪90年代至今中国诗歌的精神高地。中间代并不代表一个具体的诗歌运动，而是指一代诗人的写作立场和诗风，代表诗人有安琪、山水情人、臧棣、伊沙、叶匡政、陈先发、赵丽华、潘维、西渡等。中间代诗人有鲜明的写作个性，自觉维护诗歌的独立写作与本真写作，反对诗歌派别之间的对立，对观念写作持否定的态度。他们对写作的尝试与实践、对个人话语的敏锐和维护，都呈现出一代诗人独有的精神气质。

新生代

几乎和“朦胧诗”群体同出于 80 年代初期，而在 90 年代终于成为主潮的“新生代”，是比较庞杂的诗人群。其中影响较大的有海子、王家新等为代表的所谓“后朦胧”诗人，此外，还有韩东、于坚等为代表的“第三代”诗人。他们的特点表现为注重日常生活的审美，价值观念上的反所谓的崇高、反所谓的英雄，艺术上则反优雅、反意象，有意用原生态的口语入诗，是新时代的美化用语。

湖畔派

因该流派诗人多聚集在西子湖畔而得名，是中国新诗最早的一个流派。爱情，是湖畔派吟唱的主要内容。代表诗人是冯雪峰、汪静之、应修人、潘漠华等。代表作品：冯雪峰的《伊在》《卖花少女》，汪静之的《惠的风》《我是死寂的海水》，应修人的《含苞》，潘漠华的《离家》等。

韵脚派

韵脚诗的特点是句尾押韵，属于最新诗体，出道于 2000 年之后，典型代表为方文山的“素颜韵脚诗”（所谓“素颜”，就是一张素面朝天的纯粹中文的脸，不使用标点符号、外国文字、阿拉伯数字、图像等化妆品）。

韵脚诗在尊重现代诗歌追求自由和豪放的同时，又继承了流传千年古体诗歌韵律的宝贵血脉，为诗歌的创作制定了一项行之有效的规范形式，避免了现代诗歌自由散漫和无章可循的口语化写作的倾向。

方文山的素颜韵脚诗的最大成就在于，它将古体诗歌的韵律融入自身，继承和发扬了那种诗如歌的押韵之美，使古典诗韵与现代诗歌完美融合，从而使现代华语诗歌的流传和推广再次深入人心。但是，美中不足之处在于，素颜韵脚诗虽在韵脚方面卓有成效，却仍难在万千受众之间普及和推崇，原因在于诗句时常过短，字句间切换过于频繁或略显零散，整首诗所要传达的内容读起来有种如空似幻的感觉，仿佛飘忽游走于高天云外，难以寻找到那种超现实的真实感。这也显示出他的素颜诗体仅仅发于高端而流行于高端人群，如同时下他那受到热捧的歌词一般，却也因此严重阻碍了它流向普通平民的步伐，遗留了一些现代诗歌常见的弊病和顽疾。但总的来说，素颜韵脚诗为中国现代韵脚诗的形成奠定了坚实而有力的基础，担负着现代诗歌与中国现代韵脚诗过渡转承的作用。它的力量与价值将成为中国韵脚诗历史进程中浓墨重彩的一笔。

3.3 诗歌的类别

3.3.1 古诗

一、按音律分类

可分为古体诗和近体诗两类。古体诗和近体诗是唐代形成的概念，是从诗的音律角度来划分的。

（1）古体诗：包括古诗（唐以前的诗歌）、楚辞、乐府诗。“歌”、“歌行”、“引”、“曲”、“吟”等古诗题材的诗歌也属古体诗。

古体诗不讲对仗，押韵较自由。古体诗的发展轨迹:《诗经》→楚辞→汉赋→汉乐府→魏晋南北朝民歌→建安诗歌→陶诗等文人五言诗→唐代的古风、新乐府。

①楚辞体：是战国时期楚国屈原所创的一种诗歌形式，其特点是运用楚地方言、声韵，具有浓厚的楚地色彩。东汉刘向编辑的《楚辞》，全书十七篇，以屈原作品为主，而屈原作品又以《离骚》为代表作，后人因此又称“楚辞体”为“骚体”。

②乐府：乐府是自秦代以来朝廷设立的管理音乐机构，汉武帝时期大规模扩建，从民间搜集了大量的诗歌，后人统称为汉乐府。后来乐府成为了一种诗歌体裁。（1976 年在秦始皇陵区出土了一件钮钟，上书错金铭文:“乐府”，2000 年在西安秦遗址出土“乐府承印”封泥一枚，进一步肯定了这一史实，而非始于汉武帝时期。）

（2）近体诗：与古体诗相对的近体诗又称今体诗，是唐代形成的一种格律体诗，分为两种，其字数、句数、平仄、用韵等都有严格规定。

①绝句：每首四句，五言的简称五绝，七言的简称七绝。

②律诗：每首八句，五言的简称五律，七言的简称七律，超过八句的称为排律（或长律）。

律诗格律极严，篇有定句（除排律外），句有定字，韵有定位（押韵位置固定），字有定声（诗中各字的平仄声调固定），联有定对（律诗中间两联必须对仗）。例如，起源于南北朝、成熟于唐初的律诗，每首四联八句，每句字数必须相同，可四韵或五韵，中间两联必须对仗，二、四、六、八句押韵，首句可押可不押。如果在律诗定格基础上加以铺排延续到十句以上，则称排律，除首末两联外，上下句都需对仗，也有隔句相对的，称为“扇对”。再如，绝句仅为四句两联，又称绝诗、截句、断句，平仄、押韵、对偶都有一定要求。从上到下，分为首联、颔联、颈联和尾联。

（3）词：又称为诗余、长短句、曲子、曲子词、乐府等。其特点：调有定格，句有定数，字有定声。字数不同可分为长调（91字以上）、中调（59～90字）、小令（58字以内）。词有单调和双调之分，双调就是分两大段，两段的平仄、字数是相等或大致相等的，单调只有一段。词的一段叫一阕或一片，第一段叫前阕、上阕、上片，第二段叫后阕、下阕、下片。

（4）曲：又称为词余、乐府。元曲包括散曲和杂剧。散曲兴起于金，兴盛于元，体式与词相近。特点：可以在字数定格外加衬字，较多使用口语。散曲包括有小令、套数（套曲）两种。套数是连贯成套的曲子，至少是两曲，多则几十曲。每一套数都以第一首曲的曲牌作为全套的曲牌名，全套必须同一宫调。它无宾白科介，只供清唱。

二、按内容分类

（1）怀古诗：一般是怀念古代的人物和事迹。咏史怀古诗往往将史实与现实扭结到一起，或感慨个人遭遇，或抨击社会现实。如，苏轼的《念奴娇·赤壁怀古》，感慨个人遭遇、理想和现实的矛盾，年过半百，功业无成。辛弃疾的《永遇乐·京口北固亭怀古》表达对朝廷苟且偷生的不满，抨击社会现实。有的咏史怀古诗只是对历史作冷静的理性思考与评价，或仅是客观的叙述，诗人自身的遭遇不在其中，诗人的感慨只是画外之音而已。如，刘禹锡的《乌衣巷》，今昔对比，表达了诗人的历史沧桑之感。

（2）咏物诗：咏物诗的特点：内容上以某一物为描写对象，抓住其某些特征着意描摹；思想上往往是托物言志；由物到人，由实到虚，写出精神品格；常用比喻、象征、拟人、对比等表现手法。

（3）山水田园诗：谢灵运开山水诗先河，东晋陶渊明开田园诗先河，发展到唐代，有山水田园诗派，代表人物是王维、孟浩然。山水田园诗以描写自然风光、农村景物以及安逸恬淡的隐居生活见长，诗境隽永优美，风格恬静淡雅，语言清丽洗练。

（4）边塞诗：从先秦就有了以边塞、战争为题材的诗，发展到唐代，由于战争频仍，统治者重武轻文，士人邀功边庭以博取功名比由科举进身容易得多，加之盛唐那种积极治世、昂扬奋进的时代气氛，于是奇情壮丽的边塞诗便大大发展起来了，形成一个新的诗歌流派，其代表人物是高适、岑参和王昌龄。

（5）行旅诗和闺怨诗：古人或久宦在外，或长期流离漂泊，或久戍边关，总会引起浓浓的思乡怀人之情，所以这类诗文就特别多。它们或写羁旅之思，或写思念亲友，或写征人思乡，或写闺中怀人。写作上或触景伤情，或感时生情，或托物传情，或因梦寄情，或妙喻传情。

（6）送别诗：古代由于交通不便，通信极不发达，亲人朋友之间往往一别数载难以相见，故古人特别看重离别。离别之际，人们往往设酒饯别，折柳相送，有时还要吟诗话别，因此离情别绪就成为古代文人一个永恒的主题。因各人的情况不同，故送别诗所写的具体内容及思想倾向往往有别。有的直接抒写离别之情，有的借以一吐胸中积愤或表明心志，有的重在写离愁别恨，有的重在劝勉、鼓励、安慰，有的兼而有之。

3.3.2 古代诗歌的现代创新

2014 年 5 月 6 日，上海音乐学院承办的第 31 届“上海之春”系列音乐会中，别开生面地演出了“风·雅·颂——范曾诗词艺术歌曲独唱音乐会”。这场由徐沛东、赵季平等当代著名作曲家创作的原创艺术歌曲音乐会，由我国优秀男中音歌唱家廖昌永倾情咏唱。对于如何将源自三百篇的诗乐传统融入当代专业音乐创作和表演的美学观念和技巧系统之中，做出了积极有益的探索与示范。

中国是诗的国度。自三百篇伊始，汉语诗篇一直有着合歌入乐的悠久传统。正是诗乐一体、相得益彰，才会有乐府、古体、近体、长短句和散曲的华章。当代作曲家与歌唱家合作的中国传统诗歌音乐会，令人们重新思考诗歌与音乐的密切关系，感受美丽的汉语文字与典雅的声乐艺术的相互映照。他们对我国旧体诗词（传统价值与艺术理想）的感悟与演绎，赋予了新的审美形式和艺术意境。他们的创作对于继承和发扬我国古典诗歌的美学内涵，重建与赓续中国悠久的诗歌音乐文化，形成与积累中国特色的保留曲目有着重要意义；对于饱受西方文化浸淫、屡屡陷入困惑与迷惘的今日乐坛，无疑是一件寻根溯源、开拓创新的好事。

3.3.3　新诗

新诗的形式是自由的；内涵是开放的；意象经营重于修辞。“诗”者皆为有感于物而作，是心灵的映现。“古诗”与“新诗”相比较：“古诗”以“思无邪”的诗观，表达温柔敦厚、哀而不怨，强调在“可解与不可解之间”；“新诗”强调自由开放的精神，以直率的情境陈述，进行“可感与不可感之间”的沟通。

一、叙事诗和抒情诗

这是按照作品内容的表达方式划分的。

（1）叙事诗：诗中有比较完整的故事情节和人物形象，通常以诗人满怀激情的歌唱方式来表现。史诗、故事诗、诗体小说等都属于这一类。史诗如古希腊荷马的《伊里亚特》和《奥德赛》；故事诗如我国诗人李季的《王贵与李香香》；诗体小说如英国诗人拜伦的《唐璜》，俄国诗人普希金的《叶甫盖尼·奥涅金》。

（2）抒情诗：主要通过直接抒发诗人的思想感情来反映社会生活，不要求描述完整的故事情节和人物形象。如，情歌、颂歌、哀歌、挽歌、牧歌和讽刺诗。这类作品很多，不一一列举。

当然，叙事和抒情也不是决然分割的。叙事诗也有一定的抒情性，不过它的抒情要求要与叙事紧密结合。抒情诗也常有对某些生活片断的叙述，但不能铺展，应服从抒情的需要。

二、格律诗、自由诗、散文诗和韵脚诗。

这是按照作品语言的音韵格律和结构形式分类的。

（1）格律诗：是按照一定格式和规则写成的诗歌。它对诗的行数、诗句的字数（或音节）、声调音韵、词语对仗、句式排列等有严格规定，如我国古代诗歌中的“律诗”、“绝句”、“词”、“曲”，欧洲的“十四行诗”。例如曹操的乐府诗《观沧海》和马致远的散曲《天净沙·秋思》：

观沧海

曹　操

东临碣石，以观沧海。/ 水何澹澹，山岛竦峙。/ 树木丛生，百草丰茂。/ 秋风萧瑟，洪波涌起。/ 日月之行，若出其中。/ 星汉灿烂，若出其里。/ 幸甚至哉！歌以咏志。

天净沙·秋思

马致远

枯藤老树昏鸦，/ 小桥流水人家，/ 古道西风瘦马。/ 夕阳西下，/ 断肠人在天涯。

（2）自由诗：是近代欧美新发展起来的一种诗体。它不受格律限制，无固定格式，注重自然的、内在的节奏，押大致相近的韵或不押韵，字数、行数、句式、音调都比较自由，语言比较通俗。美国诗人惠特曼（1819—1892 年）是欧美自由诗的创始人，《草叶集》是他的主要诗集。我国“五四”以来也流行这种诗体。

《草叶集》是惠特曼一生创作的总汇，也是美国诗歌史上一座灿烂的里程碑。作品包含了丰富而深刻的思想内容，充分反映了 19 世纪中期美国的时代精神。诗人站在激进的资产阶级民主主义立场上讴歌美国这块“民主的大地”：

那里没有奴隶，也没有奴隶的主人，/ 那里人民立刻起来反对被选人的无休止的胡作非为，/ 那里男人女人勇猛地奔赴死的号召，有如大海汹涌的狂浪，/那里外部的权利总是跟随在内部的权利之后，/那里公民总是头脑和理想，总统、市长、州长只是有报酬的雇用人，/那里孩子们被教育着自己管理自己，并自己依靠自己，/那里事件总是平静地解决，/那里对心灵的探索受到鼓励，/那里妇女在大街上公开游行，如同男子一样，/那里她们走到公共集会上，如同男子一样取得席次。

（3）散文诗：是兼有散文和诗的特点的一种文学体裁。作品中有诗的意境和激情，常常富有哲理，注重自然的节奏感和音乐美，篇幅短小，像散文一样不分行，不押韵，如鲁迅的《野草》：

《野草》题辞

鲁　迅

当我沉默着的时候，我觉得充实；我将开口，同时感到空虚。

过去的生命已经死亡。我对于这死亡有大欢喜，因为我借此知道它曾经存活。

死亡的生命已经朽腐。我对于这朽腐有大欢喜，因为我借此知道它还非空虚。

生命的泥委弃在地面上，不生乔木，只生野草，这是我的罪过。

野草，根本不深，花叶不美，然而吸取露，吸取水，吸取陈死人的血和肉，各各夺取它的生存。当生存时，还是将遭践踏，将遭删刈，直至于死亡而朽腐。但我坦然，欣然。我将大笑，我将歌唱。

我自爱我的野草，但我憎恶这以野草作装饰的地面。

地火在地下运行，奔突；熔岩一旦喷出，将烧尽一切野草，以及乔木，于是并且无可朽腐。

但我坦然，欣然。我将大笑，我将歌唱。

天地有如此静穆，我不能大笑而且歌唱。天地即不如此静穆，我或者也将不能。我以这一丛野草，在明与暗，生与死，过去与未来之际，献于友与仇，人与兽，爱者与不爱者之前作证。

为我自己，为友与仇，人与兽，爱者与不爱者，我希望这野草的朽腐，火速到来。要不然，我先就未曾生存，这实在比死亡与朽腐更其不幸。

去罢，野草，连着我的题辞！

（4）韵脚诗：属于文学体裁的一种，顾名思义，泛指每一行诗的结尾均须押韵，读起来朗朗上口如同歌谣。这里指的是现代韵脚诗，属于一种新型诗体，类似流行于网络上的素颜韵脚诗，例如方文山的作品《管制青春》：

管制青春

方文山

我用第一人称将过往的爱与恨 / 抄写在我们的剧本 / 我用第二人称在剧中痛哭失声 / 与最爱的人道离分 / 我用第三人称描述来不及温存 / 就已经转身的青春

3.4 诗歌的审美特征

集中概括的抒情　诗歌以抒情为主要表达形式，一般以较短的篇幅来具体形象地凸显诗人的主体意识，集中概括地表现社会生活。

借助意象的想象　诗歌以意象为诗情传达的基本结构单位，通过单个或多个的意象来凸显诗意，抒发情感。意象是在知觉基础上形成的，渗透着诗人主观感受的客观事物的影像。

鲜明和谐的音韵　诗歌的语言具有节奏感和音乐美。诗歌和音乐都属于时间艺术。音乐是借助声音构成的，诗歌也要借助声音来吟诵或歌唱，而声音的延续即是时间的流动。诗和乐像一对孪生的姊妹，从诞生之日起就紧密地结合在一起。诗，不仅作为书面文字呈诸人的视觉，还作为吟诵或歌唱的材料诉诸人的听觉。

形象凝练的语言　诗歌饱含着作者的思想感情，以及丰富的想象和联想，具有形象美；语句一般分行排列，注重结构美。古希腊诗人西蒙尼德说："诗为有声之画，画为无声之诗。"苏东坡则说："少陵翰墨无形画，韩干丹青不语诗。"朗诵诗歌时会浮现出作者所描述的画面，谱写诗歌时会浮现出作者所想象的画面，都说明了诗歌与形象的密切关系。

含蓄朦胧的意蕴　诗歌借助暗示来表达思想感情，语义含蓄多解，富于朦胧美。诗人在诗歌中情感的抒发并不是直接呼吁出来的，而是借助诗歌意象间接地暗示出来的，因此，借助暗示来表达思想感情也是诗歌的重要特征。

3.5　诗歌的创作技巧

3.5.1　传统表现手法

诗歌的表现手法很多，我国最早流行而至今仍常使用的传统表现手法有"赋、比、兴"。

赋：是直接陈述事物的表现手法。宋代学者朱熹在《诗集传》的注释中说："赋者，敷陈其事而直言之也。"

如《诗经》中的《葛覃》《芣苢》就是用的这种手法。

比：是用比喻的方法描绘事物，表达思想感情。刘勰在《文心雕龙·比兴》中说："且何谓为比也？盖写物以附意，扬言以切事者也。"朱熹说："比者，以彼物比此物也。"如《诗经》中的《螽斯》《硕鼠》等篇即用此法写成。

兴：是托物起兴，即借某一事物开头来引起正题要描述的事物和表现思想感情的写法。唐代孔颖达在《毛诗正义》中说："兴者，起也。取譬引类，起发已心，诗文诸举草木鸟兽以见意者，皆兴辞也。"朱熹更明确地指出："兴者，先言他物以引起所咏之辞也。"如《诗经》中的《关雎》《桃夭》等篇就是用"兴"的表现手法。这三种表现手法，一直流传下来，常常综合运用，互相补充，对历代诗歌创作都有很大的影响。

3.5.2 塑造形象的手法

诗歌的各种表现手法都离不开想象，丰富的想象是诗歌的重要特点。因此，在诗歌创作中，还有一种重要的表现手法是"象征"。象征，简单说就是"以象征义"。在现代诗歌中，象征又表现为心灵的直接意象。塑造形象的手法，主要有"比拟、夸张、借代"。

比拟

刘勰在《文心雕龙》一书中说：比拟就是"或喻于声，或方于貌，或拟于心，或譬于事。"这些在我们前面列举的诗词中，便有许多例证。比拟中还有一种常用的手法，就是"拟人化"：以物拟人，或以人拟物。前者如徐志摩的《再别康桥》：

再别康桥

徐志摩

轻轻的我走了，/ 正如我轻轻的来；/ 我轻轻的招手，/ 作别西天的云彩。/ 那河畔的金柳，/ 是夕阳中的新娘；/ 波光里的艳影，/ 在我的心头荡漾。/ 软泥上的青荇，/ 油油的在水底招摇；/ 在康河的柔波里，/ 我甘心做一条水草！/ 那榆荫下的一潭，/ 不是清泉，/ 是天上虹；/ 揉碎在浮藻间，/ 沉淀着彩虹似的梦。/ 寻梦？撑一支长篙，/ 向青草更青处漫溯；/ 满载一船星辉，/ 在星辉斑斓里放歌。/ 但我不能放歌，/ 悄悄是别离的笙箫；/ 夏虫也为我沉默，/ 沉默是今晚的康桥！/ 悄悄的我走了，/ 正如我悄悄的来；/ 我挥一挥衣袖，/ 不带走一片云彩。

徐志摩在诗中把“云彩”、“金柳”、“青荇”、“水草”都当作人来看待。

以人拟物的，如洛夫的《因为风的缘故》：

因为风的缘故

洛 夫

昨日我沿着河岸 / 漫步到 / 芦苇弯腰喝水的地方 / 顺便请烟囱 / 在天空为我写一封长长的信 / 潦是潦草了些 / 而我的心意 / 则明亮亦如你窗前的烛光 / 稍有暧昧之处 / 势所难免 / 因为风的缘故 / 此信你能否看懂并不重要 / 重要的是 / 你务必在雏菊尚未全部凋零之前 / 赶快发怒，或者发笑 / 赶快从箱子里找出我那件薄衫子 / 赶快对镜梳你那又黑又柔的妩媚 / 然后以整生的爱 / 点燃一盏灯 / 我是火 / 随时可能熄灭 / 因为风的缘故

洛夫在诗中把“我的心意”比拟为烛光，把“我”比作“灯火”。当然，归根结蒂，实质还是“拟人”。

夸张

就是把所要描绘的事物放大，好像电影里的“大写”、“特写”镜头，以引起读者的重视和联想。李白的“桃花潭水深千尺，不及汪伦送我情”（《赠汪伦》）、“飞流直下三千尺，疑是银河落九天”（《望庐山瀑布》），其中说到“深千尺”、“三千尺”，虽然并非事实真相，但他所塑造的形象，却生动地显示了事物的特征，表达了诗人的激情，读者不但能够接受，而且能信服，很惊喜。然而这种夸张，必须是艺术的、美的，不能过于荒诞，或太实、太俗。如，有一首描写棉花丰收的诗：“一朵棉花打个包/压得卡车头儿翘/头儿翘，三尺高/好像一门高射炮。”读后却反而使人觉得不真实，产生不出美的感觉。

借代

就是借此事物代替彼事物。它与比拟有相似之处，但又有所不同，不同之处在于：比拟一般是比的和被比的事物都是具体的、可见的；而借代却是一方具体，一方较为抽象，在具体与抽象之间架起桥梁，使诗歌的形象更为鲜明、突出，以引发读者的联想。这也就是艾青所说的“给思想以翅膀，给感情以衣裳，给声音以彩色，使流逝变幻者凝形。”塑造诗歌形象，不仅可以运用视角所摄取的素材去描绘画面，还可以运用听觉、触觉等感官所获得的素材，从多方面去体现形象，做到有声有色，生动新颖。唐代诗人贾岛骑在毛驴上吟出“鸟宿池边树，僧推月下门”，但又觉得用“僧敲月下门”亦可。究竟是“推”还是“敲”，他拿不定主意，便用手作推敲状，不料毛驴挡住一位大官的去路，此人乃大文豪韩愈，当侍卫将贾岛带到他的马前，贾岛据实相告，韩愈沉思良久，说还是用敲字较好。因为“敲”有声音，在深山月夜，有一、二记敲门声，便使得那种情景“活”起来，也更显得环境的寂静了。《枫桥夜泊》的“乌啼”和“钟声”，也是这首诗的点睛之笔。还有白居易的《琵琶行》中的音乐描写，“大珠小珠落玉盘”一段，更是十分逼真，异常精彩！现代的如黄河浪的《晨曲》：“还有那尊礁石 / 在固执地倾听 / 风声雨声涛声之外 / 隐隐约约的 / 黎明 / 灵泉寺的晨钟 / 恰似鼓山涌泉的 / 悠远回应 / 淡淡淡淡的敲落 / 几颗疏星 / 而涨红花冠的 / 雄劲的鸡鸣 / 仿佛越海而来 / 啼亮一天朝霞 / 如潮涌”。这首诗也写得很好。所以我们如果掌握了用声音塑造形象的手法，那将为诗歌创作开拓一个更加广阔的领域。无论是比拟、夸张或借代，都有赖于诗人对客观事物进行敏锐的观察，融入自己的情感，加以大胆的想象，甚至幻想。可以这样说，无论是浪漫派也好，写实派也好，没有想象（幻想），便不成其为诗人。比如，以豪放著称的李白，固然想象丰富，诗风雄奇，而以写实著称的杜甫，也写出了诸如“安得广厦千万间……何时眼前突兀见此屋……”（《茅屋为秋风所破歌》）和“香雾云鬟湿，清辉玉臂寒。何时倚虚幌，双照泪痕干。”（《月夜》）等浮想联翩的佳作。

3.5.3　诗歌的音效手法

诗歌是要“入乐”或“合乐”的，与音乐的关系非常密切，诗人在写诗的时候自然需要注意声音的组织，既要用语言所包涵的意义去影响读者的感官，又要调动语言的声音去打动读者的心灵。诗歌的音效手法包括“节奏”、“押韵”、“音调”和“声情”。

节奏

现代诗人、古代文学史家林庚教授认为:“诗是一种有节奏的语言”，节奏的性质在于其规律的间歇性能“与人以一种终止和期待之感”,“它的有规律的均匀的起伏，仿佛大海的波浪，人身的脉搏，第一个节拍出现之后就会预期着第二个节拍的出现。这种预期之感具有一种极为自然的魅力，使下一个诗行的出现，仿佛是在跳板上，欲罢不能，自然也就有利于语言的飞跃”。诗歌最基本的形式是分行，古诗的分行是由节奏点决定的，所以语言可以借助诗行利用节奏本身有规律的间歇性来造成飞跃，使一个个不依靠散文逻辑维系的诗行在预期中出现。“节奏感是诗歌自然的要求，而并非出于易于背诵的需要。”这一论断联系人类的心里感觉和大自然的自然韵律，说清了诗歌需要节奏的基本原理。

语言可以由声音的高低、强弱、长短，形成自然节奏。在语言自然节奏的基础上经过加工，强调自然节奏的某些因素，并使之定型化，则可形成语言的音乐节奏。诗歌的格律就建立在这种节奏之上。

中国古典诗歌的节奏是依据汉语的特点建立的，汉语一个字为一个音节，四言诗四个音节一行，五言诗五个音节一行，七言诗七个音节一行。每行诗的音节是固定的，但每行诗中的几个音节并不是孤立的，音节的组合不仅形成诗行，还将诗行划分为相对平衡的上下两个半段，从而在半行上形成一个类似“逗”的节奏点。

林庚教授在发现“节奏音组”和诗行建构之关系的基础上，进一步提出了汉语诗歌典型诗行所遵循的“半逗律”。中国古、近体诗建立诗行的基本规则，就是一行诗必须有一个逗，这个逗把诗行分成前后两半，其音节分配是：四言二二,五言二三,七言四三。林庚教授指出，这是中国诗歌在形式上的一条规律，并称之为“半逗律”。他说:“‘半逗律’乃是中国诗行基于自己的语言特征所遵循的基本规律，这也是中国诗歌民族形式上的普遍特征。”

揭示了“半逗律”，我们才能解释为什么有的句子凑成了四、五、七言却仍然不像诗，原因就在于音节的组合不符合这条规律。揭示了“半逗律”，还可以解释为什么六言诗始终未能成为主要形式，就因为二二二的这种音节组合无法形成半逗，不合乎中国诗歌节奏的习惯。还有一个有趣的现象，读四言诗觉得节奏比较呆板，五七言则显得活泼，其奥妙也在于音节的组合上。四言诗，逗的前后各有两个音节，均等的切分，没有变化。五七言诗，逗的前后相差一个音节，寓变化于整齐之中，读起来就觉得活泼。

押韵

押韵是字音中韵母部分的重复。按照规律在一定的位置上重复出现同一韵母，就形成韵脚产生节奏。这种节奏可以把涣散的声音组成一个整体，使人读前一句时预想到后一句，读后一句时回想起前一句。中国古典诗歌是必须押韵的，因为汉语语音长短、轻重的区别不明显，不能借助它们形成节奏，于是押韵便成为形成节奏的一个要素。

中国古典诗歌的押韵，唐代以前完全依照口语，唐代以后则须依照韵书。押韵是同一韵母的有规律的重复，犹如乐曲中反复出现的一个主音，整首乐曲可以由它贯穿起来。中国诗歌的押韵是在句尾，句尾总是意义和声音较大的停顿之处，再配上韵，所以造成的节奏感就更为强烈。

音调

色有色调，音有音调，一幅图画往往用各种色相组成，色与色之间的整体关系，构成色彩的调子，称为色调。一首乐曲由各种声音组成，声音之间的整体关系，构成不同风格的音调。一首诗由许多字词的声音组成，字词声音之间的整体关系，也就构成了诗的音调。

声音的组合受审美规律支配，符合规律的谐，违背规律的拗。音乐中有协和音程与不协和音程。中国古典诗歌有律句与拗句。音程协和与否，取决于两音间的距离。诗句谐拗的区别，在于平仄的搭配。

中国古典诗歌的音调主要是借助平仄组织起来的。平仄是字音声调的区别。平仄规律的交替和重复，也可以形成书奏，但并不鲜明。它的主要作用在于造成音调的和谐。

关于平仄的区别，音韵学家的认识并不一致，有的认为是长短之分，有的认为高低之别。语言学家、音乐家赵元任经过实验认为："一字声调之构成，可以此字之音高与时间之函数关系为完全适度之准确定义。"这就是说平仄与声音的长短、高低都有关系。但这种测定并没有考虑上下文的影响，拿诗来说，一句诗里每个字读音的长短，要受诗句节顿规律的制约。同一个字在不同的位置上，读音的长短并非固定不变的。例如，平声字应当是较长的音，但若在诗句的第一个音节的位置上就不能拖长，"君问归期未有期，巴山夜雨涨秋池。"这两句诗中的"君"字、"巴"字如果读成长音岂不可笑。相反，一个仄声字本来应该读得比较短，如果在一句五言诗的第二个音节的位置，或七言诗第四个音节的位置，却须适当拖长。例如："君家何处讲，妾住在横塘"第二句的那个"住"字；"劝君更尽一杯酒，西出阳关无故人"中的那个"尽"字，都是仄声，却要读成长音。这样看来，在诗句之中平仄的区别主要不在声音的长短上，而在声音的高低上。可以说，平仄律是借助有规律的抑扬变化，以造成音调的和谐优美。和谐的音调对于思想内容的表达，无疑会增添艺术的力量。

除了平仄之外，古典诗歌还常常借助双声词、叠韵词、叠音词和象声词来求得音调的和谐。双声词和叠韵词是由部分声音相同的字组成的词。叠音是声音完全相同的词。李重华《贞一斋诗话》云："叠韵如两玉相叩，取其铿锵；双声如贯珠相联，取其宛转"；王国维《人间词话》云："余谓苟于词之荡漾处多用叠韵、促节处用双声，则其铿锵可诵，必有过于前人者。"铿锵、宛转，荡漾、促节的细微区别，虽未必尽然，但双声、叠韵的音乐效果是确实存在的，而且叠音词的效果也是一样。它们的音乐效果可以这样概括：即在一连串声音不同的字中，出现了声韵部分相同或完全相同的两个邻近的字，从而强调了某一个声音，以及由此声音所表达的情绪，铿锵的越发铿锵、婉转的益见婉转、荡漾的更加荡漾、促节的尤为促节。至于象声词则是模仿客观世界的声音而构成的词，它只有象声的作用而不表示什么意义。象声词的效果在于直接传达客观世界的声音节奏，把人和客观世界的距离缩短，使人有身临其境之感。

双声、叠韵、叠音、象声，在中国古典诗歌里运用得相当广泛。如“青青子衿，悠悠我心”、“迢迢牵牛星，皎皎河汉女”、“田园寥落干戈后，骨肉流离道路中”、“无边落木萧萧下，不尽长江滚滚来”、“寻寻觅觅，冷冷清清，凄凄惨惨戚戚”这些词用得恰当，不但增加了音乐美，也加强了抒情的效果。

声情

以上所说的节奏和音调，是就声音论声音，是一首诗中各个字的字音的配合组织。然而，古典诗歌的音乐美并不完全是声音组合的效果，还取决于声和情的和谐，就像作曲时要根据表达感情的需要，选择和变换节奏、调式。写诗也要根据表达感情的需要，安排和组织字词的声音，只有达到声情和谐、声情并茂的地步，诗歌的音乐美才算是完善了。

3.6 科学诗歌的涵义

3.6.1 科学诗歌的性质

科学诗歌是科学与诗歌的结晶。

通常，人们认为：科学是极为严肃的，讲究严谨扎实、一丝不苟；诗歌是极为浪漫的，需要自由驰骋，天马行空。其实，如果我们仔细体察一下，就会发现，科学和诗歌这两个似乎迥然相异的领域，却有着不少共通之处的。诗歌的语言、蕴意，与科学的公式、定律，都是从纷繁复杂的社会、自然现象中凝练出来，体现了高度的智慧和美的简洁性。朱光潜先生曾说过：“诗比别类文学较严谨、较纯粹、较精微”，这与科学理论能“从尽可能少的假设和公理出发，用最简洁的形式，概括尽可能多的经验事实”，十分相似。所以说：“数就是美”。数学的方程、公式，自然科学的定律、理论，实际上就是用数字和公式等写成的诗，是真正的科学诗。

3.6.2　科学诗歌的美学特色

诗歌与科学的关联，可以归结为以下审美特点。

简洁美　诗歌和科学都体现了简洁美的审美特征，能在简单的形式中蕴涵着极为丰富的内容。如贾岛的《寻隐者不遇》：“松下问童子，言师采药去。只在此山中，云深不知处。”寥寥四句，却领人进入诗中意境，遥望山高云深，人迹杳渺，感觉十分真切，这和我们面对着如 $E=mc^2$ 这样一座能概括整个自然界质能关系的科学雄峰一样，在惊叹其巨大而宽阔的包涵性和普适性时，不由得感到一种简洁和深远相结合的美。

自然美　我国古典诗歌中往往体现出对自然的观察力。弗朗西斯·培根说过：“诗歌使人巧慧”，是很有道理的。翻开唐诗、宋词，这种例子几乎比比皆是。如王湾的《江南恋》：“客路青山外，行舟绿水前。潮平两岸阔，风正一帆悬。海日生残夜，江春入旧年。”三十个字，诗人就在这幅江春破晓图中，生动地描述了潮汐运动、昼夜交替、春冬更新的自然规律。又如杜审言的《早春游望》：“独有宦游人，偏惊物候新；云霞出海曙，梅柳渡江春；淑气催黄鸟，晴光转绿苹。”把早春的景物和气候描写得十分细腻动人，刻画了这些景色和物候间的相互影响、相互依存，是一篇很有科学性的早春物候篇。诗歌体现的自然观察力，使许多古代诗歌成为珍贵的科学资料。例如，世界上最早的日食记载，就出于《诗经·小雅》里的“十月之交，朔月卒卯，日有食之，亦孔之丑”。据天文学家推算，公元前 776 年十月初一正是辛卯日，早上 7 时到 8 时，确有过日食，和《诗经》的描写完全相吻合。“日食”一词，最早也出现于此诗。又如《诗经》中的“百川沸腾，山卒崩。高岸为谷，深谷为陵。”也是最早描述地震和地壳运动的记载，至今还常为人们所引用。这种对自然规律的描写，不仅成为古代许多诗歌的重要内容，体现了自然美和诗意美的结合，而且随着岁月的进程，更具有科学和艺术的价值，显示了千古之魅力，诚如诗人雪莱所说：“时间反增加诗的美。”

哲理美 诗歌具有深刻的哲理性。许多千古流传的名句，隽永深刻、意味无穷。如“沉舟侧畔千帆过，病树前头万木春”，“野火烧不尽，春风吹又生”，“年年岁岁花相似，岁岁年年人不同”，“今人不见古时月，今月曾经照古人”等生动形象地道出了万物代谢、有生有灭、沧桑变迁、古今流转的自然哲理。诗歌中这些带有哲理的闪光语言，常能启发科学研究的思路，在人们观察自然现象时，起到启迪智慧的作用。正如英国物理学家弗里曼·古森所说：“诗歌不仅仅是智力上的娱乐品。自古以来，诗歌一直是人们从自己不能言喻的内心深处吸取某种智慧的最好力量。”

形象美 诗歌的形象思维对于科学工作者的帮助是显见的。钱学森先生曾把“形象思维”提高为“创新的起点。”钱学森说：“学理工的，要懂得一点文学艺术，特别是要学会文学艺术的思维方式。科学家要有点艺术修养，能够学会文学家、艺术家那种形象思维，能够大跨度地联想。”他在谈到科学与艺术的关系时曾说过：“科学的创新往往不是靠科学里面的这点逻辑推理得出来的。科学创新的萌芽在于形象的思维，在于大跨度地联想突然给你的一个启发。产生了灵感，才有创新。有了灵感以后，再按照科学的逻辑思维，去推导和计算，或者设计严密的实验去加以证实。所以科学家既要有逻辑思维，也要有形象思维。逻辑思维是科学领域的规律，很严密。但形象思维是创新的起点。”诗歌的想象力主要借助于感性的形象，但同时也会包含了理性的思考、比较、预见，有时还闪现出富有天才的思想，如李贺在《梦天》中，描写自己梦中遨游天上，回首俯瞰地上的海陆，只见“黄尘清水三山下，更变千年如走马。遥望齐州九点烟，一泓海水杯中泻”。这四句诗的前两句，体现了地球变迁和时间的相对性，后两句则酷似从今天的宇宙飞船上遥看地球，和从高空卫星上拍摄下来的照片十分相似，使我们不能不赞叹生活于一千多年前的诗人所具有的高度想象力。

康德在著名的《宇宙发展史概论》中，为了阐述他的宇宙演化理论，曾引用了这样一首诗描述宇宙的未来：

> 当世界陆沉，什么都化为乌有，/一切都完了，只剩下一片空空，/别的星球却还照亮着许多另外的苍穹，/可它们的行程也有始有终。/而在这有生有灭的过程中，/诗人进一步写出了宇宙的永恒：/只有你呀！千秋万代，长生不老，/永远年轻，犹如今朝。

诗人是非常善于横向思维的。将这种横向思维和人们常用的纵向思维结合起来，就可以扩大思维的范围，获得更多的发现。尤其是现代科学发展到今天，继续向纵深突破需要花费更艰巨的努力和等待时机，进行学科间的横向转移，更具有十分重要的现实意义。

我国有不少著名科学家同时又兼有诗人的才华。例如，复旦大学谷超豪院士在繁忙的科研工作之余，酷爱写诗。当时，他因担任中国科大校长，经常要往返于沪皖之间，就常常利用在飞机、火车上的时间，考虑数学上的“孤立子”问题。他写下了这样一首诗：“数苑从来思不停，穿云驰车亦有成。且喜高空得孤子，相互作用不变形。”对于我国西北、东北大庆油田的发现，有过重要贡献，又是含油气盆地理论的倡导人的朱夏院士，在踏遍青山、笑傲江湖地质勘探过程中，创作了上千首诗，有“地质诗人”之称。“红岩百丈英雄岭，捻指油砂自在香。似挽流光酬寂寞，格孜湖水拥斜阳。”诗人对探油工作的辛苦、劳顿，以及一旦发现油矿资源时的兴奋喜悦之情，描述得如此真切、动人。朱夏的诗，不禁使人想起了汉代天文学家张衡的《二京赋》。据说五、七言诗的创始和汉赋的转变，都有张衡的贡献。郭沫若曾在张衡墓碑上题词：“如此全面发展之人物，在世界史上亦罕见”。可见，善诗赋兼通文理，是中国科学家的优秀传统。（参考文献：姚诗煌．文汇报，2005 年 4 月 22 日）

当然，科学研究和诗歌创作毕竟是两个不同的领域，自有不同的思维方式和创作特点。物理学家玻尔说过：“当越来越大的程度上放弃逻辑分析，允许弹奏全部的感情之弦的时候，诗、画和音乐就包含着沟通一些极端方式的可能性。”或许，这正是这位大物理学家的肺腑之言。

根据章道义、陶世龙、郭正谊主编的《科普创作概论》，科学诗歌归属于科学文艺类，分为科学诗和科学歌诀。

3.7　科学诗

3.7.1　科学诗的涵义

科学诗采取诗的形式，用形象化精炼的语言来传播科学知识，揭示科学奥秘，或借科学的题材阐发哲理、抒发感情；它意境优美、想象丰富、情理交融，有一种诗的内在节奏和韵味。

科学诗大致分为以下两类：一类是普及科学知识，或描述科学家及人类的科学活动；另一类是借科学的题材揭示哲理，抒发情感，阐扬遐想。

优秀的科学诗是艺术的精品、美感的结晶。它既便于阅读，又可以朗诵；它文字精炼、篇幅短小，化神秘的科学为直觉的形象，使科学知识具有启迪智慧、陶冶性情、增进审美的作用。这就是科学诗的社会功能。

3.7.2　科学诗的沿革

在每个民族的早期，试图解答对自然界的各种疑问，几乎成了最初诗歌的中心命题。正如苏联著名科普作家伊林所说："科学与文学有着共同的祖先。最初出现的一些有关自然的科学作品是用诗写的。这是自然诗、科学诗。"

在我国最早的诗集《诗经》中，记载了地震、日食等自然现象，提到了 132 种植物和 100 多种动物。屈原的《天问》是对我国传统的天体起源与人类起源观念的怀疑与质问。古希腊哲学家亚里士多德曾在一首诗中提出了关于物质不灭的科学臆测。古罗马诗人卢克莱修在长诗《物性论》中宣传了原子论的观点。这些历来都为评论举作"诗中有科学"的例证。严格来说，科学诗是近代科学技术兴起后的产物。

我国五四新文化运动后，科学开始大量进入诗坛，例如郭沫若的《天上的街市》《骆驼》等。高士其是将科学内容直接引进诗行的大师，其文笔优美、比喻贴切、亲切感人，公认为我国现代科学诗的奠基人，代表作有《天的进行曲》《我们的土壤妈妈》《时间伯伯》等。

以现代两个代表人物为例，一个是甘本祓，另一个是郭曰方。他们各具特色。甘本祓的特点是：把丰富的科技内容以诗句来咏唱，从而化枯燥为生动、变高深为通俗、促抽象为形象，构思新颖，遣词活泼，别具匠心。试看其例：

地球与电波之恋

甘本祓

我曾经　追随先辈的足迹
　　　　去探索浩瀚的宇宙
却没有发现　哪一个星球最像您
我曾经　放开我思维的缰绳
　　　　去搜寻最美好的词句
却描述不出　您那神奇的魅力
终于　我想出了　最嘹亮的一句
　　　伟大的地球母亲　我爱您
我看见　那长长的磁力线
　　　　似您轻柔的发丝

　　　　在太阳风中飘逸
我看见　那椭圆的磁层顶
　　　　似您闪光的额头
　　　　将激波轻轻荡起
我看见　那奇异的范艾伦带
　　　　似您舞动的双袖
　　　　将奔来的带电粒子　微微卷起
我看见　那神秘的层层大气
　　　　似您呼出的如兰仙气
　　　　将紫外线漫漫吹去
我听见　太空中传遍您威严的警语
　　　　宇宙的天兵天将　到此为止
　　　　别下去伤害　我的子孙……
我看见　您曼妙的舞步　婀娜的身姿
　　　　吸引着如柱的电波
　　　　转出了　暮色和黎明
　　　　转出了　明媚的春天　丰硕的秋季
我看见　您用高超的技艺
　　　　调配着电波的去向
　　　　让植物　生产出氧气和食粮
　　　　让能量　储存在海洋天空和陆地
我看见　您挥舞着无际的天幕
　　　　引导着电波彩笔
　　　　描绘出　万千气象
　　　　描绘出　彩霞极光
我看见　您轻舒玉臂
　　　　推开　一扇扇天窗
　　　　让光波和微波自由出入
　　　　把红外和紫外部分屏去

我听见　您慈祥的声音　向子孙们叮咛：
　　　　让可见光　为你们照明
　　　　让紫外线　为你们杀菌
　　　　让红外线　为你们送暖
　　　　让无线电　为你们传讯
您是　如此的周到
您是　这般的温馨
您就是　抚育我们人类的慈母
　　　　我衷心地感谢您
　　　　伟大的地球母亲……

在上面的诗句里，他把太阳的整个电磁波谱辐射与地球间的相互作用，勾画得既形象又清楚。再看下面这首，他则用诗句总结了遥感技术的基本概念和主要功能，既简洁又生动。真是对科技知识的透悟与深厚的文学功底相结合的典范。

遥感的风采

甘本祓

地上有多少物种？　数也数不清；　（资源调查）
地下有多少宝藏？　查也未查明。　（寻宝探矿）
潺潺的溪流，如何汇成江河？　（流域变迁）
茫茫的大海，有啥变幻奇景？　（海洋监测）
森林，它的边沿在哪里？　（林业资源调查）
沙漠，它的心脏何处寻？　（国土资源调查）
城市，应当怎样建设？　（城市规划）
农村，会有多少收成？　（作物估产）
谁说“天有不测风云？”
我们能掌握；　（气象预报）
谁说“人有旦夕祸福？”

我们能战胜。（防灾减灾）
地上、地下、海洋、天空
都逃不过我们的眼睛；（陆海空测绘和生态环境监测）
污染、台风、洪水、火灾
我们都可以及时查明。（灾情追踪、评估和对策研究）
多快好省，是赞誉我们的词句；
卫星遥感，是我们骄傲的学名。

郭曰方则又是另辟蹊径，他是用咏唱科学家的人生，来赞美为科学献身的精神。他的《精彩人生——人民科学家颂》（广西科学技术出版社，2008 年），深情地讴歌了 32 位对祖国建设有着杰出贡献的科学家，讴歌了“科学的春天”来临！北京朗诵艺术团曾在全国演出，激起了热烈的反响。

郭永怀，你永远活在我们心里

郭曰方

今天　当我们在这里欢庆胜利 / 我们不会忘记 / 那些新中国航天事业的先驱 / 为了实现中华民族飞天的梦想 / 曾经在坎坷崎岖的山路上 / 洒下过多少心血汗水 / 走过了多少风风雨雨 / 他们的名字 / 他们的业绩 / 他们的献身精神 / 他们的人格魅力 / 犹如永远熠熠生辉的星辰 / 在茫茫太空 / 闪耀得那样明亮 / 那样绚丽…… / 我们都还记得 /1999 年 9 月 18 日　在人民大会堂 / 有一位科学家 / 曾被中央军委授予“两弹一星功勋奖章” / 但是　就在那次庄严的授勋仪式上 / 他却没有能出席…… / 这就是永远被祖国人民怀念的科学家 / 郭—永—怀 /…… / 我们不会忘记 /1968 年 12 月 5 日 / 那是一个寒风凛冽的晨曦 / 郭永怀手提核试验文件包 / 行色匆匆 / 登上了从西北基地飞往北京的专机 / 中央领导在等待听取他的汇报 / 妻子在企盼着他归来的消息 /…… / 突然　飞机在剧烈地抖动 / 驾驶舱与地面

失去了联系 / 就在千钧一发之际 / 郭永怀和警卫员紧紧地抱在了一起…… / 烈火吞没了机舱 / 在农田里熊熊燃烧 / 然而　有谁能想到 / 当两具遗体被吃力地分开 / 那只沉甸甸的文件包 / 竟完好无损地抱在郭永怀的怀里…… / 高山在喊 / 郭永怀　你不该离去 / 大海　在喊 / 郭永怀　你不该离去 / 妻子在哭泣 / 郭永怀　你才五十九岁的年纪…… / 周总理在流泪 / 郭永怀　你永远和我们在一起 / ……

笔者曾经在郭永怀副所长（所长是钱学森）领导的中国科学院力学研究所工作过 9 年。如今，在研究所草坪的绿树丛中矗立着郭永怀先生的铜像。当笔者回研究所访友时，总要在郭先生像前默哀并鞠躬致敬。

3.7.3　科学诗的审美特征

科学诗具有诗的一切文学特征。它与文学诗的区别仅在于题材之相异。它具有以下审美特征：

情理并茂　既有感情的升华，又有哲理的阐发。但哲理不应成为贴在诗行中的标签，而应是情感和形象的自然迸发。注重情动于衷，讲究寓情于理。

言简意赅　用最少最精炼的语言反映丰富的科学内容和深刻哲理。

知趣结合　注意知识性和趣味性相结合。把看来索然寡味的科学概念写得妙趣横生、动人心弦。寓知识于诗情画意之中。

韵节和谐　科学诗一般采用自由诗体，押大致相近的韵，以增加诗的乐感，加深读者的印象与记忆。

郭曰方在《科学诗的形象美》[《科普创作通讯》2003 年第 1 期（总第 106 期）] 中说："作为诗歌的一个品种，科学诗以它突出的科学美、智性美、物化美和哲理美兀立诗群……科学诗的审美价值是科学诗的生命和灵魂。没有美就没有诗。科学诗不能满足于仅仅图解科学、传授科学知识，更重要的是要以它的科学美、诗歌美感染人、陶冶人、震撼人和征服人。"

3.7.4　科学诗的创作要点

科学诗的创作服从于一般诗歌的创作规律。不过，科学诗创作离不开它所描述的对象——自然界，离不开对自然界和人类科学活动的观察和认识，并由此而创造出形象，激起情感，从中抽象出哲理，并在诗人脑海里编织出精美动人的图画。

科学诗作者必须兼具两种才能：一种是观察家、科学家的才能，对自然界的各种事物和现象能够透彻、周密地观察，善于发现和认识它们内部蕴藏的奥秘；另一种是艺术家和诗人的才能，擅长于运用浪漫主义的艺术手法，用形象来说话，使科学的概念和道理融化在生动感人的形象之中，从而感染读者。

题材　是诗的主题，是解决表现什么的问题。一般来说，落笔要小，挖掘要深，以小见大，言有尽而意无穷，令人浮想联翩。

构思　是表现题材的设计方案，是作品成败的关键。没有周密的构思就难得优美的意境。科学诗主题的演绎，艺术水平的发挥，完全取决于构思的精巧。

想象　想象力即创造力。写诗要用形象思维，要用常人熟知的具体形象来打比喻，以说明深奥难懂的科学道理。鲜明准确的比喻是达到形象化的最常见的方法。

感情 诗是要付诸感情的。唯其有情，科学诗才能缕绘意境、感人肺腑，发挥其教育和美育作用。科学诗在普及具体的科学知识上毕竟是有限的，必须挟带着感情的雷电，才能具有摄人心魄的力量。

3.8 科学歌诀

3.8.1 科学歌诀的涵义与沿革

科学与歌诀（歌谣等）相结合，就称为科学歌诀。这是为了向民间传播各种科学技术知识和技能而采取的一种大众化普及形式。它的语言浅近易懂、押韵，念来顺口、易唱易记。历来人们对它的称谓各有不同，大致有歌、赋、民谣、谚语等。

我国素有以歌诀传播知识的传统。古代《诗经》中有不少篇章就是采用歌诀、民歌体的。当时，科学水平低下，记录、传播信息的手段，往往靠竹简和石碑，以及口头流传的方式，歌诀就应运而生了。据记载,《九九歌》乘法口诀早在春秋战国时期就已得到推广；公元前 2 世纪就有了《耕田歌》:“深耕概种（密植），立苗欲疏（间苗），非其种者，锄而去之”；历代对普及医药知识很重视，如金、元代之间李东垣的《药性赋》，清代陈修园的《医学三字经》、汪昂的《汤头歌诀》；天文方面有隋代丹元子的《步天歌》，记载了当时对星象的观察和认识。

至近代，科学歌诀仍有旺盛的生命力，深深扎根于乡土民间。陶行知和高士其都对这种科学文艺体裁作过倡导，并分别写有作品《听打花鼓姑娘谈蚊子》(凤阳花鼓词)、《每事问》等。新中国成立后，科学歌诀继续得到发扬，有名的如魏文伯写的《送瘟神三字经》，讲述了血吸虫的危害及防治方法，全文仅186字，朗朗上口、通俗易懂，起到了良好的宣传作用。

3.8.2　科学歌诀的审美特征

科学歌诀和科学诗的区别是，前者并不注重于某一典型形象的塑造和意境的开拓，往往只要求对某项专门知识说得明白，记得清楚。

言简意明　不需长篇大论，几十字、上百字即将一项科技知识讲得明白清楚，绝不多费笔墨。

音韵动听　注重押韵，诵读顺口；节奏清晰，音律鲜明。

浅近易懂　介绍知识，取其精华；深入浅出，平易近人。

规整好记　歌诀的长处是便于诵记。如《二十四节气歌》将全年24个节气名称中的一个字编入，令人产生联想、容易记忆。

春雨惊春清谷天，夏满芒夏暑相连，秋处露秋寒霜降，冬雪雪冬小大寒。

3.8.3　科学歌诀的创作要点

短小精悍，简明易懂　有如讲施肥的一首歌诀：

地里没肥禾不长，地瘦力弱少打粮；要想庄稼长得壮，施用肥料要多样；氮磷钾　碳氢氧，庄稼全靠它补养。

需押音韵，读来上口 既要有韵，但不必遵守古诗格律，只要顺口、易唱、动听就好。如魏文伯的《送瘟神三字经》：

血吸虫，害人精。粪中卵，要小心。粪入水，卵变形。长毛蚴，钻螺身。繁殖快，尾蚴成。人下水，尾蚴侵。染了病，祸害深。男不长，女不生。体无力，腹水生。田地荒，无人耕……

择取一字，联成歌诀 这是学习某门专门知识时，为帮助记忆而采用的方法，有如前面提到的《二十四节气歌》。

最后，再举甘本祓在《生活在电波之中》（湖北少年儿童出版社，2011 年）两首歌诀，以示例证。

电磁波谱诀

电波家族一长串，段段能把奇迹现。宇宙射线排最末，老大就是无线电。

窄窄一段可见光，其他全都看不见。紫外红外站两边，头上顶着两射线。

若要领先科技界，全部都得去攻占。

防雷电歌

保持干燥，与地绝缘。不靠凸处，不摸管线。关好门窗，断掉电源。

不上高山，离开水边。不躲棚亭，不打雨伞。蹲在低处，没有危险。

第四章 科学童话的审美

霞　子

4.1 童话的涵义

童话是儿童文学的重要体裁，它通过丰富的想象、夸张、象征和拟人等艺术手法塑造形象，编织具有浓厚幻想色彩的虚构故事。幻想是童话的基本特征，也是童话反映生活的特殊艺术手段。不过，童话中的种种幻想，都植根于现实，是生活的一种折射。

当然，从广义上说，绝大多数的文学作品都存在着一定程度的幻想，但幻想却是童话体裁作品最本质的特征，是童话的灵魂。童话区别于一般的小说和故事之处，就在于它能借助幻想的力量，使我们常见的各种平凡的人物和现象，展现出不平凡的奇异光彩。童话中的幻想，能超越时间和空间的限制，在亦虚亦实、如幻如真的奇境中展现；在“幻想”与“真实”之间演绎着对儿童充满诱惑的奇妙故事，给童年增添色彩。

一般来说，童话故事主要是写给孩子的。不过，有童心的成年人同样能够在童话故事中感受到快乐，让心灵得到净化。优秀的童话作品应该是老少皆宜的。

4.2 童话的类别

体裁和内容

从体裁来分类　童话故事大致分为超人体童话、拟人体童话、常人体童话和知识体童话四种。四者并非截然分开的，有时互有联系。在一篇童话中，可能既有常人体表现方法，也有拟人体等表现方法。从题材上看，童话世界里的人物可以是人、是动植物，也可以是有形或无形、真实存在或虚拟的任何东西。对于情节和场景的虚构，则更是幻想无界了。幻想之于童话，几乎可以无所不达。

从内容上分类　童话又可分为纯文学童话（又称“文学童话”或“艺术童话”）和科学童话（狭义上又称“知识童话”）两类。而平时所说的“童话”则默认为“纯文学童话”。例如著名的四大童话:《安徒生童话》《格林童话》《快乐王子》《一千零一夜》(又名《天方夜谭》)。

这里特意提出“纯文学童话”的概念，也就是在传统的“文学童话”的称谓前面加上一个“纯”字，是为了强调文学童话和科学童话的共性和区别。

纯文学童话和科学童话两者的共性是都属于童话，都具有童话的基本特征和应有的文学水准；它们的区别在于纯文学童话一般以故事为主，用童话的创作手法，通过对人物的塑造和情节的描写弘扬真善美，赋予作品以教育意义。科学童话则以传播科学知识为目的，围绕所选择的知识内容，用童话的艺术手法，将理性的科学知识融于感性的艺术创作中，使作品既富于科学启迪，又具有童话的灵动和美好的文学感染力，从而达到寓教于乐的目的。

优秀的科学童话能将科学性、文学性和思想性有机地融于一体，对少年儿童具有同时开启形象思维和逻辑思维的双向作用，成为激发少儿科学兴趣，培养科学思维，提高科学素质的重要形式之一。

科学童话所携带的科学性和童话手法的艺术性，使其具有鲜明的学科交叉特征，因而既属于儿童文学中童话的一个重要部分，也成为科学文艺的一个重要形式。这一特性，也决定了其与众不同的创作规律和美学意义，从而成为一个值得研究的独特门类。

长期以来，人们习惯用对纯文学童话的审美来度量科学童话，造成一种概念上的模糊不清。科学童话创作理论研究的薄弱和审美的缺失，不但影响了对这种文体的正确解读和欣赏，也严重影响了其传承和发展。

研究科学童话的美学价值，可以让更多的作者了解科学童话的创作规律，提高审美水平，多出精品；让少年儿童能从更多的优秀科学童话中，感受到来自科学的智慧启迪和独特的美学气质滋养。

4.3 中国童话沿革

儿童文学在我国成为独立的文学门类始于五四以后，奠基之作是叶圣陶发表于20年代初的童话《稻草人》。之后，相继涌现出张天翼、陈伯吹、贺宜、严文井、金近等优秀作家。

新中国成立后，儿童文学被称为中国当代儿童文学。1949—1966年为第一个黄金时代，新老作家佳作迭出，如张天翼的童话《宝葫芦的秘密》、贺宜的童话《小公鸡历险记》、陈伯吹的童话《一只想飞的猫》、金近的童话《狐狸打猎人的故事》、洪汛涛的童话《神笔马良》、孙幼军的童话《小布头奇遇记》、葛翠琳的童话《野葡萄》等。

"文化大革命"十年中，儿童文学和其他文学形式一样，呈现一片凋零景象。

"文化大革命"之后，中国儿童文学进入又一个黄金时代。中国新时期儿童文学呈现出一个量和质共同的飞跃，涌现了一批具有影响力的作家，如郑渊洁、孙幼军、周锐等。

科学童话是与安徒生童话同时诞生的。在我国也与纯文学童话同期出现，但其发展相对于纯文学童话而言，却相对滞后和纤弱。这个话题将会在后面专门讲到。

4.4 童话的审美特征

美学是以艺术为研究对象的一个哲学分支，追问美的本质和意义。

任何学科都具有其独特的美学研究价值。

真善美是一切儿童文学美学的源泉。当然，也是童话的美学源泉。

科学童话与纯文学童话的审美既有共性，也有其不同的特点；即便在所共有的文学美领域，也有其不同的审美视角。

下面是童话文学之美的几个不同视角，以及与科学童话审美异同的比较。除此之外，科学童话还有其独特的科学之美，后面会专门涉及。

想象美

我们知道，幻想是童话的基本特征。这一特征毫无疑义地造就了童话作品无与伦比的想象之美。几乎没有一种文体的想象力可以与童话相媲美了，也没有哪一种制约能束缚童话的想象力。

爱因斯坦曾说："想象力比知识更重要，因为知识有限，而想象力概括着世界的一切，并且是知识进化的源泉。"

儿童世界的想象是不用讲道理的，而且是以信任为前提的。无论人物还是情景多么离奇，"我"认为这样，就是这样了。为什么不可以这样呢？这种异想天开和无拘无束，恰恰体现了儿童自由自在的天性和无界的想象力。

童话能够把宝贵的童心想象力发挥到极致。

比如意大利作家科洛迪的《木偶奇遇记》，木偶匹诺曹竟然成了一个真的有生命的孩子。英国作家卡洛尔的《爱丽丝漫游奇境记》，对于奇景的想象力，几乎让后人无法逾越。刘海栖的童话《扁镇的秘密》，里面所有的场景和人物都是扁的，是一位神奇的剪刀姥姥剪出来的。剪一个小镇贴在墙上，再用鞋垫剪一只猫，用鼻涕纸剪一只猪，用扑克牌剪一只老鼠，就连人物带场景都有了。

童话的想象力可真是匪夷所思，令人看后忍俊不禁。这就是童话的想象之美，美得让虚构变得趣味盎然，且不愿意怀疑其真实性。

作为科学童话，其幻想性会受到科学内容和自然逻辑的约束，但却另有一种独特的亦真亦幻的美感。

比如嵇鸿的科学童话《雪孩子》。兔妈妈为小白兔用雪堆了一个雪孩子，雪孩子活了，小白兔玩得很开心。小白兔独自在家睡着了，家中起火了，雪孩子救了小白兔自己却化了，地上只剩下一些水迹和被当作鼻子眼睛的胡萝卜、龙眼核。小孩子看到了这里会伤心地哭。可接下来雪孩子成了水蒸气，飞上天空变成了漂亮的云。作品成功塑造了一个舍己救人的小英雄形象，并把一个有关生死的大话题，用浪漫的艺术手法，表现得非常具有诗意的想象美。

“妈妈，你快瞧！”小白兔指着白云说，“雪孩子在天上呢！”

是的，那朵白云，那朵纯洁的白云正是雪孩子，又壮健、又漂亮。兔妈妈用手背擦掉了两滴留在眼眶里的泪珠，笑着说：“雪孩子是在天上呢！他现在变得更高大、更美丽了！你瞧，他……”

如此浪漫的描写不是假借于幻想的虚构，而是水的不同状态的转换的知识传递。作者在这里把优美的童话故事、水的知识和崇高的精神蕴含，非常自然地融合在一起，展现出一种虚实结合的艺术魅力。

所以，科学童话的幻想性尽管受到科学逻辑的约束，却可以凭借想象打开一扇通往真实世界的大门，具有一种亦真亦幻的独特风格。

比如，假如《长袜子皮皮》是一个科学童话，皮皮很可能会带领她的两个小伙伴去畅游世界，到她去过的那些国家或者跟随海盗船去过的那些海域去探奇。要是让异想天开的皮皮来个历险记，可以想象，其精彩程度是不会比《丁丁历险记》逊色的。

其实，现代科学发展速度之快，是超乎我们的想象的。不是科学不够玄乎，而是我们的幻想力往往跟不上科学的发展。比如有一篇科学童话叫《瞎猫当导游》，以前这样的故事大概只能出现在纯文学童话中；可现在的科学技术已经发明了义眼，尽管清晰度还没好到可以当导游，却完全可以预期。作者通过一个瞎猫戴了义眼当导游的有趣故事，把这种前沿技术介绍给了读者。安徒生当年在科学童话《癞蛤蟆》里就曾有这样一段描写：

> 想想看！毛毛虫变了形，成了一只美丽的蝴蝶！鹳的一家飞过万水千山，飞向遥远的非洲，可是他们却能找到最短的途径回到丹麦国土，回到同一个地方，同一个屋顶上！是啊，简直太像童话了，可是却又是真的！

是的，大自然本身足够多彩。科学的发展更是令人眼花缭乱、目不暇接。科学本身很好玩，很有趣，有时看起来甚至很玄幻，为科学童话的创作提供了广阔的幻想空间，就看我们是否具有一支尽显想象之美的妙笔了。

纯真美

纯真是童话最基本的品质。

“某些成人文学作品中有时也能表现出一种‘纯真’的艺术品质，但是在儿童文学中，‘纯真’却是一种普遍存在的、基本的美学特质。这是因为，儿童心灵、情感等所构成的儿童世界，本身就拥有‘纯真’这一生命的原质，而儿童文学作家也常常愿意、喜欢以一种‘纯真’的眼光来艺术地表达自己的审美理想。于是，‘纯真’作为一种艺术品性，在儿童文学中便不是可有可无、时有时无、若有若无的了，而是成为体现自身艺术本性的一种基本的审美品质。”（《儿童文学的美学特质》 http：//club.jledu.gov.cn/？ 46677/viewspace-170595）

儿童的纯真不仅仅是单纯、天真，也包括纯洁、纯情和纯粹。

孩子的世界是洁净的、透明的、善良的、充满信任的，更接近自然本真。相比之下，大人们更显得愚拙弄巧，虚伪贪婪，自以为是。

童话是最能体现童心纯真之美的文体之一。很多童话天真得让成人看起来近乎稚拙，近乎幼稚。可这正是童话的可贵之处，因为孩子的世界就是拙朴简单的。

比如格林童话《小红帽》，小红帽不听妈妈劝告离开大路，结果和奶奶一起被大灰狼吃了。猎人来了，破开狼肚子把她们救出来。于是，小红帽以后知道听妈妈的话不再离开大路，还把大灰狼打败了。一个简单的童话，把所有家长对孩子千万次叮咛的一个道理，用一个故事便说明白了。

天真无邪几乎是孩子的代名词。

童话的纯真和孩子的天性是相契合的。孩子徜徉在童话世界里，会用自己纯洁、天真、善良的心地去感受人物和故事。他们为皇帝的“新装”而开心大笑，为白雪公主和七个小矮人的相遇而高兴，也会因为雪孩子化了而伤心哭泣。在孩子的童年里，童话里的世界和真实世界共存，伴随着他们一起成长。

童话的纯真美还表现在孩子般的语言上。

儿童的语言朴实无华，口无遮拦，想怎么说就怎么说，时常让成人觉得不符合逻辑而且可笑。比如瑞典作家林格伦《长袜子皮皮》中的皮皮就这样说话：

“那么晚上谁叫你上床什么的？”安妮卡问。

“我自己叫，”皮皮说，“我第一回叫的时候很客气，如果我不听，我再叫一次，不过凶多了，如果我还是不听，那就打屁股，没错！”

这真是只有孩子才有的思维和语言，令人发笑也使人愉悦。

作为科学童话，纯真美除了展现在童话的基本原质上，还栖息于求真求实的科学精神中。科学童话要求传播的科学内容一定要准确，故事构思也要符合科学逻辑，就像童心一样纯粹真挚，容不得半点虚假。严谨的科学内涵就像一个憨厚的老顽童，被顽皮的童话孩子牵着奔跑。他们一样的天真无邪，一样的良善美好，在纯真这一点上，是息息相通的。

比如方惠珍、盛璐德的著名科学童话《小蝌蚪找妈妈》——

小蝌蚪在水里游来游去，非常快乐。

有一天，鸭妈妈带着她的孩子到池塘中来游水。小蝌蚪看见小鸭子跟着妈妈在水里划来划去，就想起自己的妈妈来了。小蝌蚪你问我，我问你，可是谁也不知道。

看到这里成人可能会笑，小蝌蚪那么贪玩，都没想起自己的妈妈。看到小鸭子跟在妈妈后面才想起找妈妈。

> 他们一起游到鸭妈妈身边，问鸭妈妈：“鸭妈妈，鸭妈妈，您看见过我们的妈妈吗？请您告诉我们，我们的妈妈是什么样的呀？”鸭妈妈回答说：“看见过。你们的妈妈头顶上有两只大眼睛，嘴巴又阔又大。你们自己去找吧！。”

小蝌蚪找妈妈的旅程开始了。它们遇到了大鱼、大乌龟、大白鹅，经过探问，都不是妈妈。最后问到了自己的妈妈跟前，却因为长得相差太远，竟然不敢相认。当终于知道这就是妈妈时：

> 高兴得在水里翻起跟斗来：啊！我们找到妈妈了！我们找到妈妈了！好妈妈，好妈妈，您快到我们这儿来吧！

一个简短拙朴的科学童话，没有太多幻想和虚构，只是通过小蝌蚪找妈妈的过程，一笔一画地刻画着小蝌蚪妈妈的形象。形象画完整了，妈妈也找到了。简单而真实。不但让孩子跟随认知过程增长了知识，也感受到了爱的温暖。当小蝌蚪找到妈妈时，小读者是多么替它们高兴啊。因为在孩子的心里，大概再也没有比找到妈妈更幸福的事情了。作者采用拟人的手法切入孩子的视角，用近乎白描的方法紧扣自然知识，将发生在动物之间的故事娓娓道来，自然而然，充满感动，成为科学童话的经典作品之一。

科学知识求真的质朴和童话艺术的完美融合，让科学童话与少儿本真的天性相契合，呈现出一种浑然天成的纯真之美。

幽默美

幽默是一种诙谐风趣而又回味深长的艺术表达方式。幽默是一种艺术语言，能给人一种来自灵魂深处的愉悦和触动。

幽默是童话的基本气质，是童话作品中不可或缺的一道亮丽的风景。童话的幽默不仅表现在风趣的语言和思维的跳跃上，也表现在所描述的故事结构和细节中。所达到的效果，令人开心发笑又耐人寻味。

比如，安徒生的童话《老头子做的事总是对的》，讲的是发生在一对贫穷老人之间有趣的故事：

> 在一条乡村小道旁边，就有这样的一座农舍。农舍里住着一对老夫妻，一个农民和他的老伴。尽管他们的财产那么少，有一样东西他们却是不能没有的，那就是一匹马，它靠大路边沟里找到的草对付着活下去。老农民骑这匹马到镇上去，他的邻居们常向他借马来用。作为回报，邻居们给老夫妻俩帮点忙。后来，老夫妻想，这匹马还不如拿去卖了，或者把它换点对他们更有用的东西。但这东西是什么呢？
>
> "这个你最明白，老头子，"他的老伴说，"今天是集市日子，你骑着它到镇上，把马卖点钱，或者换点好东西吧。不管你怎么做，对我来说都是不会错的！你就骑马到集市上去吧！"

于是，老头子就骑着马走了，用他们最重要的财产去换更有用的东西。接下来发生了一系列滑稽得令人喷饭的事情。他先是看上了一头漂亮的母牛，断定能出好奶，就用马换了那头牛；他又看上了一只肥羊，想到周边有草吃，冬天还可以放进房间里，又用牛换了羊。接下来，他一直用手里的东西去换自己喜欢的东西，一只老伴希望拥有的大肥鹅，一只会下蛋还能寻食养活自己的鸡，直到一袋子烂苹果。

一匹家中最值钱的马最终却变成了一袋子烂苹果，在他人看来是多么荒唐和不可思议。于是，两个英国人用金币打赌，说老头子回家一定会挨老太太的耳光。老头子却自信地说，她会给我一个吻而不是一个耳光！最后，这两个英国人果然赌输了，因为老太太认为老头子做的事总是对的，对他每一次看似荒唐的决定都大加赞赏，“她在他嘴上给了他一个热烈的吻。”

这个故事让人听了会忍俊不禁，几乎笑出声来，却又回味无穷。是啊，快乐幸福的生活来自相互的信任和深深的爱，和贫富无关。

再如林格伦的童话《长袜子皮皮》，幽默的语言和情节俯身可拾。

> 这天早晨皮皮在烤姜汁饼干。她和了一大团面，正在厨房地板上把面铺开来。
>
> “你倒想想，”皮皮对她的小猴子说，“至少要做五百块姜汁饼干，小小一块和面板又有什么用啊？”
>
> 接着她趴在地板上，用模子拼命压出一块块心形饼干。
>
> “你别在面团上走好不好，纳尔逊先生！”她生气地说，正好这时候门铃响了。

> 皮皮跑去开门。她从头到脚白得像个面粉工人，当她同汤米和安妮卡亲热握手的时候，一大蓬面粉向他们扑过来。

这种令人发笑的构思大概只有林格伦才有，竟然让一个孩子在地板上做饼干，还有一只被皮皮称为纳尔逊先生的猴子在上面走来走去。可是转念一想，皮皮尽管很可笑，她可能真得会这样做。夸张却不失真。

> 她说着拿出三个蛋，往空中一扔。一个蛋落到她头顶上，碎了，蛋黄淌下来，流到了她的眼睛上。另外两个蛋她正好用碗接住，蛋在碗里碎了。
>
> “我一直听说蛋黄对头发有好处，”皮皮擦着眼睛说，“你可以眼看着头发滋滋滋地猛长！在巴西人人用鸡蛋擦头发。那儿看不到一个秃头。就有一回，一个老头太怪了，他把蛋拿来吃却不拿来擦头发。结果他成了个秃头。他一上街，交通都堵塞了，人们只好叫警察。”
>
> 皮皮一边说，一边用手指头把碗里的鸡蛋壳小心地夹出来。接着她拿起墙边挂着的浴刷拼命搅蛋，搅得蛋都洒到墙上去了。最后她把碗里剩下的蛋倒在灶上的平底锅里。等到饼的一边煎黄，她把它向天花板上抛，饼在半空中翻一个身，又落到平底锅上。一煎好，她把饼扔过厨房，正好落在桌上的盘里。

夸张的语言和举止，以及没有逻辑的思维，把儿童式的幽默推向极美。幽默总是那么可爱，能把睿智变成快乐，让读者开心又得到智慧的滋养。

科学童话除了用童话的幽默让作品变得可爱有趣，还需发掘科学内涵本身的幽默美展现给读者。

比如龚卫国的《屎壳郎的礼物》，讲的是屎壳郎过生日的趣事。老鼠、兔子、山羊等很多动物带着自己爱吃的食物来祝贺，可屎壳郎并不喜欢。屎壳郎招待大家吃午餐。“大家一看差点都吐了，原来屎壳郎准备的是各种各样的粪便。”“于是，大家把自己带来的东西拿出来，高兴地吃了起来。”大家吃得太撑了，跑到屎壳郎的食品库里拉巴巴，屎壳郎不但没生气，还高兴得连声道谢，“你们给我拉了这么多好吃的。这是我收到的最好的生日礼物。谢谢大家！”

看到这里大家都会开心地大笑，笑过之后会悟到一个道理：送给对方需要的，才是最好的礼物。

这个作品的幽默点不是作者处心积虑的虚构，而是来自屎壳郎这种动物喜欢滚粪球的真实习性。读者在笑声中，不但对屎壳郎这种动物的食性有所了解，也有了对助人之道的意会。来自科学内容本身的幽默，正是科学童话独特的幽默美之所在。

象征美

象征是指以具体的事物或形象来间接表现抽象或其他事物的一种艺术方法。

童话是最具象征表达力的文体之一。其象征隐喻之美是童话的幻想特性所携带的重要美学特征。童话的象征美通常是指以独特的形象和故事，表现以及暗示出一种超越这一形象和故事的更加深邃的美学意境的表现方法。

象征美是有趣的、含蓄的、哲性的、多向发散的，是具象与抽象的深层融合，往往让读者觉得讲述人的面孔后面，还有一双睿智的眼睛在循循善诱。它不给你答案，却给予更多思考的空间和启发。

童话的象征充满童真趣味，且寓意深刻。

比如，韩国作家尹石重的童话绘本《四点半》，讲的是妈妈让一个小女孩去一个商店向老爷爷问时间。回答说：四点半。小女孩边往回走边念叨：“四点半，四点半。”可是在路上，小女孩被大公鸡喝水、蚂蚁搬家、蜻蜓飞舞和好看的胭脂花吸引住了，一路玩一路念叨着“四点半”，等回到家，已经夕阳西下。小女孩说，“妈妈，那位老爷爷说四点半。”故事到此戛然而止，只有画面上的妈妈在用嗔责的眼神望着表情很无辜的小女孩。可我们分明感到了来自内心的震撼。

是啊，我们何尝不是这样呢，时常因为贪恋路上的好玩，把应该记住的时间抛到脑后，让其变得毫无意义。但是，假如从小女孩的角度看，问一下时间有那么重要吗？你问，它在；不问，它也在。一路上对美好事物的观察和感受，这个过程也许更美好、更重要。妈妈最后并没有责备小女孩，仅用一种无法言说的眼神望着她。我们猜不出妈妈是怎么想的，也许是责备小女孩回来晚了，也许是对小孩子错了还不知道错在哪里表示出一种无奈和宽容。当然，也许是一顿打屁股的惩罚……

科学童话的象征美往往体现在科学内容本身所带来的哲理中。

比如科学童话《酷蚁安特儿历险记——把大象搬进蚂蚁窝》，讲述了一个安氏蚂蚁家族的蚁后安特儿，面对蚁粮被盗、大象拔树毁掉家园的危机，不是带领全家逃离，而是下令“把大象搬进蚂蚁窝，当过冬的干粮”的故事。小蚂蚁们最后真的征服了大象，但不会真的把大象搬进窝吃掉，尽管从理论上可以做到。这里借用蚂蚁可以攻击大象保护树木的知识，用艺术的手法象征“尺有所短，寸有所长”的哲理喻义，传递敢于面对困难、永不言败的精神。

由于科学童话的象征寓意源自客观存在，时常会引起读者更加的强烈反响，呈现一种意味深长的象征之美。

荒诞美

美学意义上的荒诞是个广义的概念，涵盖怪诞奇异、无稽之谈、难以置信等多种含义。荒诞的本质是透过表面的荒诞，映射出合情合理的本质，激发人们更深刻的感悟和思考。荒诞看起来如同李白醉酒泼墨，貌似东倒西歪、放浪形骸，却醉酒不醉心，挥洒出更加飘逸灵动的快意表达。

童话的幻想性为作品提供了荒诞的宽疆厚土，有着天马行空、无所羁绊的洒脱。荒诞的情节能够为作品增加更多的趣味性和快乐感。

比如，德国的拉斯伯和毕尔格合作创作的《吹牛大王历险记》，主人公明希豪森是一位喜欢四处游猎、夸夸其谈的男爵。他的经历荒诞离奇到令人笑喷。面对一群野鸭，聪明的明希豪森用眼睛里溅出来的火星引燃了猎枪，从而收获了七只野鸭。他用一个通条能连猎七只鹧鸪；他骑着炮弹去侦察，竟然能半路骑着另一个迎面飞来的炮弹飞回来；他骑着马去战斗，马被砍掉一半仍能冲杀，后来马的另一半回来了，又合成一匹完整的马。这样的幻想力可谓超凡脱俗，荒诞之极。可这种艺术手法给读者带来的那种超乎想象力的快意感受，却是无与伦比的。荒诞的明希豪森那种无所畏惧的精神，也给读者带来了快乐和勇气。

在澳大利亚作家特拉弗斯的童话《随风而来的玛丽·波平斯阿姨》中，神通广大的保姆玛丽·波平斯阿姨是孩子们的好朋友。她能让大家都头朝下在天花板上举行茶话会，也能让气球带孩子们到天上漫游。在郑渊洁的童话《皮皮鲁外传》中，皮皮鲁坐着二踢脚上天，拨动控制地球转速大钟的指针，让地球上的一切都乱了套。

纯文学童话的荒诞构思可谓无所不能。

但是，作为科学童话的荒诞又有其独特性。科学童话的荒诞美来自一种看似违背逻辑、实则真实存在的奇妙构思和神奇感受。

比如，施雁冰的《不要脚的朋友》，通过老皮匠的一双木头脚跑出来寻找主人的故事，介绍了很多没有脚却走得很好的动物，诸如蛇、蚯蚓、小鱼、蜗牛等。用一个荒诞的故事构思，讲述了这些动物没有脚却能行走的秘密。

安徒生在科学童话《海蟒》中，这样描述海底动物见到海底电缆这条大“海蟒”时的情景：

> 几只海参吓得把肠子都吐了出来，不过它们仍活着，因为它们有这本事。有不少龙虾和海蟹都从自己的硬壳里伸出来，还不得不把脚留在壳里。

看似荒诞的情节，却是对动物习性的写实和知识传递。因为海参受到惊扰，的确会把肠子吐出来借以逃生；而龙虾和海蟹在生长过程中，都是会脱壳的。

这样的例子在大自然中还有很多，比如裂开脊背生孩子的蝎子，触芽繁殖的水螅，性别变来变去的蓝条石斑鱼，会“飞”的树蛇，乃至玄而又玄的量子力学等，听起来都够荒诞的，但却是动物的真实习性和科学真相。这样的故事不用刻意编织就很传奇。

科学童话的荒诞美，正在于对自然秘密的揭示和感悟而闪烁的睿智之光。它让作品既散发着幻想迷彩，又有发现自然的秘密而恍然大悟的快乐。

悲剧美

说到悲剧我们很容易想起安徒生的童话《卖火柴的小女孩》。

圣诞之夜，一个被贫困紧紧逼住的小女孩，在寒冷的街头点亮一根根火柴取暖，照亮对美好生活的幻想和憧憬，最终却冻死街头，嘴角还带着笑。可爱的小女孩和美好的幻想，与残酷的现实形成强烈的撞击。看到这里，读者会对卖火柴的小女孩产生巨大的同情，对社会的黑暗和罪恶产生极大的不满和愤慨。这就是文学的悲剧魅力，具有其他艺术手法无法替代的震撼人心的力量。

再如，法国圣・埃克苏佩里的著名童话《小王子》，小王子竟然在不同的星球间来往穿梭，那些星球和星球上的事情又是那么的匪夷所思。有的星球上竟然只有一个人。在我们看来怎么可能呢？可这种描写却无比深刻地揭示了小王子内心的孤独和无助，是无论多少形容词都达不到的。

20 世纪初鲁迅曾提出过一个悲剧命题：“悲剧将人生有价值的东西毁灭给人看。”（鲁迅《坟・再论雷峰塔的倒掉》）这是鲁迅悲剧观的核心，也是中国现代文学悲剧理论最有代表性的观点。

如何面对少年儿童展示悲剧美，是一个不容易得满分的考卷。

对于儿童文学特别是童话来说，重要的不是传达一种悲伤、悲戚、悲痛的情绪，而是由此展现一种悲壮之美、一种悲悯情怀或一种更高的精神力量。

科学童话的悲剧美，更多体现在科学本身所携带的悲剧情愫上，以及由此带给人类的震动和思考。

比如，扎西桑俄和周维合作的绘本《黑颈鹤的故事》，讲述的是发生在青藏高原上的黑颈鹤的凄美爱情故事。黑颈鹤是国家一级保护动物。每年夏天，几百只黑颈鹤结伴到这里来繁育后代。冬天来临，黑颈鹤集体迁徙的日子到了，一只受伤的鹤妈妈却无法一起飞走。在鹤妈妈声声鸣叫的敦促下，小鹤飞走了。鹤爸爸起飞了又回来，往复到天黑，终于也飞走了。牧民把鹤妈妈抱了回家。鹤妈妈不小心掉进热奶锅里烫伤了翅膀，再也不能飞翔了。牧民用羊毛给它做了一件衣服，度过了冬天。春天，鹤群回来了，鹤爸爸箭一样来到鹤妈妈身边，交颈相亲无限缠绵。大家正在为它们的团聚高兴，它们却忽然倒地，双双殉情而亡。

一只高贵的黑颈鹤失去了飞翔的翅膀，裹着羊毛毡没有尊严地活着，宁愿死去。多情的鹤爸爸看到爱妻的样子，恐怕心早就碎了，毫不犹豫地选择了同归于尽。它们用最缠绵的交颈方式结束了自己宝贵的生命。这是多么悲壮而凄美的爱情故事！它给人们的震撼不仅仅是对鸟类爱情的惊叹，更有发自心底深处的对生命尊重的警醒。

根植于大自然的悲剧美，时常让我们觉得任何虚构都显得苍白无力，这就是科学文艺悲剧的力量。

自然科学知识带给我们的悲剧故事还有很多，比如母螳螂在交配后会吃掉公螳螂。在人类看来那是毒妇的丑恶行为。其实，在螳螂的世界里，即便妻子不吃掉丈夫，丈夫也活不了几天。我们宁愿相信公螳螂的心愿是：与其让别的动物吃掉自己，不如让妻子把自己吃掉，一起用生命去哺育下一代。

生命一定是在高尚的奉献中进化的。

在动物界、特别是昆虫界，每天都上演着生生死死的悲剧大戏。我们可以视它们为草芥，不屑一瞥；也可以用换位思考的方式，去发现那些看似残忍的表象后面的真相，用童话的手法寓于其崇高的悲剧色彩。了解万物的自然选择和生存本能，就不会盲目去议论它们行为的是与非，得以发现更多鲜为人知的生命奇迹。

用科学的思维去思考，用一颗发现美的心灵去感悟，就能发掘出悲剧情愫中美好的精神蕴含，让来自大自然的感动震撼人们的思考。

喜剧美

喜剧的美学涵义主要以嘲讽等手法揭露丑恶，在笑声中鞭挞一切无价值的、虚伪的、丑恶的东西。假如说幽默能让人会心地笑，喜剧则会令人开怀大笑，甚至捧腹不已。

童话这种具有无比幻想性的文体，拥有想象、纯真、幽默、荒诞等诸多喜剧的基本元素，与悲剧相比，更容易产生喜剧效果。

比如，安徒生的《皇帝的新装》是极具讽刺性的童话代表作品之一。皇帝爱虚荣沉醉于华装丽服，结果被两个骗子愚弄，穿上一件根本不存在的新装，赤裸裸地上街游行。人们唯恐被说是“不称职的或者愚蠢得不可救药的人”而不敢去揭穿，还随波逐流去赞美恭维。只有一个小孩天真地一语道破这个谎言。

“可是他什么衣服也没穿呀！”一个小孩子最后叫了出来。

“上帝哟，你听这个天真的声音！”爸爸说。于是大家把这孩子讲的话私下里低声地传播开来。

“他并没穿什么衣服！有一个小孩子说他并没穿什么衣服呀！”

“他实在没穿什么衣服呀！”最后所有的百姓都说。

皇帝有点儿发抖，因为他觉得百姓们所讲的话似乎是真的。不过他心里却这样想：“我必须把这游行大典举行完毕。”因此他摆出一副更骄傲的神气。他的内臣们跟在他后面走，手中托着一条并不存在的后裙。

看到这里无论是成人还是孩子，总会开怀大笑。作品用讽刺的手法达到喜剧的效果，深刻揭露了封建皇帝的昏庸虚荣和人们的虚伪愚昧，颂扬了纯真的童心。

再如金近的《狐狸打猎人》，也是一篇充满喜剧色彩的讽刺童话。作品嘲讽的是一个胆小如鼠、好吃懒做的年轻猎人，不好好学本领，连狐狸假扮的怪狼都分不清，以至被狡猾的狐狸缴了枪，还逼他教怎样给枪上膛。尖锐的嘲讽寓含着深刻的生活哲理。

挪威作家埃格纳的童话《豆蔻镇的居民和强盗》也是一篇妙趣横生、以滑稽出名的作品。作品中的三个强盗不是人们印象中凶狠残暴的大坏蛋，反而是三个童心十足、又懒又笨、心眼并不那么坏的家伙。他们的口号竟然是：“打倒洗碗！”这真是绝妙的构思。因为大多数孩子真的很不喜欢洗碗。这是个善意的讽刺。读者不但觉得他们的确很懒，而且笨拙、愚昧、滑稽。捉住他们、改造他们就成了一种儿童能做到的快乐游戏。热爱劳动的正面教育，通过善意的讽刺具有了一种喜剧美感。

科学童话也应该充分发掘喜剧之美，让作品充满灵动。比如张冲的科学童话《苍蝇和火车赛跑》就非常有喜感，通过一个坐火车的苍蝇和火车赛跑的故事，将物理学的速度计算方法举重若轻地介绍给了小读者，读来幽默有趣，使人开怀。

大自然中不乏喜剧元素。

所有的生命都是睿智的、生存形态各异，充满奇趣。比如北极狐为了捉到兔子会疯狂跳舞，直到把兔子跳晕，束手就擒；兰花会装作雌蜂引诱雄蜂痴爱，借其传播花粉……

科学童话在自然中拥有取之不竭的喜剧素材，也有众多可以借力的喜剧表现手法。对于自然知识的深度了解和对于喜剧色彩挖掘，能让作品的艺术性更加绚丽地绽放，表现出一种强烈的喜剧美感，增强阅读乐趣和寓教效果。

4.5 童话的写作技巧

童话写作一般运用夸张、拟人和象征等手法，并遵循一定的事理逻辑去开展离奇的情节，造成浓烈的幻想氛围。关于纯文学童话的创作理论已经有众多专述，在此只做简单介绍，以供有意从事科学童话创作的业余作者了解一二。

夸张

夸张是文学作品常用的艺术手法，但童话作品中的夸张又有所不同，它对夸张手法的应用更得心应手，几乎可以从内容到形式全方位进行夸张演绎。如果说幻想是童话的灵魂，那么夸张就是童话的血肉，使童话故事更加的丰满充盈。没有灵魂，夸张不能得以更完美地体现；没有灵魂，则血肉只能是僵尸。只有当夸张处于最能表现幻想的时候，才使童话更具美学价值。

象征

象征是通过事物之间的某种联系，借助于某人某物的具体形象（象征体），从而表现某种抽象的概念、思想和情感的创作手法。象征是童话中幻想与现实世界结合的介质，是童话故事中塑造人物形象的常用方法。象征让童话更睿智，更富于喻理性。

拟人

拟人是把本来不具备人的情感和行为的事物人格化，使其具备人的基本特征。比如童话中的动植物能说话，能表达感情。拟人是童话创作最常见的手法之一。需要注意的是经过拟人化的事物，不能脱离自身的基本属性，这一点，将使童话富于亦真亦假、虚实相乘的创作美感。

4.6　科学童话的沿革

科学童话是随着科技的发展而产生的。

早在 19 世纪，工业革命促就了经济的发展和科学技术的进步，催生了科学文艺的生发，包括科学童话的产生。

诞生于 19 世纪的安徒生童话，让科学童话和纯文学童话成为同时出世的龙凤胎。这让我们看到，真正的文学大家的目光，始终是与时俱进的。

安徒生具有代表性的科学童话作品有《海蟒》《亚麻》《癞蛤

螟》等。值得一提的是，在丹麦和安徒生同时期的还有一位善写长篇科学童话的作家卡尔·爱华尔德，著有《池塘》《蜂后》《银莲花》等作品，让中长篇科学童话有了一个良好的开端。

像安徒生当初写童话并非专门写给孩子一样，那时候的童话也并没有刻意分类。科学童话的诞生，说明对人与自然关系的关注、对科学发展的关心，从来就没有远离作家的视线，也是一个优秀作家应有的现实敏锐。

同样，在我国儿童文学和科学文艺形成初期，科学童话也没有缺席。

中国的科学文艺作为一种独立体裁出现是在20世纪初。梁启超和鲁迅都是科学文艺的倡导者。我国著名教育家陶行知先生，主张把自然科学的研究推广到社会，特别是推广到儿童中去，为科学童话的发展奠定了很好的理论支持。

陈衡哲于1920年发表的《小雨点》，是迄今发现的我国最早的一篇白话文科学童话。作品通过小雨点的故事，介绍了水的循环，并传递了助人为乐的精神。《小雨点》的诞生开启了我国科学童话的明天。

近百年来，在科学童话创作方面，我国涌现了高士其、董纯才、叶永烈等大批著名作家，以及《凤蝶外传》《菌儿自传》《我们的土壤妈妈》《石油的一家》《小蝌蚪找妈妈》《隐形大力士》《孙悟空大闹原子世界》《“小伞兵”和“小刺猬”》《非洲魔术师》《大海妈妈和她的孩子们》《在快活的小溪上》等脍炙人口的作品，唤起了一代又一代青少年对科学知识的求知热望，埋下了珍贵的科学理想的种子。

我国早期的科学童话比较偏重于自然科学知识的内容，通常又被称为知识童话或自然童话。科学童话的发展曾在新中国成立初期和 20 世纪七八十年代有过两度繁荣期，出现了很多经典佳作，为我国科学童话的发展积累了非常宝贵的经验。

科学童话相对于纯文学童话，以及科学文艺中的散文、科幻等其他文体的发展，还是相对较薄弱的。这主要是由于历史的原因和科学童话自身的特殊性造成的。

科学童话的创作曾于“文化大革命”时期和市场经济初期阶段两度陷入低谷，甚至一度青黄不接，造成无论在理论研究还是创作方面，相对纯文学童话都明显滞后的状况。

科学童话文体的特殊性，也是造成创作弱势的主要原因之一。

恐怕再也没有一种写作像科学童话这样，要经受将严谨的科学知识和浪漫的无界幻想相融合的功力考验。要想把科学的“严谨”和童话的“幻想”这两个看似南辕北辙的概念有机地融合，不但要求作者对科学知识有一定的积累和学习能力，对童话创作有一定的天赋和历练，还要有把它们融为一体的驾驭技巧，以及对思想内涵的发掘与升华，用童真的语言、超常的幻想和哲理的思维，艺术地展现严谨深奥的科学内容。这样的要求对写作是一个很大的挑战，让很多作者望而止步，成为科学童话创作相对弱势的一个重要原因。

进入 21 世纪以来，科学童话再次逐渐走向繁荣。

随着科学技术的飞速发展和对人们生活的日益渗透，少年儿童对科学知识的求知欲望表现得比以往任何时候都更加强烈。由于信息传播的便捷和学前教育的发展，少年儿童的知识获取渠道日益开阔。他们不再满足一些小感动、小欢快、小悲悯的平平故事和一些深浅不一的知识堆积，对科学童话阅读有更高的需求。在内容上，除了自然科学知识的给予，也向社会科学的涵盖扩展；在思想上，科学童话除了和纯文学童话一样强调人文关怀和教育意义外，也更加强调对科学思想、科学精神、科学方法的传播和科学思维的培养；在文学上，更强调深入浅出、文美意趣、润物无声的理想境界。

如此种种，无疑将增加科学童话的创作难度，让优秀的科学童话难以大批涌现。但是，从另一个角度看，也为科学童话的发展描绘出一副更加美好的前景。

随着科学技术的飞速发展，科学技术现已深深渗透到人们的日常生活中，也必将大幅度地进入少儿的知识获取视野，对其成长产生重要的影响。随着多媒体时代的到来，当代少儿的知识量显著增加，思考能力也逐渐增强，促使科学童话的创作面临着不断创新和发展的挑战。

科学技术和文学艺术的结合，是科普创作大力提倡的发展方向。研究发掘科学童话与众不同的美学意义，是科学童话创新和发展的时代召唤。

4.7 科学童话的涵义

4.7.1 科学童话的性质

对于科学童话，章道义、陶世龙等主编的《科普创作概论》这样描述："科学童话是以科学知识为主要内容的童话。它要普及一定的科学知识，通过这些知识内容启迪儿童的智慧。”

顾名思义，科学童话就是以科学普及为目的或具有科学普及作用的童话作品。因为科学普及的内容不但包括自然科学和社会科学知识，也包括科学思想、科学精神、科学方法乃至科学技术的传播。所以，科学普及是一个立体的概念，是一种通过传播科学知识，激发读者科学思维和人生智慧的行为。

科学童话是童话的一个重要分支。它与纯文学童话的区别在于纯文学童话一般以故事为主，用童话的创作手法，通过对人物的塑造和情节的描写宣扬真善美，给孩子以充满童趣的文学美享受和教育。科学童话则须含有科学内容，采用童话的艺术手法，将理性的科学知识融于感性的艺术创作中，使作品既富于科学启迪，又具有童话的文学感染力，从而达到寓教于乐的目的。

科学童话的这一特性，决定了其与众不同的创作规律和美学意义，从而成为一个值得研究的独特门类。

科学童话强调科学知识的已知性和准确性。但并非含有科学知识的童话就可以被称为科学童话。“一篇优秀的科学童话，应该把科学的内涵和童话的构思巧妙地结合起来，既要讲科学并启发智慧，又具有真正的童话的意境和诗意。”（《科普创作概论》）。科学童话既要有科学性，也强调文学性和思想性，以及三者完美融合赋予读者的智慧启迪。

高尔基曾说过，“我认为世界上没有任何别的力量比得上科学和文学对人的影响那么大。科学童话正是具有这样双重魅力的作品。”

科学童话是科学和文学结合的产物，是具有学科交叉特征的一种文体。它既属于文学创作中的儿童文学范畴，也属于科普创作中科学文艺的一个重要组成部分，是站在理性和幻想双肩上的芭蕾，具有形象思维和逻辑思维的双向启迪性，非常适合少年儿童阅读。

中国有近四亿少年儿童，提高全民科学素养应从孩子抓起。优秀的科学童话作品，对世界观、人生观、价值观形成初期的少年儿童来说，不但具有同时激发科学思维的作用，也是引导其科学探索兴趣，培养科学思维，提高科学素质的重要途径之一。

所以，研究科学童话的美学价值，可以让更多愿意涉足这个创作领域的作者了解科学童话的创作规律，提高审美水平，多出精品。让更多的少年儿童能够读到一些优秀的科学童话作品，感受到科学智慧的启迪和美学气质的熏陶。

4.7.2　科学童话的主要特点

“科学童话除了具有童话的一般性之外，还有它自己的特殊性，那就是既要对科学内容作艺术的概括，同时又要以艺术的方法来认识科学内容。”（《科普创作概论》）。科学童话的基本特点可以概括为：亦真亦幻，虚实结合；由浅入深，寓教于乐。主要表现在以下几个方面。

科学性

科学童话的内容含有科学知识，是科学童话的一个主要特征，也是有别于纯文学童话的主要标志。传播科学是科学童话和一切科学文艺的目的，这是非常明确的。但是，含有科学知识的童话并不意味着就具备了科学性。科学童话的科学性不但指所选的科学知识要准确，表达的语言要科学，情节构思要符合科学逻辑，针对的受众群要适合，还包括来自科学内容的思想性体现，及其精神启迪所应有的深刻。

文学性

优秀的科学童话，应该科学性和文学性交相辉映，不但有准确无误的科学知识和深厚的思想内涵，更应有童话的幻想之美，充满人文关怀，具有优秀儿童文学的艺术高度。

科学童话的人文蕴含在早期的作品中就体现出来了。但是，每个时期有每个时期不同的人文表达诉求。这需要作者与时俱进，准确解读不同时期少儿读者的需要，才能准确地选择知识范围，更好地传递出科学内容所拥有的人文关怀。

科学普及内容的广涵性，让科学童话的人文视野更加广阔。除了对人类自身和现实社会的关注，更强调对人类社会之外的生命生态，以及人与自然和谐发展的关注。科学童话通过科学知识和科学思维启迪读者对人性及其生命意义的思考，不但能更好地避开说教之弊端，也具有触类旁通的启发性。

美育性

美育从某种意义上说，是一种陶冶性情、净化心灵的情感教育。美育能影响一个人对美的感悟和创造力。尽管人的审美情感是与生俱来的，却不是人人都天生具有良好的审美能力。审美能力可以通过美育教育引导、培养和提高。因此，美育教育是青少年成长阶段不可或缺的一课。

美育教育在我国一直比较薄弱，甚至一度缺失。从教书育人的角度看，美育教育应该是比知识教育更加重要的教育过程。美好的童话在少年儿童的美育培养方面，有着成人文学和其他艺术形式不可替代的独特作用。

真善美是童话的美学根源。

童话创作的浪漫主义艺术手法和寓教于乐的目的性，不但能引导少年儿童对真善美的体验，还能激发其认识美、感受美、欣赏美和创造美的能力，培育具有心灵美的人生质地。

科学童话除了展现童话的文学之美，也强调从科学知识本身的美学视点出发，展现其独特的科学美特征，从而给读者以更宽阔的审美视野和感受。因此，如何在科学童话的创作过程中，发现、发掘和充分展现科学性所具有的美学价值，让科学童话的寓教于乐目的更完美地到达，是一项非常值得下功夫研究且有意义的工作。

娱乐性

科学童话和纯文学童话一样，娱乐性是其重要的表性特征之一。童话的目的在于寓教于乐。教是目的，假如没有“乐”，“教”就很难到达。童话的阅读群主要是少年儿童，爱玩是孩子的天性。一个读物没有趣、不好玩，就像硬塞给孩子吃没有煮熟的糙米饭一样难以下咽，也就谈不上吸收营养。所以，娱乐性或者说趣味性是童话的一个重要元素，也理应是科学童话的一个重要组成部分。

“一个科学童话作者，如果本身科学知识不丰富，又缺少巧妙的构思，单纯把科学知识装变成生物或别的什么东西登场，这样的作品，没有童话的意境，谈不上趣味，是不能吸引孩子们的。”（《科普创作概论》）因此，在科学童话中，娱乐或趣味并不是盲目取悦读者或迎合市场，而是在丰富的知识储备和充分了解儿童心理需求的基础上，运用童话的艺术手法，让作品趣味盎然，以更加深刻地“寓教”。

教育性

寓教于乐是儿童文学的本质。所以，寓教于乐理所当然也是科学童话的目的。

科学童话的教育性，既来自作者精心编织的故事，在认识、想象力、语言、思维等方面的智力开发，也来自科学知识本身及其所产生的智慧启迪。“科学童话不能仅仅限于表现个别的事实和现象，它还应当启发、引导儿童认识自然界各种现象的相互联系和相互作用。”“科学童话之所以能有巨大的教育作用，是由于它既有丰富和正确的知识，同时又有一个正确的世界观为基础。”(《科普创作概论》) 源于科学依据和正确世界观的教育性，就像一面来自客观世界的镜子，具有比照性，会比单纯的故事寓理更具说服力。

科学童话的教育性是潜移默化的。在科学童话的创作中，如何挖掘和发扬科学知识本身所闪烁的思想之光，是更有价值的努力，也是最值得下功夫耕耘的地方。

4.7.3　优秀科学童话的基本要求

“一篇优秀的科学童话，应该把科学的内涵和童话的构思巧妙地结合起来，既要讲科学并启发智慧，又具有真正的童话的意境和诗意。在这里，文学的形式和科学的内容，通过童话中塑造的艺术形象达到了统一。”(《科普创作概论》)

所以，科学童话的创作通常包含三个基本要素：精准的科学知识，美好的童话故事和深厚的思想蕴含。优秀的科学童话能将科学性、文学性和思想性有机地融于一体，达到从文学形式到科学主题的高度统一，真正能起到启迪智慧、寓教于乐的作用。

科学童话的这一要求不仅由科普内容的丰富性所决定的，也是少儿阅读的需要。

现在的少年儿童处于一个信息高速传播的时代，也处于一个崇拜偶像的年龄段。他们早已不满足一个平平的故事对于俯身可拾的知识的泛泛给予。如果作品没有惟妙惟肖的人物塑造，没有细微精彩的情节刻画和引人入胜的故事设计，以及丰厚的思想内涵，想吸引他们的眼球是很难的。

科学童话对于知识的融入，追求隐而不露的境界。作品应充分发挥童话的想象力，围绕所选择的科普主题和知识，采用夸张、想象、拟人、象征等艺术手法，塑造活灵活现的人物，虚构奇思妙想的情节，编织感人至深的故事，引领读者由浅入深地走向预设的科普目的地。这里所有的艺术展现，都是为既定的科学主题服务的，都是为了传播科学这一目标。但是，这个过程是有趣的、美好的、润物无声的，让读者在文学艺术的熏陶中，不由自主地跟随，且意犹未尽。

这真是一个不低的要求。

一部好的儿童文学作品，有时能影响人的一生。少儿时期的阅读，对于人生观、世界观、价值观的形成以及未来理想的建立，常常会有无法估量的底色作用。这就要求作者对于少儿读物的创作有敬畏感，在重视科学知识积累的同时，加强对儿童文学和少儿心理的研究，不断提高文学素养和对读者的理解力；更要求作者拥有一颗热爱科学、热爱自然、热爱生命的火烈之心，以及一定的人生境界和哲学思维高度，才能具有大的情怀，写出真正优秀的科学童话作品。

4.8　科学童话审美特征

美学之于科学童话，研究的是如何围绕着“科学”这一主题，运用童话的艺术手法，充分发掘和展现科学本身的内在美，及其赋予作品的美学价值。优秀的科学童话能将科学主题和童话故事有机地融为一体，趣味盎然且寓意深邃，呈现出一种与众不同的美学气质。

科学童话的科学之真、人文之善、艺术之美，使其具有多维度的审美取向和美学意义。科学童话的文学美，与纯文学童话既有共性也有其独特之处，这在童话的文学之美中已经讲到。除此之外科学童话还有科学性所带来的独特的科学美，如知性美、自然美、逻辑美、简约美、镜像美、哲思美等美学价值。科学童话的科学美，通过童话的艺术手法渲染，将得以更好地呈现。

知性美

知性美是一种充满内涵和成熟魅力，具有感性和理性和谐之美的智慧美感。

知性美是科学童话与生俱来的一种美学气质。几乎每一篇科学童话中，都闪耀着科学知识的睿智，以及由此发出的思想之光。

科学童话知性美的感染力在于给予。

阅读科学童话，书香中首先散发出的是一种知识的芬芳和给予的感动，就像捧着一杯由蜜蜂辛勤采集花粉酿造的蜂蜜冲调的饮品，可口而营养。这是由科学童话的科学性所决定的。

科学童话以传播科学为目标。所有故事的构思，都会围绕着这一主题进行。科学童话要求科学知识具有成熟性和精确性，强调传递的过程润物无声和寓教于乐。这些特点决定了科学童话知性而不张扬，循循善诱又含蓄不露，充满关怀却不咄咄逼人的特性，散发着睿智的知性魅力。

科学童话的知性美透着一种从容不迫的和谐美。这种美除了发自科学内涵本身携带的实事求是气质，也得益于童话艺术手法所赋予的文学渲染。科学童话既有理性的严谨，又有感性的浪漫；既有知识的给予，又有智慧的启迪。童趣灵动的语言和用心良苦的寓意相得益彰，成就了科学童话感性和理性的完美融合，使其具有一种睿智的和谐之美。

科学童话的知性美还表现为一种哲辩的思维高度。科学童话的创造需要运用科学思维的方式，既有实事求是的认真，也有大胆质疑的科学精神见地和科学的思维方式。这让作品拥有一种超越偏见和利害关系的优雅，以及对不同见解的宽量。

科学童话的知性美更多体现在知识的渊博上。

比如高士其的《菌儿自传》，用拟人的手法将细菌的知识全面详尽地展现给读者——从身份的自我介绍，被发现的过程，到上达霄云、下至湖海无所不在的特性，以及给人类带来的危害和被利用造福人类等知识，可谓无所不包，读后令人眼界大开。

再如金涛的《大海妈妈和她的孩子们》，把水的故乡大海比拟为母亲，描绘了“大海妈妈”和她的“孩子”的故事，相关知识涉及全面而深广。当大海妈妈埋怨自己的女儿乌云姑娘下雨把衣服淋湿的时候，乌云姑娘委屈地解释说：

“不过，如果空气中没有凝结核的话，我们要凝结成水滴和冰晶都非常困难，那就更谈不上形成云了……”

“凝——结——核？”大海妈妈头一回听见这新名词，忙问，“这是什么东西啊？”

乌云姑娘回答道：“凝结核是漂浮在空中的固体微粒，比如工厂烟囱里排出来的烟尘，火山爆发时喷出来火山灰，各种细小的尘埃，雷雨时闪电过后留下来的氮氢氧化物，对了，还有你送来的小盐粒……”

“怎么，还有我的事？”大海妈妈惊讶极了。

乌云姑娘笑着说：“可不是嘛，大风叔叔经常把你身上的盐分刮到空中，那些小盐粒也是很好的凝结核呀！”

“凝结核”这个词比较生疏，很多成人也不知道，通常都认为只要乌云遇到冷空气就会凝成雨滴或雪花冰雹掉下来。原来灰尘也有灰尘的用处，不是一无是处。作者接下来讲述了形成雨雪的很多条件，既给予读者许多鲜为人知的知识，也传递了全面看事物的辩证思维。

科学童话的知性美是吸引少儿阅读的主要原因。

少年儿童具有很强的求知欲望，反感枯燥的学习方式。科学童话的魅力，正在于将知识融入引人入胜的阅读中，让学习变成一种美好的阅读享受。很多小读者喜欢读科学童话，大多也是被里面新奇有趣的知识所吸引。这个吸引不但让小读者学到了一些知识，更重要的是激发了他们的求知欲望和对科学探索的好奇心，起到引导他们爱科学、学科学的兴趣，达到进一步打开视野，启迪智慧的目的。有个孩子看了《酷蚁安特儿》后，就要求妈妈买了大批关于昆虫的作品阅读，包括洋洋大观的《昆虫记》。甚至有个年轻人说要是小时候看过《酷蚁安特儿》，也许上大学时会选择与研究昆虫相关的另一个专业了。这就是知识趣味对读者的影响作用。

自然美

自然美是指事物呈现的一种天然的、朴素的本真美。

科学童话传播的知识以自然科学为多，因而自然美也是其主要的审美特征之一。

世界万物都有其自然属性和生存姿态。从日月星辰、山水草木、花鸟鱼虫，到简洁到一个线条的石柱、一片不经意间飘过的白云，其不加雕饰的本真面目，都是朴素的、真实的、可爱的，可谓天赋异禀，异彩纷呈。大自然所展现出来的千姿百态，给科学童话在人物塑造和情节设置中，提供了发掘不尽的题材和想象空间。优秀的科学童话能让所表达的科学内容，达到自然属性与艺术表现的完美结合，成为光鲜耀眼的主角，充分展示其内在美。

自然美是人类思维作用于大自然的感受。

对于同一事物，不同的实践活动、不同的文化底蕴、不同的人生阅历，甚至不同的时间和季节，都会对审美产生不同的影响。因此，科学童话中的科学知识虽然具有自然美的属性，却会因为作者不同，视角不同，而有不同的艺术展现。

比如，朱自清见到莲荷想到的是《采莲赋》《西洲曲》，写出的是感怀幽幽的《荷塘月色》；而秦牧构思的却是科学童话《莲子宝宝》，通过一颗莲子的成长，不但系统地给出了这种植物的生长知识，还由此极具象征性地寓意人的一生只有不惧艰难，才能有顽强的生命力。

随着自然科学的不断发展，人与自然的关系越来越受到重视，人们的审美水平也在不断提高，自然美的审视视野也会不断扩大。对大自然的深情注视，是发现自然美的必要条件。面对大自然，人类如果没有悲悯之心，没有敬畏之心，没有感恩之心，目光空洞，意识自我，不但不能发现自然之美，后果也是很可怕的。

所以，人类不但应将自己置身于大自然，也理应把思维放置于大自然这个系统中，去返璞归真。科学知识是人类与自然心灵对话的结晶。科学童话在传递科学知识的过程中，引导读者去认识自然、尊重自然，与大自然更好地和谐相处，既是科学童话的担责，也是通过充分展现自然美对自身品质的提高。

逻辑美

逻辑是思维的规律。

幻想是不讲规律的。所以，纯文学童话的构思可以异想天开，尽情挥洒、超越。而科学童话不仅创作过程有明晰的规律，不能游离于科学主题之外，想象力也会受到科学逻辑的制约，不能逾越自然逻辑之外。这种约束，恰恰造就了科学童话有别于纯文学童话的逻辑美。

科学童话的逻辑美感，来自科学的严谨性和幻想的艺术性的完美结合。

科学童话的故事是虚构的，可以神思飞扬，放开想象；但人物设置和情节描写又要符合自然属性。特别是科学童话中蕴含的教育意义，强调来自科学知识自身的启迪，并非人为的赋予。“幻想在其外，逻辑在其内”的要求，让科学童话具有一种“外幻内律”的美学意境。

比如，假如写一个关于蛇的科学童话。纯文学童话里的蛇能够任意塑造，可以化为龙上天飞翔，也可以变成鱼在水中嬉戏。但科学童话里的蛇要想飞，只能是把身子压扁了滑翔地“飞”，因为热带森林里的树蛇能做到；它也可以在水中游，但不能变成其他动物，只能是它自己。但是，蛇本来不会飞，而树蛇却能“飞”，这本身就够玄幻的。破解树蛇的飞行之谜，充满着对空气动力学原理的解密之趣。

冯振文的《非洲的魔术师》就是一篇将逻辑和艺术结合得非常好的科学童话。作品通过“魔术师”变色龙避役先生和蝉大哥、凤蝶、蜗牛等的描写，介绍了一些生物的形态和习性，阐明了生物学上的一条重要原理：生物的机体、习性与其生存的环境是统一的；避役表演的变色术是变换皮肤的颜色和形体的大小造成的，是为了适应环境来保护自己的。看演出的其他森林居民有“高声广播”的蝉，总是打扮得最漂亮的凤蝶，外穿一件短马褂、里套丝织长袍子的蠼螋，屁股上藏着一根长枪的胡蜂，提着灯笼的萤火虫，带着两把凿子的蝼蛄，背着房子移动、胆小笨拙的蜗牛，以及满身臭气的臭娘等，生动的描写，恰如其分地把这些动物的特性描绘得活灵活现，使读者不但了解了变色龙的习性，也了解了更多小生命的外貌、习性等特点。

充满幻想而又不违背自然逻辑，是科学童话所遵循的原则。这样的写作虽然比较难以拿捏，却是少儿读者非常需要的。

现在少年儿童接触知识早，信息获取量大是好事，但是，早早用很多知识和逻辑思维把孩子的脑海填满，会阻碍想象力的发展。所以，对科学童话这种能够同时发展形象思维和逻辑思维作品的阅读，能让孩子在走进知识海洋的同时，保持一颗珍贵的童心和可贵的幻想力。

引导少年儿童探索科学的兴趣，是比知识传递更重要的给予。

简约美

简约之美是科学的重要特征。这是由科学研究的方法所决定的。在海纳百川的表象海洋中大浪淘沙，归纳分析，发现真理，用最简捷的形式表达最具广义应用功能的定义，是科学研究最基本的方法之一。

大道至简是中国古代的著名哲学思想，是指大的道理、真理或者一些基本原理、方法和规律，都是极其简单的。简单到一两句话、一个公式甚至一个符号就能说明白。这种哲学思想在科学中得到了充分体现，并呈现出一种简约美。

简约不是简单，是以简概繁，高度概括，是一种简洁的风格和求真的境界。一个数学公式，就可以囊括诸多事物的计算。一个牛顿定律，就解释了世界万物运动的现象和规律。

在自然科学中，数学美是简约美的典范。

世界上数不清的个体和团体，几乎被一个“1”概括殆尽。小到一个夸克、一群蚂蚁；大到一个星球、一个宇宙。如此简单的一个符号，却能放之四海而皆适用，具有无穷的涵盖性。

简约之美是以丰富的内涵为支撑的，舍去华丽繁缛的修饰，行走在见解独到、追寻真理的路上。

科学童话因其内容的科学性，而秉承了独特的简约之美特性。

简约美在科学童话中表现在科学性本身的质朴简洁和寓理的直接性上。一个小小科学知识的融入，也许能让一个童话故事有了千言万语道不尽的寓意，胜过多少说教和处心积虑的文笔。

比如李毓佩的数学童话《奇妙的数王国》《有理数和无理数之战》等，将简约之极的数学知识融入非常生活化的童话幻想中，不仅激发了小读者对数学的兴趣，还传递了可贵的数学思想。他在《奇妙的数王国》中，描写了一个孩子梦见一个叫王小零的女孩带他参观零王国的故事。这里的公民都剃光头，你可以与他们握手，但不能拥抱；因为握手像加号，你加他还是你和他；而拥抱则像相乘，谁和零拥抱谁就变成零王国的公民。奇思妙想的故事，一下就让小读者记住了加减乘除的法则，感受了数学的快乐。而亚东的科普微童话《0 和 1》，则用短短一百多字的小故事告诉小读者一个秘密：计算机的语言大使就是 0 和 1 这哥儿俩。简简单单的一个 0 和一个 1，就让计算机拥有了千言万语，成为现代科学技术发展和人们生活不可或缺的工具。也让小读者感受到“哥儿十个里面”最小的两个数是如何“人小志气大”。在这里，童话的艺术手法为科学主题赋予了生动形象的表达，让知识得以更好地传递。

科学童话就是这样，也许没有纯文学童话那么曲径通幽，或炫丽趣巧，却能让人物和情节直奔主题，带领读者去领略科学之美的真谛。

镜像美

人们出门的时候总习惯照一下镜子，欣赏一下自己的整洁美好，也发现哪里有什么不妥。人们也会在乎别人的议论和对自己的看法，以知道自己的长处，发现自己的不足或错误。人们也常把历史比作一面镜子，不时回望，从中铭记那些美好的东西，也借鉴经验或教训。总之，人类社会的发展是需要经常对照一下的，让真善美得到光大和传承，让偏差和错误得到及时纠正和防患。这就是社会镜像作用。

大自然是人类活动的一面镜子。

人类应该和大自然和谐相处，这是个非常久远的话题。在科技越来越发达的今天，人们似乎与大自然越来越远了。其实，无论科学技术多么进步，人类多么自以为是，也不能背离大自然的规律而独行。人类的行为是否符合自然规律，能否和自然和谐相处，是反射人类活动是否正确的一面镜子。人们既可以从大自然中获得智慧和美感，也能够从大自然的反馈中看到自己行为的过失或不足。

镜像之美普遍存在于科学文艺作品中。在这里，镜像不是简单的镜面复制和对照，而是一种发现事物美和不美的过程。

科学童话的镜像之美主要是由其科学性、文学性和思想性决定的。

作为以传播自然科学知识为主的科学童话，其所蕴含的思想启迪也大多来自于自然科学的激发。所以，科学童话既有科学知识对大自然的镜像截取，为读者送上一面美好的镜子；也通过童话艺术的升华，折射出更加斑斓的人文之光。科学童话的镜像美源自科学内容的自然属性，通过文学艺术的渲染，展现更加完美的镜像功能。

比如安徒生笔下的《亚麻》，主人公可谓一生多舛，命运坎坷。但是，由于安徒生赋予亚麻以乐观奉献的姿态，亚麻才能把每次的挫折化为浴火重生的快乐，在劫难中让精神逐次升华。这样的故事会带给人类很多感触和思考。我们会想到大自然中每种动植物都有自己看似不可抗拒的生命过程和自身价值，会想到生命的价值在于奉献而非索取，想到使命和责任等。

比如，有的昆虫母亲在生命即将结束的时候，可以让孩子吃掉自己以助力成长；而有些人类为了身材苗条好看却拒绝为孩子哺乳。对照之下，人类当自羞愧。

科学童话自然美的深邃寓意，能让小童话具有大意境。

比如走在一些森林公园里，有时候会看到提醒游客不要破坏蚂蚁窝的牌子，因为蚂蚁可以捉虫保护林木。但还是有人去破坏。可有的孩子看了《酷蚁安特儿》的故事，见到有人破坏蚂蚁窝就会阻止，说安特儿可能在里面呢。这就是知识之于童话所带来的效果。同样，这样的童话故事也能引起成人的思考，诸如蚂蚁在千万年前就能够放牧、种植和制造使用工具，它们是怎么进化的？为何小小的蚂蚁能够从上亿年前的远古走到今天，成为最成功的物种之一。它们的成功给人类带来什么样的启迪？

科学童话的镜像美，能引领读者的自发映照和思考。让读者在趣味盎然的阅读中，感受到来自科学知识的美好和警醒，掩卷沉思，自有领悟。

哲性美

科学童话与所有的科学文艺作品一样，在传播科学知识的同时，强调对科学思想、科学精神以及科学方法的传播，因而拥有一种来自科学思维的哲性美。

科学是从哲学中诞生出来的，科学思维是哲学的一部分。很多学科到了高处，本身就是哲学。比如数学的极限思想，就充分体现了哲学中量变、质变的辩证规律。所以，作为以传播科学为目的的科学童话，到了高处，也应该具有哲思的高度。

科学童话对科学知识的传播不是照搬，也不是人云亦云，而是在知识精准的基础上，以科学的思维方式，用发展的、变化的、系统的、辩证的眼光，指导文学艺术的创作。并通过知性美、象征美、自然美、逻辑美、镜像美等特征以及应有的人文关怀，从不同角度体现其哲理性。

比如叶永烈的《圆圆和方方》。圆圆是颗象棋子，方方是颗军棋子，他们都觉得自己本领大，互相比开了，到最后才发现各有所长，谁也代替不了谁。

从此，圆圆跟方方再也不吵了，互相尊重，互相学习。因为它俩懂得：圆圆有圆圆的优点，方方也有方方的优点。

它们俩愉快地互相合作。

在算盘里，圆圆的算盘珠住在方方的算盘框里，三下五除二，飞快地计算着。

在汽车中，方方的车厢坐在圆圆的车轮上，“嘟嘟——”飞快地前进。

还有，方方的电子仪器住在圆圆的人造卫星里。这时，圆圆的卫星在宇宙中飞行，方方的电子仪器用无线电波把太空中的见闻，告诉你和你的小伙伴。

这篇科学童话没有介绍多少具体的知识，却用一个简单的几何认知故事，既让小读者看到圆和方这两种最简单的几何体的广泛应用，懂得了各有所长，相互学习、相互帮助才能成功的道理；还用“圆圆的算盘珠住在方方的算盘框里，方方的电子仪器住在圆圆的人造卫星里”这样简洁的描写，传达出一种深刻的对立统一辩证思维，让一个短小精悍的童话，具有了一种深邃的哲性之美。

4.9 科学童话写作的基本方法

因为科学童话与纯文学童话内容和目标的不同，形成了科学童话不同于纯文学童话的创作手法和规律。

纯文学童话的创作过程，一般会先有一个情节灵感或想表达的教育主题，然后去扩展为一个完整的童话故事。纯文学童话对艺术的幻想性没有太多制约，可以充分发挥一个作者的幻想力。

科学童话的创作过程则充满理性和幻想性的融合智慧。

首先，要研究受众群体的需求，选择适当的科学知识范围，然后围绕着所选择的知识，充分运用幻想的艺术手法去创造一个童话意境。整个创作过程需要科学思维作为指导，既要准确又要全面地、发展地、辩证地理解和表达科学知识。只有这样才能充分发掘和展现知识所携带的科学思想和人文蕴含，给读者带来所需要的知识传递和深刻的精神启迪。优秀的科学童话能将科学性、文学性和思想性融合为最完美的表达，充分展现其独特的知性魅力。创作步骤大致如下：

（1）选择受众群；

（2）针对受众群体需求选取合适的知识范围或知识点；

（3）围绕所选的知识和科学主题，用童话的艺术手法编织故事；

（4）所体现的思想性，要尽量来自科学性本身的内涵；

（5）努力使科学性、文学性和思想性融为一体，浑然天成。

由此可见，在科学童话里艺术不再是主体，而是为科学性服务的，是科学知识的运载之舟。"科普作品中的艺术性要求主要通过科学内容本身准确、鲜明、生动和完美的表达来体现。""艺术性服从于科学性，来自科学本身的完美表达。"（《科普创作概论》）所以，在科学童话的创作过程中，要尽量把科学知识和科学理念不露痕迹地融于童话中去，让读者在兴趣盎然的阅读之中，不知不觉地接受到科学知识的传递，以及来自科学的人文启迪。

比如，安徒生的《亚麻》就是一篇充满情感、非常优美的科学童话，开头是这样写的：

> 一棵亚麻开满了花。它开满了非常美丽的蓝花。花朵柔软得像飞蛾的翅膀，甚至比那还要柔软。太阳照在亚麻身上，雨雾润泽着它。这正好像孩子被洗了一番以后，又从妈妈那里得到了一个吻一样——使他们变得更可爱。亚麻也是这样。

“人们说，我长得太好了，”亚麻说，“并且还说我又美又长，将来可以织成很好看的布。嗨，我是多么幸运啊！我将来一定是最幸运的人！太阳光多么使人快乐！雨的味道是多么好，多么使人感到新鲜！我是分外地幸运；我是一切东西之中最幸运的！”

可它的邻居篱笆桩却非常悲观，它说：“吱——格——嘘，拍——呼——吁，歌儿完了。”亚麻高兴地说：“歌儿并没有完了呀！明天太阳会重新升起，我能听见我在生长的声音，我是一切生物中最幸运的！”

不过有一天，人们走过来捏着亚麻的头，把它连根从土里拔出来。它受了伤。它被放在水里，好像人们要把它淹死似的。然后它又被放在火上，好像人们要把它烤死似的。这真是可怕！

“一个人不能永远过着幸福的时光！”亚麻说。“一个人应该吃点苦，才能懂得一些事情。”

……

不过更糟糕的时候到来了。亚麻被折断了，撕碎了，揉打了和梳理了一通。是的，它自己也不知道这是一套什么玩意儿。它被装在一架纺车上——吱格！吱格！吱格——这把它弄得头昏脑涨，连思想都不可能了。

“我有个时候曾经是非常幸运的！”它在痛苦中作这样的回忆。“一个人在幸福的时候应该知道快乐！快乐！快乐！啊！”当它被装到织布机上去的时候，它仍然在说这样的话。于是它被织成了一大块美丽的布。所有的亚麻，每一根亚麻，都被织成了这块布。

“不过，这真是出人意料之外！我以前决不会相信的！嗨！我是多么幸福啊！”

接下来，亚麻又被刀裁针穿地缝成了衣服。它却说：

“嗨，现在我总算得到一点结果！这就是我的命运！是的，这才是真正的幸福呢！我现在算是对世界有点用处了，而这也是应该的——这才是真正的快乐！我们变成了12件东西，但同时我们又是一个整体。我们是一打，这是稀有的幸运！”

许多年过去，衣服破旧了，被撕烂剁细水煮，变成了美丽的白纸，纸上写了最美丽的故事。亚麻欣喜地说：

“这比我是一朵田野里的小蓝花时所能梦想得到的东西要美妙得多。我怎能想到我能在人类中间散布快乐和知识呢？……每次当我一想到‘歌儿完了’的时候，歌儿却以更高贵、更美好的方式重新开始……”

最后，纸没有用处了，被孩子们用火点成了一朵明亮的焰花，焰花越升越高。亚麻说：

“现在我要直接升向太阳了！”

“歌儿是永远不会完的！这是一切歌中最好的一支歌！我知道这一点，因此我是最幸福的。”

安徒生在一篇不足两千字的科学童话中，不仅把亚麻的主要用途用美好的文学形式展现出来，还用拟人的手法，把一棵亚麻的一生当作人生，把亚麻每一次对人类的贡献，都视为人生不同阶段的生命绽放，让整篇文章洋溢着对生命的热爱和赞美。

由此可见，在科学童话的创作过程中，除了悉心观察生活，精确掌握相关知识，要有一颗科学思维的头脑；更要有一颗能够欣赏美的诗意心灵，以及对生命深切的热爱和感悟，才能写出感人肺腑、具有永恒魅力的佳作。

科学童话的创作需要注意几个关系的处理，也即：知识选择和读者需求的相适性；客观存在和虚构描述的界限；逻辑约束和文学幻想的融合。把握“艺术其外，逻辑以内。”的基本原则，努力彰显科学童话的幻想魅力，又不逾越其自然逻辑的临界，是非常考验作者驾驭能力的，也是让科学童话更加光彩夺目所必须经历的磨练。

比如，假如在纯文学童话中描写一只雄性蚂蚁，它可以打猎，可以到处历险，也可以参与战争。但在科学童话中这样做却是违背自然逻辑的。因为在真实的蚂蚁世界，雄性蚂蚁既不干活也不参战，一生只做一件事情，就是竭尽全力去完成传宗接代的任务。

在这里需要强调的一点，是对科学内容的要求从“浅显易懂”到“由浅入深”的转变。

传统的科学童话以自然知识居多，且主张知识不要过于深邃，要浅显易懂。随着时代的发展，当今少年儿童的知识储量和独立思考能力已显著提高。他们处在多媒体时代，见多识广，不再被动地受教。他们不但要知道是怎样，还会追问为什么会这样，对科学内容的广度和深度都提出了扩展需求。

这是时代的进步。

科学童话的创作要适应新时期的需要不断发展，提倡“蕴含丰富，由浅入深，小中见大，寓教于乐”。浅的是形式，是表达，是趣味性和文学性；深的是内涵，是科学知识的丰厚和思想性的深刻。提倡小作品写出大道理、大情怀。只有这样，作品才能更有分量，使小读者看着有趣，深入进去则能更多地受益。

4.10　新时期科学童话美学的发展

科学童话作为一种非常适合少年儿童阅读的文体，不仅在启迪少年儿童形象思维和逻辑思维和谐发展方面具有积极的作用，在美育教育方面，也有其他文体不能替代的影响力。

21 世纪是科学技术迅速发展的时期，也是科学童话的又一个繁荣期。随着时代的发展，以及读者知识结构和理解力的变化，科学童话的创作也面临着发展和创新。希望对科学童话美学的初探式研究，能对其美学价值的发现和发掘起到抛砖引玉的作用，有利于促进科学童话的发展。

对今后科学童话发展和创新的看法，大致有如下几个方面。

4.10.1　文学审美的提升

科学童话在展现文学美方面，既有和纯文学童话相通的地方，也有区别于纯文学童话的独特的审美视角。如何提高科学童话的文学性，一直是个重要的话题。

由于种种原因，科学童话在文学表达上普遍处于比较弱的状态。这里面有作者来源的因素，有文体本身创作难度的因素，也有创作理论研究长期滞后等因素。但是，科学童话的文学性却是影响其审美和阅读美感的重要因素，是提高科学童话品质不能逾越的重要组成部分，也是增强寓教于乐效果的重要途径，非常值得重视和研究。

所以，如何充分运用童话的艺术手法，通过发掘和展现科学童话的科学美，达到科学性和文学性在更高层次上的完美结合，从而让科学童话文学美提升到一个新的高度，是今后提高科学童话品质应努力的方向。

4.10.2 艺术形式的交叉

各种艺术形式的交叉和融合，是当代文艺创新和发展的一个趋势。

科学童话在充分展现其童话幻想特征的同时，也可以尝试融入其他文学艺术手法，以增强作品的科学趣味性和娱乐性。比如科学童话《永远的月亮岛》就尝试融入科幻元素，将一头从冰川中融化出来的长毛猛犸象，用现代科技手段复活了。这是基于“现代科学技术实现的可能性”上的幻想。这一点正是将科幻元素融入科学童话过程中需要注意的。再如科学童话《来自宇宙的水精灵》引入了神话元素，将一个水滴化身为具有神通的水精灵，带领孩子们穿越于古今水利工程和文化景观，达到了古今水文化的交融。其实，幻想本来就是童话的主要特征，在此只是借用了中国传统的神话形式。

科学童话具有传播知识的作用，但更重要的是某种科学理念的传递。所以，一切可以让科学童话更加鲜活的创作手法，都可以大胆借用。只是在融入的时候，注意在关键的科学性上尽量不要违背科学逻辑。

21 世纪的少儿读物不断向读图、视频化和动漫方向延伸。这些形式有助于吸引少儿的眼球和增加视觉愉悦感，却替代不了文字阅读的想象之美和心灵相通的意会之美。但是，在创作过程中，可以借鉴这些艺术形式的画面感、动态感、色彩感等元素，以增强科学童话的文学美感，强化作品的可读性。

4.10.3　前沿科学的跟进

当下是一个人类的想象力追赶不上科技发展速度的时代。很多作家时常感叹对层出不尽的新发明、新技术应接不暇。少年儿童正处于好奇好学的年龄段，如何充分利用科学童话特别是一些科学微童话和短篇科学童话，使得科学内容的传递与科学技术的发展同步，让少年儿童的目光看到科技进步的最前沿，是一个值得关注的问题。

这里所说的跟进不仅是一些新知识的传递，也包括对科技发展给人类社会带来的影响的关注和思考。比如，关于青少年被电子产品异化的问题，关于信息传播日益快捷和不良信息屏蔽问题等，已经成为不能回避的症结。科学技术发展出人意料之快，如何有效利用而又不为其所累，特别是不让少年儿童受害，需要更多的优秀科学文艺作品去渗透、去思考，予以正确的引领，让作品从利害关系中走出一条有思想深度的道路。作为以少儿为主要阅读群体的科学童话，是理应有所参与和担当的。

4.10.4 思想蕴含的深厚

我们知道，科学童话中的科学知识内容是必需的，但更重要的是通过科学知识的传递，传播科学思想、科学精神等更深层的科学内涵，达到培养科学思维、启迪科学智慧的目的。随着时代的发展和小读者思考能力的提高，科学童话的思想性将被提到一个前所未有的重视程度。不但对作者提出了更高的思想修养要求，在创作方法上，也从对科学知识的思想性发掘，上升为用科学思想指导科学童话创作的要求。这是一个思维方法的转变，也是让作品更加具有思想高度而值得尝试和研究的一种创作方式。只有让思想的火花撞击出知识的力量，才能创作出更具恒久魅力的科学文艺经典作品。

综上所述，对于科学童话的继承和发展，仅是一家之见，非常需要大家一起研究探讨，共同努力将科学童话这支绚丽的儿童文学之花培育得更加美好。

第五章　科普演讲的审美

焦国力　汤寿根

5.1　演讲的涵义

演讲是指在公众场所，以有声语言为主要手段，以体态语言为辅助手段，针对某个具体问题，鲜明、完整地表达自己的见解和主张，阐明事理、抒发情感、进行宣传的一种语言交流活动。

我们经常听到“报告”、“演讲”、“演说”这样一些词，它们都是用语言来陈述事实，那么它们之间有什么不同？我们应该怎样理解它们之间的关系？

演讲是一门语言的艺术。它旨在调动起听众情绪，并引起听众的共鸣。通过演讲者声音的变化、表情的演绎和手势的运用，让演讲的内容得到完美的展示，从而感染听众、达到演讲的效果。

应该说“报告”、“演讲”、“演说”三者有很多相近的地方。它们都是使用语言传递某种信息。它们之间的区别也是很明显的。我们常常听到，某个单位在做年度“总结报告”这样的说法。“报告”一词是指把某些事情或者意见，正式告诉上级或者群众，带有很强烈的“正式”的色彩。一般来说，报告只要把事情讲述清楚，听众能理解其中的意思就达到了目的。“演说”是指“根据愿意，加以阐说”，也就是说在听众面前，就某一问题表示自己的意见或阐说某一事理。它要比报告多了一些“演”的成分，要求演说者具备较好的口头表达能力。

实际上，演讲包含了两个要素：一是“演”，这种演有表演的元素，但又不完全是表演，演讲中的“演”，即运用面部表情、手势动作、身体姿态乃至一切可以理解的态势语言，使讲话“艺术化”起来，听众在演讲者的手势、姿势、表情、语调、语气、节奏等的调动下，接受并理解演讲者所要表述的内容；二是“讲”，就是使用合适的语音、语调、语气陈述某个事物。

演讲是一个双向沟通的过程，它不仅要求把需要表达的事情叙述清楚，还要求演讲者调动一切可以调动的元素，让听众愉悦地欣赏你的演讲，和演讲者一起喜、怒、哀、乐。

演讲学是研究演讲的发生和发展规律，以及演讲的方法和技巧的一门社会科学；并且是一门带有方法论和实践性质的科学。

演讲学的研究对象包括三个方面：

第一，关于演讲对社会生活的作用与反作用的规律问题。诸如，演讲在社会生活中所处的地位和作用，演讲自身的特征，以及演讲自身的继承、革新和民族传统的影响等。

第二，关于演讲活动本身的规律问题。诸如，演讲的分类、演讲的内容与形式、演讲的准备阶段以及演讲活动的过程等。

第三，关于演讲的鉴赏和批评的一般规律问题。诸如，鉴赏的依据和批评的标准，如何通过鉴赏与批评推动演讲自身的发展等。

上述三个方面既有各自的相对独立性，又有相互间的依存性。说它们相对独立，是因为每一个方面都是从某一角度出发的；说它们互相依存，是因为作为一个有机的整体，部分与部分之间存在着密切的联系，缺少哪个部分，都将影响整体的完善性。

演讲作为人类一种社会实践活动，它必须具备以下四个条件：演讲者、听众、沟通二者的媒介，以及时间和环境。离开其中任何一个条件都不能构成演讲。

演讲的传达手段包括：有声语言、态势语言和主体形象。

有声语言：是演讲活动最主要的表达手段。它由语言和声音两种要素构成，以流动的声音运载思想和情感，直接诉诸听众的听觉器官。它要求吐字清楚、准确，声音清亮、圆润，语调、声音、节奏富于变化。

态势语言：是演讲者的姿态、动作、手势和表情。它是流动着的形体动作，辅助有声语言，运载着思想和感情，直接诉诸听众的视觉器官。它要求准确、鲜明、自然、协调。

主体形象：是指演讲者的体形、容貌、衣冠、发型、举止、神态等。主体形象的美与丑、好与差，直接影响着演讲者思想感情的表达。它要求演讲者在符合演讲思想感情的前提下，注重装饰的朴素、得体，举止的潇洒、优雅，给听众一个美好的外部形象。

服装也会带给观众各种印象。东方男性喜欢穿着灰色或者蓝色系列的服装，难免给人以刻板无趣的印象。轻松的场合不妨穿着稍微花哨一点的服装来参加；正式的场合，一般来说仍以深色西服为宜。发型也可塑造出各种形象来。长发和光头各自蕴含其强烈的形象，而鬓角的长短也被认为是个人喜好的表征。仪表与服装表达了演讲者的个性。

必须指出，演讲如果只有“讲”没有“演”，只作用于听众的听觉器官而不作用于听众的视觉器官，那就会丧失生动的主体形象和表演活动对听众的感染力；如果只有“演”而没有“讲”，只作用于听众的视觉器官而不作用于听众的听觉器官，那就成了“无声电影”，不称其为“演讲”了。所以，二者缺一不可，相辅相成。但是，“演”与“讲”的和谐必须是以“讲”为主，以“演”为辅，“演”必须建立在“讲”的基础上，否则便失去了演讲的意义。

因此，**演讲的定义是**：演讲者在特定的时间空间中，借助有声语言和态势语言的艺术手段，针对社会的现实和未来，面对广大听众发表意见、抒发情感，从而达到感召听众，并促使其行动的一种现实的信息交流活动。

5.2 演讲的类别

从内容分：政治演讲、学术演讲、管理演讲、交际演讲；

从形式分：命题演讲、即兴演讲、论辩演讲；

从风格分：激昂型、深沉型、严谨型、活泼型。

演讲采取的方法，大体有如下四种：照读式演讲、背诵式演讲、提纲式演讲、即兴式演讲。

第一种是照读式演讲，亦称读稿演讲　演讲者拿着事先写好的演讲稿，走上讲台，逐字逐句地向听众宣读一遍。其内容经过慎重考虑，语言经过反复推敲，结构经过精心安排。它比较适合于在重要而严肃的场合运用。如各级党代会、人代会、政协会议等大会报告、纪念重大节日的领导人讲话、声明等。它的缺点是照本宣科，影响演讲者与听众之间思想感情交流。

第二种是背诵式演讲，亦称脱稿演讲　演讲者事先写好演讲稿，反复照背，背熟后上讲台，脱稿向听众演讲。这种演讲方式比较适合于演讲比赛和初学演讲者，可以在一定程度上检验和培养演讲者的演讲能力。其缺点是不便于演讲者临场发挥，使听众觉得矫揉造作，一旦忘词，就难以继续，往往要当场出丑。所以，运用这种演讲方式，必须做好充分准备，语言尽量口语化，表达自然，切忌表演的痕迹。

第三种是提纲式演讲，亦称提示演讲　演讲者只把演讲的主要内容、层次结构、论证方法，按照提纲形式写出来，作为演讲时的提示，而不必一字一句写成讲稿。它的特点是能避免照读式演讲和背诵式演讲与听众思想感情缺乏交流的不足。演讲者比较灵活，便于临场发挥，真实感强。这是初学演讲者进一步提高演讲水平，行之有效的一种演讲方式。

第四种是即兴式演讲　演讲者预先没有充分准备而临场生意、抒发情感的演讲。它是一种难度最大、要求最高、效果最佳的演讲方式。它可以根据实际情况，针对听众的心理和需要，灵活、机动、迅速地发挥语言才能，生动、直观、形象地表达演讲者的思想情感。这是其他各种演讲方式都无法比拟的，要求演讲者具有德、才、学、识等诸方面很高的修养，具有很强的记忆力、丰富的想象力、敏捷的思维能力，以及大量的语言和材料储备。如果不具备这些条件，即使使用这种演讲方式，也不会取得理想的演讲效果。相反，往往还会出现信口开河、漫无边际、逻辑混乱、漏洞百出的现象，反而影响了演讲的效果。虽然如此，每个演讲者必须争取掌握这种演讲方式。只要下苦功，肯定是会学到手的。

5.3 讲演的目的

人们的任何社会实践活动都有明确的目的，其功利性是非常鲜明的。由于演讲活动是演讲者与听众的双向互动活动，所以，演讲的目的就分别体现为演讲者演讲的目的和听众听演讲的目的。而每个演讲者由于身份、地位、年龄、专长各不相同，演讲的目的也不尽相同，甚至每位演讲者的每次演讲的目的也不相同。我们可以从以下几方面来分析。

演讲的宏观目的　从总体上看，演讲无论是宣传自己的政治主张、观点，或是传播道德、伦理、情操，还是传授科学文化知识和技艺，其目的都是为了让听众同意自己的主张、观点和立场，以取得共识，并在此基础上激发听众的实际行动，向人类社会的理想境界迈进。例如，美国总统林肯的解放黑奴的演讲，目的就是动员美国人民为解放黑奴、废除奴隶制而斗争；杨振宁、李政道二位科学家发表的学术演讲，目的就是宣传他们的科学发现，让学界接受他们的学术观点，从而推动科学文化的进步。

演讲的微观目的　迄今为止，尚未有专职演讲家。当今的演讲者都有自己的正式职业或专业，如鲁迅是文学家，闻一多是学者、诗人，林肯是总统，丘吉尔是首相。由于其职业、专业、经历的不同，演讲的目的、内容也有所不同。闻一多在昆明的《最后一次演讲》的目的，就是揭露、痛斥敌人，鼓舞听众，发展民主运动；而曲啸、李燕杰、刘吉等的演讲，则是向广大青年进行理想、道德等方面的教育。因此，从微观上看，每位演讲者的每一次演讲都有不同的具体目的。

演讲的宏观目的与微观目的并不矛盾。闻一多演讲的微观目的是揭露敌人，鼓舞听众，发展民主运动，而这一目的恰与推动人类向理想境界迈进的宏观目的是统一的。这是演讲者必须注意的。

听众听演讲的目的　听众是无数个个体的集合。由于他们年龄、性别、文化程度、兴趣、职业等不同，听演讲的目的也各不相同。比如，林肯解放黑奴的演讲，听众有拥护的，也有反对的，可见其目的根本不同。即使目的都一样的听众，对同一内容的演讲也往往各取所需。但从总体上说，演讲者的个体实用目的和听众的个体实用目的是一致的，紧密相连而又互为体现。否则，演讲将很难存在。

上面我们从宏观、微观、听众三方面作了“横”的分析，下面再从“纵”的方面分析，即演讲者追求的两个目的：现场的目的和散场后的目的。

现场的目的　每一个演讲者都希望演讲能成功，这一目的完全从现场和直观效果反映出来，如听众的表情、情绪，或者捧腹大笑，或者义愤填膺，或者欢呼雀跃，或者泪水横流，或者高呼口号，或者掌声雷动，这就表明演讲者的实用目的符合了听众的实用目的，引起了共鸣，打动了听众的心灵。

散场后的目的 任何演讲者都不会停留在现场的目的上，而是追求散场后的目的：实际行动。这才是演讲者的最终目的。比如，拿破仑率部队在远征埃及时，在金字塔附近和敌人的主力遭遇，情况危急。拿破仑立在马队前高声演讲道："士兵们，四千年历史今天正从这些金字塔的上面看着你们！"简短的演讲使远征疲惫的法军士气大振，终于大胜敌军。他的演讲产生了现场的直观效果，鼓舞了士气；士兵英勇杀敌，取得了胜利，进而实现了散场后的目的。

可以说，演讲现场的目的是散场后目的的前提和基础，散场后的目的又是现场目的的归宿，两者紧密相联。没有现场目的的实现，就不可能有散场后目的的实现；如果只想追求散场后目的，而忽视追求现场目的，散场后的目的不过是一句空话。

演讲是一种复杂的社会实践，更是一种工具。人们拿起工具总是有目的的。没有目的的演讲是不存在的，只是目的的正确与否、高雅与否的不同而已。所以，每位演讲者必须树立明确的演讲目的，做到宏观和微观的统一、表层与深层的统一、目前与长远的统一。这样的演讲才是有意义的、有价值的。

5.4 演讲的审美特征

真理性 人们登台演讲都受制于一定的动机，诱发于一定的目的。这是人类行为特征所决定。但是，不同的人从不同的立场、角度出发，就会有不同的演讲目的。而真正成功的演讲，其目的在于讴歌"真理"，在于激发人们去追求"真"、"善"、"美"，即富有“真理性”。著名哲学家、教育家张岱年认为：“真”是认识的价值，即对客观世界与人类自身有正确的认识；“善”是道德的价值，即用道德准则来调整个人与个人，个人与社会、国家、民族需要之间存在的矛盾；“美”是艺术的价值，即客观世界的事物，有些适合人的情感，令人感到愉快，给人以美感。

人格性　演讲者的人格形象，事实上就是演讲者的人格魅力与磁性。演讲者有了这种魅力与磁性，就为演讲成功营造了先入为主的意境。演讲者的人格不在于美丽的外貌和华贵的装饰，而在于具有坚定信念、优良品行、刚毅果敢、一身正气、热爱祖国、忠于人民、无私奉献、光明磊落、实事求是、坚持真理，以及充满活力、蓬勃向上的品格。这种品格也是演讲的一种无声语言，它会自然吸引人、产生感染力。

哲理性　成功演讲都能给人留下难忘的言语、深邃的思考，以及人生美好的启迪。演讲者无论对本人或他人的经历、事迹、教训、感想，还是对事物、事件的评价和感受，都应进行缜密的思维、提炼，使之具有哲理性。哲理是人们基于深刻的现实感受与观察，对生活所做的艺术概括，其中闪耀着作者的真知灼见。它给人以启迪与智慧，还能陶冶情操，给人带来审美的愉悦。为此，成功的演讲者必须常常观察社会、洞悉现实、思索人生、理性思辨，提高概括为哲理。虽然，听众不可能记下演讲者的句句话语，但经过演讲者千锤百炼而成的哲理性语言，能打动听众的心，能给听众无穷的思考和深远的启示。

多样性　这里指的是语言的多样性。演讲者与听众的信息交流是通过演讲语言来实现的，离开了语言，演讲也不复存在。演讲语言是个丰富多彩的王国：既有意美以感心的内部语言，又有音美以感耳的口头语言；既有形美以感目的态势语言，也有物美以感人的道具语言；既有诗词的熟练背诵，又有名言警句的灵活运用；既有抑扬顿挫，又有轻重缓急；既有高昂的语调，又有低沉的声音；既有严肃的格调，又有诙谐的幽默等。成功演讲正是能适时、适度、适情、适意灵活自如地综合运用这些语言。综合运用多样性语言就是让听众接受多方的语音刺激，从而调动听众“听”的积极性，强化演讲主题，给听众留下深刻印记。

现实性　这是因为演讲属于现实活动范畴，不属于艺术活动范畴。它是演讲家通过对社会现实的判断和评价，直接向广大听众公开陈述自己主张和看法的现实活动。

艺术性　这里的艺术性是现实活动的艺术。它的艺术性在于它具有统一的整体感和协调感，即演讲中的各种因素（语言、声音、表演、形象、时间、环境）形成一种相互依存、相互协调的美感。同时，演讲不单纯是现实活动，它还具备着戏剧、曲艺、舞蹈、雕塑等艺术门类的某些特点，并将其与演讲融为一体，形成具有独立特征的演讲活动。

鼓动性　没有鼓动性，就不成为演讲，政治演讲也好，学术演讲也好，都必须具备强烈的鼓动性。这是因为：一是一切正直的人们都有追求真善美的渴望，演讲者传播了真善美，自然会引起共鸣，激励和鼓舞听众。二是演讲者以自己炽烈的感情去引发听众的感情之火，容易达到影响听众的目的。三是演讲者的形象、语言、情感、态势，以及演讲词的结构、节奏、情节等均能抓住听众。四是演讲的直观性使其与听众直接交流，极易感染和打动听众。可以说，鼓动性是演讲成功与否的一个标志。

工具性　演讲是一门科学，更是一个工具，是人们交流思想的工具。任何思想、任何学识、任何发明和创造，都可以借助演讲这个工具来传播。可以说，演讲是最经济、最实用、最方便的传播工具，任何人都可以利用它。

以上，我们谈了演讲的本质和特征。在现实的演讲活动中，有以下两种倾向很值得注意：一是有的演讲者只“讲”不“演”，只注重演讲的实用性而忽略了演讲的艺术性，使演讲不伦不类，干巴枯燥，因而削弱了演讲的效果；二是有的演讲者一味过分地“演”，追求相声、评书、朗诵、故事等其他艺术表演技巧，冲淡了演讲的现实性、实用性和严肃性，显得滑稽、夹生，起不到演讲应有的作用。这两种倾向都是必须认真加以克服的。

5.5　演讲的准备

“欲平其事，先平其心。”演讲也不例外，想要做一场精彩的演讲，首先需要做好准备工作和克服紧张情绪。

准备工作包括下列各点:（1）熟悉场地　熟悉演讲的环境，提早到达并巡视讲台，练习使用扩音、视听设备。（2）熟悉听众　当听众进入会场时向他们微笑致意，像接待一群熟悉的好友。（3）熟悉讲稿　练习你的演讲稿，并且做必要的修改。如果你不熟悉讲稿或者对它不满意，你的紧张感就会增强。（4）放松自己　做些准备活动，松弛紧张心态。（5）设想你演讲时的情

景 想象你自己在侃侃而谈、声音洪亮、吐字清晰、充满自信。倘能设想自己成功，你就一定会成功。（6）**要意识到听众希望你成功** 听众希望你的演讲兴味盎然、旁征博引、风趣幽默。他们不愿看到你把事情搞砸。

如何消除演讲时的紧张心理:（1）回避目光法 作为一个初登讲台的演讲者，心情难免紧张，特别是听众的某些偶然因素也会人为地造成紧张情绪。比如某个听众发出一些声响，就会引起演讲者情绪的波动。这时，你就应该转移目光，或者采取流动式的虚视方法，有意识地回避目光对视，以保持良好的心境。克服这种视线压力的秘诀，就是从听众当中找寻对于自己投以善意而温柔的眼光，而无视那些冷淡的眼光。把自己的视线投向“点头”表示首肯的听众，对巩固演讲信心很有效果。（2）**呼吸松弛法** 在演讲前，运用深呼吸来松弛紧张情绪。具体做法是：站立，目视远方，全身放松，做深呼吸。（3）**自我陶醉法** 当演讲时，面对满场听众，为了避免因精神紧张而出现举止失措、语言失误的情况，可以假设自己的演讲已经获得成功，就会轻松愉快、信心倍增。（4）**自我调节法** 为了消除紧张情绪，可在演讲前通过创设良好的外界环境，使自己的情绪得到放松。如在演讲前，听一首轻松愉快的乐曲，看一些令人捧腹的幽默故事等。（5）**注意转移法** 为了消除演讲前大脑的紧张程度，可以有意识地把注意力转移到某一个具体的事物上。比如，可以欣赏会场的环境布置，也可以与人闲谈，借以冲淡紧张的情绪。（6）**语言暗示法** 包括自我暗示和他人暗示。比如，演讲前可以这样暗示自己：“今天听众很熟悉，心情紧张没必要”，“我准备得很充分，很有信心”；或者，朋友们说：“你能行！我们等着为你的精彩演讲喝彩。”通过语言的暗示，从而消除紧张的情绪。

5.6　演讲的技巧

初学演讲者易犯这样一种毛病，在演讲时内容漫无边际、结构松散凌乱、语言拖沓累赘；然而，如果演讲者能根据演讲的目的、主题、题材等因素，恰当地运用照应技巧，则可以避免这个问题。

5.6.1　照应技巧在演讲中的运用

（1）扣题照应　画龙点睛　演讲的标题是其内容的高度概括，演讲中应在适当的时候照应标题。这在演讲中往往能成为画龙点睛之笔。扣题照应可以使演讲的内容向标题聚拢，指向更加明确集中，也可以使演讲的主题思想得以突出和升华。例如，美国作家马克·吐温在纽约勃克莱博物馆公共教育协会的演讲《我也是义和团》，标题设置悬念，引起听众的好奇心理。演讲中，马克·吐温猛烈抨击了帝国主义的侵略行径，对中国人民的苦难表示了深切的同情：“如果他们都能回到老家去，中国这个国家将是中国人多么美好的地方啊！……外国人不需要中国人，中国人也不需要外国人。在这一点上，我任何时候都是和义和团站在一起的。义和团是爱国者，他们爱他们自己的国家胜过爱别的民族的国家。我祝愿他们成功。义和团主张要把我们赶出他们的国家。我也是义和团，因为我也主张把他们赶出我们的国家。”在这里，演讲者照应标题，画龙点睛，使听众解开疑窦，在顿悟后的释然中理解了演讲者的深意。

（2）**首尾照应　大开大合**　在演讲中，开头埋下伏笔，结尾再来照应，可以使演讲的结构曲折跌宕、大开大合，而且能使布局巧妙、眉目清楚、重点突出、主题深化，给听众以深刻的印象，产生耐人寻味的艺术效果。例如，中央电视台节目主持人白岩松的演讲《人格是最高的学位》，开头讲了一个故事："很多很多年前，有一位学大提琴的年轻人去向本世纪最伟大的大提琴家卡萨尔斯讨教：'我怎样才能成为一名优秀的大提琴家？'卡萨尔斯面对雄心勃勃的年轻人，意味深长地回答：'先成为优秀而大写的人，然后成为一名优秀和大写的音乐人，再然后就会成为一名优秀的大提琴家。'"讲到这里，演讲者宕开一笔，讲了自己过去对这个故事蕴含的人生哲理理解甚少，在采访过程中，了解到季羡林、冰心等世纪老人的动人事迹，感受到老前辈人格的高尚。最后，白岩松再照应开头的故事："于是，我也更加知道了卡萨尔斯回答中所具有的深意。怎样才能成为一个优秀的主持人呢？心中有个声音在回答：'先成为一个优秀的人，然后成为一个优秀的新闻人，再然后是自然地成为一名优秀的节目主持人。'我知道，这条路很长，但我将执著地前行。"由于演讲者运用了首尾照应的技巧，前呼后应，大开大合，使整个演讲内容高度集中，结构严谨缜密、浑然一体，使听众对演讲主题的认识不断深化，引起了听众心中强烈的共鸣。

（3）**层层照应　一线贯穿**　在演讲中，也可以先提出中心问题，然后紧扣中心问题层层进行照应。这样做的好处是可以使演讲的主旨逐层深化，演讲的结构一线贯穿，演讲的气势在层层排比中逐步推向高潮；还可以使听众在反复照应、多次强调中加深印象，对演讲主题认识更明确、更深入，从而使演讲更具有鼓动性和艺术感染力。例如，在王海滨的演讲《中国人来养活中国》中，为了驳斥外国人的“21 世纪中国将丧失自己养活自己的能力”的观点，以及回答“谁来养活中国”这一问题，演讲者推出以下排比段:“谁来养活中国”，听着这轰鸣的钟声，我把目光投向了东方升起的太阳，我想站在长城上高声呼唤：中国自己能养活中国……“谁来养活中国”，听着这轰鸣的钟声，我想登上珠穆朗玛峰的山巅，面对黄河、长江传出我心中的呼唤：中国农民能养活中国……“谁来养活中国”，听着这轰鸣的钟声，我想在大水法的残骸前跪倒，抓把泥土，写下我们共同的宣言——我们就能养活中国……由于以上排比段的层层照应，演讲才得以主题更突出、内容更集中、脉络更清晰、气势更强烈，具有震撼人心的艺术效果。

5.6.2　如何使演讲吸引听众

（1）尽量使用听众觉得与众不同的词语，如古诗、名句、名言，或者网络、社会里切中时代利弊的新词，做到引人入胜。（2）尽量使用排比句和循环句，可以得到事半功倍的效果，吸引听众。（3）尽量使用首尾呼应的方法，突出重点，推出理想的效果。（4）整个演讲要讲究思维的逻辑性，由浅入深、有条有理地把论点论据讲明白、讲清楚。（5）事先要进行准备，包括背诵；不带稿纸的演讲要比带上草稿的效果好得多。（6）内心要有一个预案，考虑到演讲中听众可能持有的异议、提问。（7）懂得托物起兴，有一个好的开头很重要；同时，结尾也要有力而精炼，令人回味无穷。（8）随时了解听众动态，懂得适可而止和趁热打铁等。（9）在一切准备就绪时，应注意手稿，如果是一般例会就无所谓了，如果是比较重要的场合，建议使用质地优越的专用纸作为手稿。

5.6.3 演讲的名句

如果有一天神秘莫测的天意将我从这里把我的全部天赋和能力夺走，而只给我留下选择其中一样保留的机会，我将会毫不犹豫地要求将口才留下，如此一来我将能够快速恢复其余。

——丹尼尔·韦伯斯特（Daniel Webster）

一人之辩，重于九鼎之宝；三寸之舌，强于百万之师。

——刘勰《文心雕龙·论说》

良言一句三冬暖，恶语伤人六月寒。 ——中国古谚语

一言可以兴邦，一言可以亡国。 ——中国古谚语

可与言而不与言，失人；不可与言而与之言，失言；言不顺，则事不成。 ——孔子

口者，心之门户，智谋皆从之出。 ——鬼谷子

如果让我重进大学，我将修好两门课：演讲和说服。

——尼克松

简洁的语言是智慧的灵魂，冗长的语言是肤浅的藻饰。

——莎士比亚

说话和事业的进展有很大的关系，是一个人力量的主要体现。

——富兰克林

你能面对多少人，未来就有多大的成就。

——前英国首相丘吉尔

世界上更多的麻烦来自于轻率的回答，而不是莽撞的发问。

——［德］尼·哈里斯

有思想而不会表达的人，就等同于没有思想。

——前微软副总裁李开复

不会教育员工的领导，充其量就是一个监工。

——阿里巴巴马云

演说就是讲故事，就是通过吸引人的故事来说明观点。

——前美国总统林肯

语言是灵魂的透镜：言如其人。　　——普布利乌斯·西鲁斯

良好的过渡对于听众来说非常重要，因为它能使听众感觉被带入了一片平坦的大陆，而不用在泥泞的沼泽中艰苦跋涉。

——乔·格里菲思罗

我们最好的思想，最深厚的感情，只能被最美妙的语言表达出来。若是表达不出，谁能知道那思想与感情怎样好呢？这是无可分离的、统一的东西。　　——老舍

5.6.4　演讲的手势

手势语言有多种复杂的含义，一般可分四类：表达演讲者的情感，使其形象化、具体化的手势为情意手势，也叫感情手势；表示抽象的意念的手势叫象征手势；模拟形状物，给听众一种具体、形象感觉的手势叫形象手势，也称图示式手势；指示具体对象的手势，称为指示手势。

有人总结，常见的演讲手势有上举、下压和平移等几类，各类中又分单手、双手两种。每种又可以作拳式、掌式、屈肘翻腕式等。手向上、向前、向内往往表达希望、成功、肯定等积极意义的内容。手向下、向后、向外往往表达批判、蔑视、否定等消极意义的内容。

如空中劈掌表示“坚决果断”，手指微摇表示“蔑视”或“无所谓”，双手摊开表示“无可奈何”等。右手紧握拳头从上劈下表达愤慨、决心。

讲话的手势大有讲究，但不是靠闭门造车“设计”出来的，而是在讲坛上，随着演说的内容、听众的情绪、场上的气氛，在演讲者情感的支配下，自然而然“喷射”出来的。至于选择单式手势还是复式手势，则要看内容的要求，会场的大小，听众的多少，表情达意的强弱而定。

手势语言没有固定的模式，没有规定的角度，不受先人的制约，也无需“导演”的引发。它像体操动作一样，绝不是用一个模子套出来的，需要自己创造。

但对于初学者总会有一个模仿的过程，如听演讲、看电影时，注意揣摩，作点“积累”，这样在演讲时就可以顺手拈来了。

5.7　讲演者的身份与效果

“成功的演讲，以机智的语言、诚恳的态度、自信的气势，让思想的清泉流进每一个听众的心田”。毋庸讳言，这样的演讲效果是有相当难度的。这里的因素很多，其中最主要的是“演讲者的身份”。它对演讲的效果有着举足轻重的作用。

5.7.1　演讲者身份与演讲效果

（1）演讲者的身份与听众的“角色期待”　演讲的效果不仅与演讲的内容有关，而且与演讲者的身份有着密切的关系。当演讲的内容、语言与演讲者的身份保持一致时，听众会对演讲的内容产生认同感，形成共鸣，进而赢得了更好的演讲效果；反之，演讲效果就会大打折扣。如左拉的《在莫泊桑葬礼上的讲话》，左拉以“法兰西文学的名义”，以“战友、兄长、朋友”的身份，向莫泊桑“致以崇高的敬意”：“啊！明晰，多么清澈的美的泉源，我愿看到每一代人都在这清泉中开怀畅饮！我爱莫泊桑，因为他真正具有我们拉丁的血统，他属于正派的文学伟人的家族。诚然，绝不应该限制艺术的天地：应该承认复杂派、玄妙派和晦涩派存在的权利，但在我看来，这一切不过是堕落，如果你愿意的话，也可以说是一时的离经叛道，总还是必须回到纯朴派和明晰派中来的，正如人们终归还是吃那使他获得营养而永不会使他厌腻的日常必吃的面包”。这篇在莫泊桑葬礼上的演说词，“情动于衷而形于言”，是作者用血和泪写成的，使听众在感情、认知上引发了强烈的共鸣，从而使演说获得了巨大的成功。这种影响从另一个角度来说，主要是由于听众对演讲者的“角色期待”心理造成的。一般说来，演讲者总是以特定的身份进行演讲，而听众也总是带着角色期待的心理来听演讲的；作为演讲者，不仅通过他的讲述的内容去征服听众，而且他自身的身份也在无言之中影响着听众，产生着作用。而作为听众在接受演讲的内容时，又总是和演讲者的身份结合在一起加以理解的。听众还要把演讲的内容和演讲者的身份进行比较，寻找其中的内在联系，如演讲者左拉同莫泊桑的密切关系就是典型的例子。换言之，如果演讲的内容和演讲者的身份一致，他们听起来会更容易理解和接受。如果演讲的内容和演讲者的身份不一致，或者相去甚远，认定这个角色不该或者不能讲出这些内容时，他们就会从内心产生排斥心理，甚至否定演讲者的演讲内容。这样，这时演讲的影响力就会大大削弱。

（2）演讲者的身份与演讲题材的协调　演讲者的身份直观地看，主要指的是演讲者的职务、地位，实际还不仅于此，还应该包括演讲者的年龄、文化、经历、性格等，听众是把上述要素一并加以考虑的。身份与一个人的经历有着密切的关系。它可以作为演讲的背景，制约着一个人演讲的内容、形式、格调和语言。例如，一个年长的演讲者与一个年轻的演讲者在听众的眼里就有着不同的要求和标准。身份还表明一个人的文化背景，一个专家、学者和一个文化比较低的人的演讲，在内容上和选题上就应该有所不同。这就是说，在听众的眼里，人们在演讲时，他们演讲的题材，看问题的视角、信息内容及其数量等，应该与他们的身份大体相称。这样的演讲才会产生预期的效果。反过来说，演讲者不应该盲目追求与自身身份不相符的题材或其他的东西，否则往往会事与愿违。在现实生活中，有些演讲者在演讲时只考虑内容是否感人，用一些与自身不相符的内容或语言充斥自己的演讲，希图借此产生理想的演讲效果，结果却难以如愿。这样的事例屡见不鲜。正因为如此，这就给每一个演讲者提出一个十分现实而又迫切的问题，就是在演讲时一定要注意从自己的身份出发考虑演讲的内容和形式。这是谋求良好的演讲效果所必需的。

5.7.2　演讲者的身份与演讲的内容、形式的定位

（1）根据演讲者的身份确定演讲的话题和内容　演讲的话题一定要和自己的身份相一致。这是一个极为重要的原则。也就是说，要与自己的身份相一致。这样，一方面更有发言权，更好讲，更顺当，而且也可以从话题上满足听众的角色期待心理的需求，从而增强演讲的效果。例如，江苏省著名特级教师周永沛老师是一位德高望重的教育老前辈，深受人们的尊敬。他在对青年教师的演讲时，语重心长的讲师德、讲科研，严肃认真地提出要求，甚至对一些不良作风提出批评，就特别符合他的身份。听众也感到十分亲切，人们也更喜欢听。这就告诉我们，身份本身有时就是一种客观的制约因素，能讲什么，不能讲什么，是有讲究的。演讲者应该从自己的身份出发讲自己最有“资格”的话题。

（2）根据演讲者的身份选择演讲的语气和做派　演讲时不同的语气、语调，不仅取决于演讲的内容的需要，而且要考虑到自身身份地位，要和演讲者的语气、做派（所谓“做派”，原来大多指戏曲中演员的动作表演，这里指演讲者在演讲时的肢体动作。）与自己的身份相符合，用充满激情的气氛把说理和抒情结合起来，晓之以理，动之以情，从而叩开听众的心扉。如，爱因斯坦在悼念居里夫人的演讲《悼念玛丽·居里》中，“居里夫人的品德力量和热忱，哪怕只要有一小部分存在于欧洲的知识分子中间，欧洲就会面临一个比较光明的未来。” 爱因斯坦从年龄来说，居里夫人是他的长者。传说爱因斯坦当念到悼词最后部分时，由于过于激动而语言哽咽。

5.7.3 演讲者与听众

（1）听众是演讲活动不可缺少的重要方面。演讲者是信息的传播者，听众是信息的接受者。演讲者离开了听众就失去了对象，演讲活动就无法进行。

（2）了解和掌握听众是实现演讲目的的客观要求。演讲的目的是说服听众改变态度并按照演讲者的意图去行动。这就要求演讲者了解听众的心理、要求和希望，以及对你所讲观点的态度。这样，你才能有的放矢地做好演讲。

（3）听众在演讲活动中虽处于客体的地位，但也绝不是被动的“接收器”，而是具有主观能动性的积极参与者。如果听众对演讲内容有极大兴趣，便会采取积极、热情的合作态度；反之，则会采取冷漠，甚至敌视的态度，演讲就不会成功。因此，演讲者必须在了解听众的基础上，力求触发听众的兴奋点，才能实现最终目的。

可见，成功的演讲者既要使演讲成为听众的一部分，也要使听众成为他的演讲的一部分，而其中首要的，便是要了解和掌握听众的心理特点。听众的心理主要有以下特点：

① 听众对信息的接受具有选择性。听众听演讲是用听觉、视觉器官及大脑进行认识的一种综合心理活动。它是在已有经验、知识和心理期待的基础上进行的，因而具有极强的主观色彩和选择性。首先是选择性注意，即只注意那些他们有兴趣、有关系，或渴望了解的部分；其次是选择性记忆，即容易记住那些自己愿意记住的信息，忘记那些自己不喜欢的信息；再次是选择性接

受，即愿意接受那些与自己一致的观点。

② 听众对演讲的态度受自身的影响。对同一演讲者的同一内容，听众由于受自身的影响而采取不同的态度。

③ 听众都有特殊的心理需要。每个听众听演讲的心理需要都与切身利益相关。有希望长知识的，有希望开眼界的，有希望解决实际问题的，等等。

④ 听众心理是独立意识与从众心理的矛盾统一。即是说，听众心理既有个人的独立思考，不唯上、不唯书的独立意识的一面；又有受其他听众影响而改变自己看法的一面。

了解听众的心理需求可通过以下方法：通过你的听众所在单位的领导；通过某一地区、时期的社会舆论；通过开小型座谈会或与听众个别交谈；通过演讲过程中的提问、插话等。

5.8　科普演讲的涵义

2002 年 11 月 8—14 日，中国共产党召开了第十六届全国代表大会，提出了“全面建设小康社会”的奋斗目标，把提高“全民族的思想道德素质、科学文化素质和健康素质”列入实现小康社会的具体奋斗目标。2002 年 6 月 29 日《中华人民共和国科学技术普及法》正式颁布。“科普法”体现了党和国家关于科普工作的一贯方针政策，总结了中华人民共和国成立以来科普工作的实践，将科普工作上升为国家的意志，充分反映出国家重视科学技术发展对社会和公众产生的深刻影响，通过法律对科普予以确认、规范和给予保障，以满足广大人民群众日益增长的科普需求。从此，中国进入了依法科普的新阶段。

什么是科普？科普就是把人类研究开发的科学知识、科学方法，以及融化于其中的科学思想和科学精神，通过多种方法、多种途径传播到社会的方方面面，使之为公众所理解，用以开发智力，提高素质，培养人才，发展生产力，并使公众有能力参与科技政策的决策活动，促进社会的物质文明和精神文明。科普演讲就是这样一种十分受人欢迎的科普活动。

科普法中明确规定："开展科学技术普及，应当采取公众易于理解、接受、参与的方式。"科普演讲就是这样一种好理解、易接受、能参与的科普形式。科普演讲是科普活动中最直接、最活跃、最生动、最受广大听众欢迎的科学普及活动。

以下两个生动的例子就是说明"科普演讲"的作用及其影响的佐证。

高士其先生是我们十分熟悉的一位伟大的科学家，他原名高仕錤，乳名贻甲，早年他拿起笔来为当时艾思奇主编的《读书生活》半月刊撰写科学小品，文章发表时均署名"高士其"。朋友们问起改名的动机时，他解释道："扔掉'人'旁不做官，扔掉'金'旁不要钱"。他曾在美国芝加哥大学医学研究院攻读细菌学。高士其先生一生著作颇丰,《菌儿自传》是他的代表作。这部书并不是细菌学的专著，而是一部科普作品。他曾经做过一场形式十分特殊的科普演讲。高士其先生坐着轮椅，在舞台上现身，然后由他的助手讲述《菌儿自传》中生动的细菌故事。这些细菌时而在呼吸道里探险，时而在肠腔里开会，把细菌对人类的危害和我们应该如何预防细菌给人们带来的疾病，表现得淋漓尽致。

科普演讲以生动活泼的形式、妙趣横生的比喻来向人们传播医学科学与公共卫生的知识、思想和精神，无疑是具有承上启下的历史意义和现实意义的。这场报告的听众并不是从事医学的专业人士，而是一群中学生；这样的报告就是一种科普演讲，是一场极具美学价值的科普演讲。

我们国家的领导人十分重视科学普及工作，在新中国成立初期，中央领导经常请一些科学家到中南海举办科普演讲。1955 年 1 月 15 日，毛泽东在中南海主持中共中央书记处扩大会议时，邀请了两位著名的科学家——钱三强和李四光做关于原子弹的讲座。从这一天起，中国正式启动原子弹的研制工作。当时，为了保密，把研制原子弹称为“原子能事业”。钱学森曾为我国领导人做过一场十分特殊的“科普演讲”，听众是中央有关领导和另外一些科学家。钱学森深入浅出地介绍了世界上火箭和导弹发展的现状及相关知识和理论。他首先举例说明“第二次世界大战”后期德国发明的火箭袭击英国伦敦的威力，以及战后美国研发火箭及其进展的情况，然后介绍了火箭和导弹的基本知识及简单构造。他所讲的内容，深入浅出，有理有据，人人都听得懂。应该说，钱学森的这场“科普演讲”，是我国“两弹一星”的“开场白”。

5.9　科普演讲的审美特征

科普演讲除了“演讲”所共有的美学特征外，还有着固有的特征：一般认为，普及科学技术知识、倡导科学方法、传播科学思想、弘扬科学精神的演讲，就是科普演讲。科普演讲不仅包括科学技术知识的普及，也包括科学方法、科学思想、科学精神的普及。科普演讲既可以包含科学技术层面的东西，也可以包括精神层面的内容。

应该说，科普演讲有着自身的特点和规律，科普演讲是科普报告的一种美学形式。

科学的美感　科普演讲的灵魂就是科学性。我们演讲的内容，所包含的科学技术知识不能有丝毫的差错。不仅要注意具体材料是否真实，还应注意所阐述的科学理论是否真实。同时，还要注意严密而正确地表达科技内容、通俗而准确地阐述科学概念、具体而确切地描述科学事实、恰当而无误地引用科学数据。科学美作为真理的形式，是一种理性的美，是在理性的抽象形式中，包含着感性的丰富内容，呈现为净化、规整、简洁、对称、有序。正是这些理性活动及其成果显示的审美（审视美感）形式而使人激动。例如，DNA 的规整、对称、有序的双螺旋结构，以及和谐地包含其中的 A、T、G、C 四个核苷酸，构成了简洁的旋转形阶梯。就是这一对生命的曲线，却演化为地球上生生不息、千姿百态的芸芸众生。这简直是“大美”了！科普演讲的目的说直白了就是要“运用科学之美去感染听众”，从而激发起听众去探究科学的行动。

理性的趣味　科普演讲可以在开头或内容中穿插故事、事件、典故、笑话、诗词、歌谣、谚语，作为吸引听众兴趣的一种手段。但是，更为重要的是在于发掘科学技术内涵的趣味，使听众体验到求知的乐趣。正是这种科学技术内涵的趣味，吸引着地质学家、天文学家迷醉于探究自然与宇宙的奥秘；显然不同于旅行家、宇航员迷醉于观赏自然与太空的风光。这就是理性的趣味——科学技术本身的魅力，或可简称为“理趣”。

逻辑的思辨 科普演讲不一定要系统介绍某门科学，而重在启发，加深听众对科学概念的理解，学会科学的思维方法。由于科学本身的美学特征，只要准确地释读了“科学”，必然陶冶、培养了听众的科学精神：求真（科学精神的核心），崇实（科学精神的基础），无畏（科学精神的前提），创新（科学精神的目的）。

智慧的启迪 科普演讲提高到“理趣”的境界，必然萌发听众“智慧的启迪”。听众会从获得知识和例证中“举一反三”、触类旁通；从初步掌握的事实材料中，经过进一步学习、思索，求得自己的结论，提高分析的能力，从而启迪智慧。

形式的时尚 **（1）碎片化** 现代科技的发展，影响着人们的阅读习惯，人们面对着大大小小的各种屏幕，以及微博、微信的出现，使听众的阅读习惯发生了很大的变化。如今，人们更习惯一种碎片化的阅读方式。我们的演讲内容也要适应这种变化，切忌“系统性”。碎片化的演讲内容是演讲者必须准备的。这种碎片化不是杂乱无章的，而是需要演讲者提炼出所讲内容中最精彩、最有趣、最贴近时代的部分，在有限的时间内，告诉我们的听众。科普演讲的内容需要做到“形式碎片、主题鲜明”。**（2）互动性** 这是科普演讲区别于学校里知识课堂的一个重要标志。一般情况下，在学校教学的老师，在课堂上不安排与学生互动的环节。科普演讲的互动环节是演讲的一个有机组成部分，甚至有听众反映，同学的提问与老师的回答，是一场科普演讲的“点睛”之笔。根据经验，小学听众安排 10 分钟左右的互动，中学生以上听众安排 15 分钟左右的互动比较合适。

5.10 科普演讲的美学思考

据不完全统计，近些年来，我国每年都会有几千场科普演讲，进入全国各地的学校、机关、部队、企业……这些科普演讲形式不同，内容各异。每场科普演讲受欢迎的程度也很不相同，有的科普演讲经常会迎来“回头客”，有的科普演讲常常是“一次性”的，听过之后不会再次邀请。这其中的原因是多种多样的，那么，什么样的报告会吸引“回头客”？公众对什么样的科普演讲更感兴趣？

现在是一个“信息爆炸的时代”，每天我们都会接收到各种各样的信息，面对新知识、新科技和新的信息，人们不得不有选择地获取对自己有用的信息。那么，应该如何选择？科普演讲无疑是帮助人们选择信息的重要形式。

现在是一个“读图的时代”，各种各样的画面集中承载着人们需要的各种信息，通过画面获取信息，是现代人的一种习惯，各种各样的“图画”（电影屏幕、电视屏幕、电脑屏幕、手机屏幕和各种彩色插图的图书），是传播信息的重要载体。很多人特别是青少年已经习惯了通过各种“图画”获取知识。科普演讲就要把握时代特点，掌握听众心理，调动一切适合听众的手段，生动有趣地传递知识。

5.10.1 看图说事 听视双全

根据时代的特点，要求科普演讲需要“四有”：有图、有影、有声、有情（故事）。

（1）有图　图解知识是一个好办法。图片、表格一目了然地展示了演讲者所讲解的知识，听众一看便知，一听即懂。图片是演讲中不可或缺的元素。如果我们向听众讲解某个行业的知识，比如白蚁的模样或者是某个星座的形状，讲演者仅仅是通过语言的描述，是根本无法向听众介绍清楚的，有了图片这个问题就迎刃而解了。演讲者通过图片的展示，听众立刻就会明白“白蚁”是一个什么样子，图片会一目了然地向听众展示某个星座在太空的形状。

（2）有影　PPT（演示文稿）可以让你的科普演讲锦上添花。在演讲的时候嵌入视频剪辑，有助于突出演讲的效果。例如，焦国力在演讲中讲到战斗机进行“眼镜蛇机动”飞行的时候，没有使用更多的语言介绍，而是向听众播放了一段战斗机进行眼镜蛇机动飞行的视频。在这段视频中，当听众看到一架真实的战斗机在空中直立身子向前飞行的姿态时，发出了一阵惊叹声。这就是视频在演讲中的独特作用，没有视频的帮助，演讲者使出浑身解数也无法讲清“眼镜蛇机动”飞行是怎么一回事。这也就是演讲中的另一个要素：“有影”。

（3）有声　这里并不是指演讲者发出的声音，而是指 PPT 中配合画面出现的声音。比如，在一次关于动物的科普演讲中，讲到某种动物为争夺食物而大打出手的时候，把这种动物发出的鸣叫声、撕咬声和动物争夺食物的画面一同有机地结合并播放出来，听众会更容易理解演讲者所要普及的知识。

（4）有情　所谓“有情”就是要有情节，就是要讲故事。故事人人爱听，关键是怎样讲。好在演讲者的 PPT 中都有图，看图说故事是一个好办法。首先是你讲的故事一定是与你的演讲主题有密切联系，故事的内容要有趣，讲述的时间要短，最好在故事中有一个悬念。演讲者要绘声绘色地讲好故事，需要做一个“顶层设计”，要有“起、承、转、合”，让听众在你所讲述的故事中领略到知识的魅力。

5.10.2　科普演讲者的风格

科普演讲者要形成自己的演讲风格。什么是演讲的风格？其实你的说话习惯就是一种风格，通过改变讲话的习惯，就是一种风格的变化。语言就像一个人的名片，你完全可以通过自己的言辞来伸张自己演讲的个性，使自己演讲变得与众不同。

我们不妨先对演讲的风格简要归纳一下，大体上有如下几种演讲风格：

（1）投入式的风格　这种风格的演讲者大多使用平实的语言，条理清晰，叙事清楚，逻辑严谨；

（2）幽默式的风格　这种风格的演讲者语言幽默，比喻相对夸张，在演讲中不时地但又是恰如其分地插入几句玩笑，演讲中常常听到现场笑声不断，有的演讲者引入了相声演员常用的“砸卦”，效果也十分理想；

（3）激情式的风格　这种风格的演讲者说话声音较大，整个演讲充满激情，有较强的感染力，现场气氛热烈；

（4）柔和式的风格　这种风格的演讲者说话轻声细语，语速平缓，看上去就是一位和蔼可亲的长者在讲述；

（5）**诚恳式的风格** 这种风格的演讲者语气彬彬有礼，语调变化不大，平淡中透着几许温柔。

每个演讲者都需要寻找自己的演讲风格，也就是说，要根据自己的演讲内容和自己的讲话习惯，找到一种适合自己的演讲风格。

演讲风格是可以改变的，也是可以打造的。当你有了一些演讲的实践之后，每个人都可以根据自己的讲话习惯和演讲内容，提炼并打造演讲风格。

演讲的风格应该与演讲的内容相匹配。不同的演讲主题要与不同的演讲风格协调；不同的人群，对演讲风格有不同的需求。

一般情况下，成年人群体经历过人间沧桑，大多喜欢投入式加上幽默式的演讲风格；大学生群体大多喜欢诚恳式并带有时尚特点的演讲风格；中学生群体更喜欢激情式并带有幽默感的演讲风格；小学生群体非常喜欢激情式的演讲风格。

演讲者毕竟不是演员，不可能不断地变换自己的演讲风格。但是，我们可以在一场演讲之中，突出自己的演讲风格，而辅以其他的演讲风格。

5.10.3 科普演讲的开场白

一场成功的科普讲演一定会有一个好的开场白。我们必须知道，听众是怀着不同的心情和目的来听你演讲的，常常会有一部分听众是被动地来听讲的。他们甚至把听你的这场演讲，当成一种负担。这就要求我们的科普演讲，有一个能够抓住听众的开场白，从而使一些听众从被动转变为主动。

如果演讲者走上讲台，就正儿八经地开始演讲，就会让听众产生生硬和突兀的感觉。俄国文学家高尔基对演讲的开场白有过这样的描述："最难的就是开场白，就是第一句话，如同音乐一样，全曲的音调，都是它给予的。平常却又要花很长时间去寻找。"

一个好的开场白，可以引起听众对演讲内容的兴趣，可以建立起演讲者与听众之间的信任，还可以拉近演讲者与听众之间的距离。开场白的重要性毋庸置疑。

开场白可以分为许多种，在演讲的实践中，每个人应该选择适合自己的开场白。

（1）**幽默戏谑型开场白**　我们知道很多听众对演讲者本身往往会很关注，能站在讲台上演讲就会使听众对演讲者产生一种敬重的心理。在这样的情况下，采用幽默戏谑型的开场白，就会一下拉近演讲者与听众的距离。

爱因斯坦在一次科学会议上，是这样开始他的发言的："因为我对权威很轻蔑，所以命运惩罚我，让我自己也成了权威（笑声）。这真的是一个十分有趣的怪圈（笑声、掌声）。"爱因斯坦看似玩笑的开场白，一下子就把会场的气氛活跃起来了，接下来的演讲，听众就会感到十分轻松。

胡适先生当年经常要参加一些演讲活动。有一次，他在演讲开始的时候这样说："我今天不是来向诸君做报告的，我是来'胡说'的，因为我姓胡。"话音未落，听众就已经大笑不止。这个开场白既巧妙地介绍了自己，又体现了演讲者谦逊的修养，同时也活跃了现场的气氛，是一个很好的幽默式的开场白。自嘲式的开场白也常常被一些相声演员所使用，为许多人所接受。但是，使用这种开场白时需要注意，玩笑话不能过头，特别是不要使用低级、粗俗的玩笑作为开场白。

（2）疑问式开场白　开场白的重要作用是把听众的注意力吸引过来听演讲。开场白实际上就是俗话说的“热场子”。疑问式的开场白就是一开始就把听众带到一个问题中，让大家思考。

焦国力在给小学生讲解“战斗机的秘密”的时候，首先向听众提出一个疑问：开汽车的时候，让汽车左转弯该怎样打方向盘？在场的所有同学几乎都举手要回答这个问题。这的确是一个太简单的问题，小听众们都能回答。当同学们回答完汽车的转向问题，他又接着问了这样一个问题：如果你驾驶的是一架战斗机，让战斗机左转弯，应该怎样做？让战斗机向上飞又该怎样做？同学们立刻陷入了深深思考。是呀，战斗机在三维空间飞行，怎样才能向上飞呢？这个问题一下子把同学们吸引住了。他们迫不及待地要知道战斗机的秘密。

疑问式的开场白，很快就把听众带到了演讲的内容里。

（3）制造悬念式开场白　我们这里说的制造悬念式的开场白，并非故弄玄虚。悬念式的开场白不能悬而不解，一定要有明确的答案。但是，这种答案并非一定要马上回答，也可以留到演讲的结尾处给予解答。

一位植物专业的老师，在讲植物知识的时候，他的开场白是这样的：我们看到人类社会有很多战争，那么现在我要说，植物也会打仗，植物界也有战争。这是真的吗？

植物会不会打仗？这个悬念一下子就把同学们吸引住了，演讲就在这样的悬念中开始了。

（4）语惊四座式开场白　所谓“语惊四座”是指见解独特、

视角新奇、与众不同的开场白。这样的开场白往往会有出奇制胜的效果。

我们知道匹兹堡市是美国一座最有吸引力的美丽城市之一。可是有一次，美国一位建筑学家到匹兹堡做演讲，他的开场白就“如雷贯耳”，他说：“匹兹堡市是我见过的最为丑陋的城市。”此言一出，真的语惊四座。听众大吃一惊，他们都竖起耳朵，认真地听他讲解匹兹堡市究竟丑陋在何处？这个开场白收到了非凡的效果。

当然，要想语惊四座，必须有事实作为依据，绝不可哗众取宠，也不可故弄玄虚，否则会收到相反的效果。

（5）互动式开场白　焦国力在一些学校做演讲的时候，常常会遇到学校安排一位在校学生骨干做主持人。开讲前，主持人会对演讲者做一个简单的介绍。他利用这个机会和学生主持人做了一个互动：

学生主持人问：刚才介绍您是空军大校，你会开飞机吗？（听众笑声）

答：很遗憾，我不会开飞机！但我真的是空军大校！（听众笑声）我虽然不会开飞机但是我敢跳飞机！（笑声）

学生主持人：你是说你会跳伞吗？

答：是的，我跳过 20 多次伞，我第一次跳伞的时候和你们的年纪差不多大。

学生主持人：那你第一次跳伞的时候，你害怕吗？（笑声、嘘声）

答:（对大家说）同学们，他提了一个很尖锐的问题，他是问我第一次跳伞的时候怕不怕死！（笑声）大家说，我是说真话还是说假话？

听众中有人说：假话；也有人说：真话。

答：今天我到这里来是说真话来的，下面我说的每一句话都是真话。我可以告诉大家，我第一次跳伞的时候非常害怕！

接着，他简单讲述了跳伞的故事，然后开始了演讲。

这个开场白把演讲者和演讲内容很好地融为一体，演讲效果出奇的好。

（6）开门见山式开场白　开门见山式的开场白较为简单，你只要使用简练的语言介绍一下今天你要给大家讲述的内容就可以了。这种开场白较为平淡，更适合给大学生或公务员演讲的时候采用。

（7）名言警句式开场白　演讲的开场白引用富有哲理的名言。它为演讲主旨做事前的铺垫和烘托，概括了演讲的主题。但被引用的开场白，必须具备两个条件：

第一，话语本身富有蕴意，具有高度的感染力和极强的说服力。

第二，要用的话语要出自名家、权威人士或听众熟知的人物，这就是一般所说的权威效应和亲友效应，从而引起听众注意。

（8）讲科学故事式开场白　演讲时，“应该以一个设计好的故事直接开始，这个故事既暗示了演讲主题，又没有全盘托出；可以通过某项数据、某个问题或与听众的互动开始”，摩根这样说。

如果你的演讲主题是介绍无线电知识，讲述一个无线电传播的故事是一个好办法。有这样一个故事：一只苍蝇在纽约一个玻璃窗上行走的细微声音，有人可以用无线电把这个声音传播到中非洲，而且还能将它扩大成像尼加拉大瀑布般惊人的声响。

这样的故事是一般人所不知道的，听众也很难以想象，在开场白中讲述一段这样的故事，会引起听众的极大兴趣。

（9）视频冲击式开场白　演讲开始就播放一段与演讲内容相关的视频，把听众的目光紧紧抓住，然后开始你的演讲。这种开场白要求你准备和播放的视频必须有一定的冲击力，视频应该是鲜为人知的，绝大多数听众没有看到过。视频播放的时间不宜太长，一般不超过2分钟。如果视频中有解说，一定要有汉语解说，至少要有中文字幕。

播放一段视频，再引入要演讲的话题，这是现代演讲的一种十分有效的开场白形式，利用好这样的形式会有意想不到的好效果。

例如，美国的一位科学家也是一位演讲爱好者——阿诺德的精彩开场白：

【以下引自小学语文课本《一次精彩的科普演讲》】

阿诺德面带微笑，从从容容走上讲台。他先在大幕布上打出了一幅逼真的PPT幻灯片，展示了一张奇特有趣的照片。

一个人们从来没有见到过的怪物赫然出现在布幕上：它圆溜溜的大脑袋上长满了尖硬、粗壮的“头发”，脸颊、下巴、脖子，甚至鼻子上都布满了稀奇古怪的胡须，像棍子一样的眉毛则高高地倒竖着。它虽然“怒目圆睁”“龇牙咧嘴”，却显得滑稽可笑。

正当人们十分好奇，惊讶不已时，阿诺德开口了："这个家伙到底是什么，有谁知道？"

这个问题立即引起了所有在场人员的浓厚兴趣。有听众喊道："我知道，这是一种新发现的巨型蜥蜴！"然而，马上有人反对："不像！我敢说，它是至今仍活着的一种奇特的恐龙！"

"都不对！它是美国传说多年而一直没有找到的'大脚怪兽'！"又有人自信地大声说："不，不，都错了，它是最新发现的'外星人'！"

众说纷纭，莫衷一是。谁都认为自己是对的，谁也说服不了谁。会场顿时热闹非凡。

"请注意，它就在你们的脚底下！"演讲人趁热打铁，提高嗓门。

此话一出，会场上立刻"炸开了锅"！

有的妇女吓得当场尖叫起来。还有一些胆小的人索性从椅子上跳起来，转身就逃。有的人虽然比较镇静，可是一时也听不明白，甚至怀疑自己的耳朵听错了。更多的人则低头俯身，查看地面。然而，他们都面面相觑，大惑不解：脚下什么也没有呀。

"告诉大家吧，这就是加利福尼亚小黑蚁。谁都知道，它们在我们这里无处不在，随时可见，甚至这间屋子里可能就有成百上千！"阿诺德说。

原来如此，大家不由得松了一口气。

但是，人们的兴趣马上又来了：为什么这样"微乎其微"的不蹲下来就无法看见的小虫，在照片上竟然会变成一个"庞然大物"呢？

"这是我们用最新的超高倍摄影机拍摄的！"演讲人不失时机

地做了解释。

然而，还没等人们的情绪完全松弛，他又语惊四座：“可是，我们的真正目的不是为了拍这种小玩意。请看它‘脸蛋’旁边的小东西，这是什么？大家有兴趣不妨再猜猜看。”

人们又兴致勃勃，各抒己见。

“其实，它是一只齿轮！”阿诺德博士的声音更大了。

人们大吃一惊，迷惑不解：“难道真有这么小的齿轮？”

“它的直径只有30微米！也就是说，诸位的一根头发丝比它还要粗好多倍！”演讲人的语调也升高了。

台下有人问道：“这么小的玩意，有什么用处呢？”

“这是不是一种如同中国微雕——例如在一根头发上刻一首唐诗一样，只有观赏价值的工艺品？”

……

“对不起，在座各位中是不是有人血管里的脂肪和胆固醇含量有些偏高？”演讲人的话锋一转，语气也平和多了。

这还用问吗？在美国，乃至全世界，心血管系统的疾病，如高血压、冠心病的发病率逐年上升。目前在欧美它们早已经成为“第一杀手”。而它们的病因大多是同脂肪和胆固醇含量偏高有直接关系。

“我们准备将这种齿轮配成一种小小的机器人。它们进入病人的血管后，就能连续不断地识别并破坏血脂和胆固醇，让它们成为一种能被血管排除的垃圾。也就是说，这些小机器人将成为您血管里最勤奋、最有效的清道夫！”

会场里立刻爆发出一阵热烈的掌声。

5.10.4　科普演讲中的时事与时尚

（1）时事　科普演讲需要与时事紧密相连。如今的世界，科学技术日新月异，如果我们的演讲内容不能很好地反映这种变化，就不会是一场成功的科普演讲。比如，我国近些年航天事业在飞速发展，每年都会发射新型的航天器，或进行其他的航天活动，科普演讲一定要结合这些航天活动不断更新内容。

国防军事领域是听众十分关心的，世界军事技术的发展往往是引领科技发展的火车头；世界范围的军事斗争十分激烈，经常成为舆论的焦点，涉及国防科技的演讲内容就应该结合这些时事热点，不断补充新内容、更换新图片、讲述新技术。实践证明，凡是与时事结合的科普演讲，就会受到听众的欢迎。这就要求每个演讲者时刻关注世界科学技术发展的新动向、新特点，及时掌握世界科学技术发展的各种信息，并把这些新信息有机地融入自己的科普演讲中。

（2）时尚　科普演讲者还需要时刻关注“时尚”。社会大众是关注时尚的，我们的听众也是关心时尚的，科普演讲不必追求时尚。但不能不了解时尚。什么是时尚？

“所谓时尚，是时与尚的结合体。‘时’乃时间、时下，即在一个时间段内；‘尚’则有崇尚、高尚、高品位、领先的意思。

“艺术家说，时尚是一种永远不会过时而又充满活力的艺术，是一种可望而不可及的灵感。它能令人充满激情、充满幻想；自由人说，时尚与快乐是一对恋人，他的快乐来自时尚，而时尚又注定了他的快乐。

“时尚是一种健康的代表，无论是指人的衣着、建筑的特色，或者前卫的言语、新奇的造型等，都可以说是时尚的象征。

“一般来说，时尚带给人的是一种愉悦的心情，以及优雅与不凡的感受。它赋予人们不同的气质和神韵，能彰显人们不同的个性。”（摘编自《百度·百科》“时尚”条目）

对于科普演讲者来说，要关注时尚，要把时尚的事物或者时尚的元素引进科普演讲中，让时尚为科普演讲服务。比如，演讲的对象如果是小学生，演讲者在演讲中不妨引入动画片《喜羊羊与灰太狼》中的一些语言。这样做一定会给你的演讲增添色彩，还可以拉近与小学生的距离。科技飞速发展，时尚的科技元素不断出现，比如，微博、微信已经融入了我们的生活，微博、微信的许多内容，正是人们所关心的内容。演讲者就可以从微博、微信中，根据不同的听众对象，寻找可以融入演讲内容的时尚元素，不断完善自己的演讲内容和风格。

5.11 科普演讲三要素

什么样的科普讲演是优秀的讲演？现实中对于演讲优劣的评判并没有统一的标准，但是演讲的听众对演讲的好坏优劣是有自己的评判的。演讲得好坏与否，听众是最好的裁判。

从听众的角度讲，他们来听演讲主要从演讲者的语言、声音和视觉三个方面来感受和理解演讲者所表达的意思、意境和知识。从这个意义上来说，演讲者的语言、声音，以及演讲者展现的神态举止和图像影视等，就构成了科普演讲的三个重要因素。

这三个要素就是语言、声音和视觉。有人归结为“3V”：“Verbal”语言的、“Vocal”声音的和“Visual”视觉的。

在科普演讲中这 3 个“V”中，重要性各占多少比例呢？

一般来说，在一场科普演讲中，**语言要素的重要性占 10%，声音要素占 32%，视觉要素占 58%。**

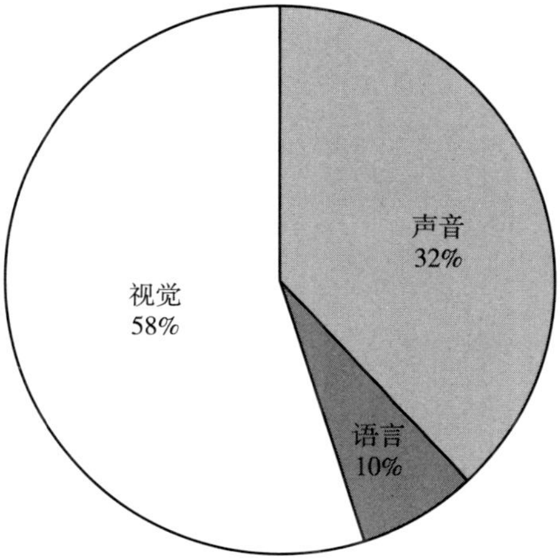

语言简练明了，坚定不移地使用普通话，偶尔巧妙地使用方言（比如使用当地流行的），会让听众更容易认可你的科普演讲。

科普演讲中你的抑扬顿挫的声音、语速、音调、速率变化，以及 PPT 课件中出现的声音，会紧紧抓住听众的神经，让听众聚精会神听你的演讲。科普演讲中的视觉是指听众的视觉，也就是听众看到演讲者的肢体语言，包括演讲者的表情、姿态、手势、举止、动作、仪表和演讲者为听众制作的图文并茂、有影有声的演示文件。视觉的重要性不言而喻。优秀的科普演讲就是一场视觉的盛宴。

科学研究报告证明：我们的学习感官来源有 85% 来自视觉，

视觉神经对大脑的控制是听觉神经的 25 倍。看比听更能让听众理解你的讲述。

运用好科普演讲的三要素，你的科普演讲就成功了一半。

5.12 PPT 文件对科普演讲的影响

PPT 文件是一种“演示文稿”的格式,“演示文稿”俗称“幻灯片”。在进行科普演讲的时候，配合 PPT 文件演示，可以使科普演讲更加生动形象，听众更容易理解。一场科普演讲有没有 PPT 文件的演示，是演讲能否成功的关键。

在 21 世纪初，我国有关科学机构和科普群团就组建了科普演讲团，他们在做科普演讲的时候，只见报告者一个人在舞台上“清唱”，偶尔播放几张塑料制作的幻灯片，展示一点相关内容。这就是当时科普演讲的一种普遍形式。如今，PPT 演示已经成为科普演讲不可或缺的组成部分。科普演讲和演示文稿，就像是鱼儿和水的关系一样。

那么，一个好的演示文稿（PPT 文件）应该怎样制作？它需要具备哪些主要因素呢？

演示文稿（PPT 文件）的本质在于可视化，也就是说，演示文稿可以把演讲者那些既看不见又摸不着、晦涩难懂的抽象语言，转化为由图表、图片、动画，以及声音、视频所构成的生动场景，达到通俗易懂、栩栩如生的效果。

演示文稿的制作有四个重点：一是少字；二是多图；三是让图动起来；四是让图画发出声音。

演示文稿中的文字尽量要少，标题性的提示文字出现在演示文稿中就已经足够了，需要告诉听众的尽量用图片、图表、动画、视频来表现。

在科普演讲中，演讲者应该做到“四不要”：第一不要突然跳过幻灯片；第二不要回翻幻灯片；第三不要回头看屏幕上幻灯片的切换；第四不要站在观众和屏幕之间。

5.13　科普演讲者要关注并适应听众的注意力

每个人都会有注意力，注意力是视觉、听觉、触觉、嗅觉和味觉五大信息通道对客观事物的关注能力。

科普演讲需要演讲者适应听众的视觉、听觉信息通道，对科普演讲的关注能力，也就是注意力。如果科普报告的演讲者忽视听众的注意力，演讲的效果就会大打折扣。

据心理学家研究，通常情况下，小学生的注意力持续时间在 6 ~ 9 分钟；初中学生的注意力持续时间在 8 ~ 12 分钟；高中生的注意力持续时间在 15 分钟左右；成人的注意力不会超过 45 分钟。演讲者就要根据不同人群的注意力持续时间的特点，设计自己的演讲内容。如果演讲者面对的听众是小学生，那么你的演讲内容就要做到，在每讲到 8 分钟左右，就要设计一个高潮，或者设计一个问题，把小学生听众的注意力吸引过来。同样的道理，当你面对初中学生、高中生、大学生等不同听众的时候，要根据他们注意力持续时间的特点，设计不同的演讲内容和环节。这样做，就会在这些听众注意力即将转移的时候，把他们的注意力吸引过来。这样的科普演讲就会受到不同人群的欢迎。

根据这样的特点，每个演讲者要根据不同的听众准备不同形式（或内容）的课程，给中学生讲的内容、方式、方法，与给小学生讲述的内容、方式、方法要有较大的区别。

一些做过科普演讲的人常常会说：给小学生做科普演讲是最难的。的确，把一个门类或一种科学知识讲给小学生听，让他们听懂是一件很难的事。因为他们掌握的基础知识有限，有些门类的知识，如果没有基础知识的积累就很难理解。其实，这也正是科普演讲的魅力所在，如果你的演讲让小学生听懂了，你的演讲一定是成功的。小学生是科普演讲的试金石。爱因斯坦曾经说过这样的话："如果你无法向 6 岁小孩解释它，那代表你自己也不明白。"如果你准备好了一堂科普演讲课，那么，你不妨先给小学生去讲，如果受到他们的欢迎，就说明你的这场演讲是成功的。

5.14　科普演讲的规律和技巧

科普演讲有没有规律可言？回答是肯定的。

我国是一个文化古国。在我国漫长的社会发展中，有着优秀的文化传统。我国文化的发展，对科普演讲具有重要的指导意义。比如，我们在写文章的时候，经常说"题好一半文"，就是说一篇文章的题目很重要，有了好的题目，你的文章就成功了一半。

科普演讲的题目同样十分重要，一个好的演讲题目可以在瞬间抓住听众的眼球，听众会急切地想要了解你的演讲内容，会跟着你的题目一步一步听下去。

比如，前文提到的一位植物学专业的演讲老师，他的演讲题目是《植物世界里的战争》。这样的题目很容易把听众的心紧紧抓住，人们迫切想知道：植物也会打仗吗？植物是怎样作战的？植物世界的战争是一个什么样子？这样的题目对听众的吸引力非常大，请这位老师演讲的单位也就非常多。另有一位老师，他演讲的题目是《从 ×× 力量的发展和作战运用看 ××》，这样的题目好像是一篇论文，对听众的吸引力就比较小。

确定演讲题目要考虑听众的需求，听众是演讲者最好的老师，是听众在告诉演讲者应该怎样去确定演讲题目。在演讲的实践中，你会发现，受到听众追捧的题目一定是有悬念的题目；一定是与时事结合得较为紧密的题目；一定是新颖有趣的题目。

科普演讲的内容是最关键的要素，这一点是毋庸置疑的。但是，同样的演讲题目，演讲的内容会有很大的不同。演讲者要在 90 分钟之内（一般来说，一场演讲的时间不超过 90 分钟），把某个科学领域中的最有价值、最有趣的、最前沿的知识告诉听众，就需要演讲者有所舍取。同一个领域的演讲者，内容的舍取会有很大的不同，这也就导致同一个题目会有不同的演讲内容。但是，无论演讲者如何舍取，只要把握住如下 4 点，一场演讲就会取得成功：准确的知识、趣味的故事、精当的选材、幽默的讲述。

演讲中除了演讲题目和内容之外，还有一些细节很容易被演讲者认为无关紧要，其实却是非常重要的，演讲者不应该忽视。

第一个细节：演讲者要有“三个提早”。

一般情况下，演讲前要做到三个提早：提早到现场；提早连接投影、音频等设备；提早试播你的 PPT 文件。必要时，演讲者要坐在会场的最后一排和四个角落，体验一下声音和视觉效果。

第二个细节：演讲者应该站着讲还是坐着讲？

这个看上去是一个无足轻重的问题，但是，在演讲的实践中你就会发现，坐着讲与站着讲，效果有很大的不同。一场好的科普演讲，演讲者一定是站着讲。某国的前副总统，在世界各地做过许多场关于如何防止全球变暖的科普报告。他拖着一只拉杆箱，登上交通工具；到达会场之后，他总是站在大屏幕前面，手里拿着一只激光笔；他用风趣的语言，多变的肢体动作，向大家讲述如何让地球上的人们过上低碳的生活。他的科普讲座的视频曾经走红网络。

科普演讲需要演讲者运用自己的肢体语言，显然坐着讲就很难展现形体动作。有些科普演讲的内容需要演讲者亲自做一些实验，显然坐着是很难完成的。有些科普演讲者，在讲到某些内容的时候，常常会走下讲台，到听众的座位边上，与听众互动，缩短了听众与演讲者的距离，常常受到听众的欢迎。

第三个细节：仪表着装在讲演中的作用。

个人的仪容仪表在演讲中是不应该忽视的一个细节。西装革履当然会让听众产生信任感，但是并非面对任何听众都需要西装革履，只要演讲者的仪容仪表整齐、清洁、利落、自信，就会赢得听众的信任。女性演讲者的仪表着装一定要朴素得体，不宜“花枝招展”，更不宜穿着暴露。由于上文已有阐明，此处不再赘述。

参考文献

[1] 章道义，陶世龙，等．科普创作概论［M］．北京：北京大学出版社，1983.

[2] 百度·搜索，有关资料．

第六章　科学家传记的审美

汤寿根

6.1　传记的涵义

传记是记述典型人物生平、生活、精神等领域的事迹的一种文学作品。它是根据各种书面、口述、调查的相关材料，加以选择、编排、描写与说明写成的。传记和历史关系密切，某些写作年代久远的人物的传记，常被当作史料看待，对历史和时代变迁等方面的研究具有重要意义。它是人物志的主体，是地方志的重要内容。因此，对人物的记述必须“真实”、“可信”、“生动”；坚持实事求是的科学态度，不虚构渲染、不隐恶扬善、不拔高溢美、不贬责降低；据事“直书”，做到认真、事真、言真、形象真，以真取信，以真感人。

人物传记只有做到“情真而不诡”、“事信而不诞”，才能有益于人，传之久远。

6.2 传记的沿革

我国人物传记不仅起源很早，而且体裁多样。归纳起来，人物传记体裁可分为四类：一是纪传，二是文传（即传记文学），三是史传，四是志传（指方志中的传记）。我国人物传记的写作，早在春秋战国时代，就已处于萌芽状态。《左传》《国语》《战国策》等历史著作中都出现了相当生动的人物形象。这时期可以看做是人物传记的滥觞时期。到了西汉中叶武帝时期，被誉为“无韵之离骚，史家之绝唱”的《史记》出现了。司马迁首创的纪传体，标志着我国人物传记走上了成熟的阶段，并且达到了高峰。司马迁不仅首创了以人物纪传来代替历史事件的叙述，通过传主来记事；同时，他还以文学的手段，来描写历史人物，塑造了一系列鲜明生动而又形神具备的人物形象，不仅为我国文学和史学的兴起奠定了牢固的基础，而且对史学、文学、戏剧的发展都产生了极大的影响。《史记》以后的所谓正史，一般地说都是学习或模仿《史记》的笔法，以纪传作为主体。到了魏晋以后，文史开始分流，文学和史学各按照自己的需要和特点向前发展，以至于越来越泾渭分明。文学家注重辞藻和形象，史学家则注重史料的真实及表述的准确，而对文采方面却顾及不多了。东汉以后特别在唐代以后，杂体传记的发展很快，如碑铭、传状、自传之类，也出现了许多高手佳作。

这类传记不仅在数量上增加了，而且在形式上更加丰富多彩。它们在内容上不同程度地忠于史实，但其笔法都属于文学性质的。所以，类似这些作品只能属于文学著作——传记文学。方志撰述人物由来已久。据《隋书·经籍志》载："后汉光武始诏南阳，撰作风俗，故沛、三辅有耆旧节士之序。鲁、庐江有名德先贤之赞。"（见《隋书·经籍志》982页）。此后，到了晋代，常璩著的《华阳国志》中，从卷五至卷十二都是关于人物的记述。从此之后，地方志记述人物就成为定例。宋代以后，我国地方志的写作，已渐趋成熟，从体例到内容的设置更加完备。"北宋乐史的《太平寰宇记》又以地区而编入姓氏人物，并因人物而详及官爵与诗词、杂事。宋代方志记人物及有关史事与文献者更多。"（见傅振伦《论人物志的编撰》）到了明、清之际，是方志走上大盛的时代，不仅数量多，而且设置的门类齐全。每种方志大都记述人物。清代方志，人物志都放在重要位置上，不仅占据篇幅多，人物的类别也多，只要是被统治阶级认为有利于当时社会的人物都进入志书。

综上所述，我国人物传记的发展经过了一个漫长的历史时期，从文史不分的纪传体，到文史分流的史体传记，又从纪传和杂体传记发展到传记文学，以及一方之志中人物传记的出现。这些都说明了我国人物传记历史悠久、内容丰富、形式多样。属于人物传记性质的作品，在古代名称很多，诸如传、箴、铭、碑、表、颂、赞、哀等。细分起来，更为复杂，如"传"指传记，以其内容有全传、大传、小传和传略之别；以传者与传主关系而言，又有他传和自传之异；此外，还有别传、外传、评传等名目。再如，"状"有行状、事略；"表"有墓表、阡表、墓志和墓志铭等，都是记述和颂扬死人的生平事迹，多数是颂扬历史上有地位的人物。现存最多的作品是传记和碑文。这些是我们编史修志的珍贵资料。

6.3 传记的类别

传记大体分两大类：一类是以记述翔实史事为主的史传或一般纪传文字；另一类属文学范围，传记作者在记述传主事迹过程中，可能会渗透自己的某些情感、想象或者推断，但和小说不同，传记一般不虚构，纪实性是传记的基本要求。

基本种类包括：一般的传记、自传、评传、人物小传、人物特写、回忆录、年谱、小说化的传记，等等。

6.3.1 传记的不同体例

（1）自传体传记。这是某一个人物自己写的记载自己的生活经历的文章。记载自己前半生或大半生的生活经历的一般称为自传，如《马克·吐温自传》，爱新觉罗·溥仪的《我的前半生》等。有些是以记载自己生活中的某些片段或某一方面的经历为主，这一般称为自述，如《彭德怀自述》。

（2）回忆体传记。这类传记的作者，往往是被立传者的亲属、朋友、同事或部属。他们主要是通过自己的回忆，记载被立传者的生平与事迹。

（3）采访体传记。这类传记的撰写人，一般与被立传者原来并无交往，或者是与被立传者相隔几代的后人。他们主要靠采访被立传者的亲友，搜集被立传者的各类资料，然后经过作者取舍、创作，形成传记。如罗曼·罗兰的《名人传》、魏巍的《邓中夏传》等。

（4）自传体传记和采访体传记融汇在一起的传记。如闻名于世的瑞典电影明星英格丽·褒曼和美国作家阿伦·吉伯斯合作写成的《英格丽·褒曼传》。

（5）在传统的散文体传记外，还有一些特殊体例的传记。比如80后诗人、学者风来满袖所著的《被隐喻的四月——徐志摩诗传》就是我国中国文学史上第一部诗体传记。

从叙述人称看，传记可分“自传”和“他传”：前者是作者自己撰写的；后者是他人撰写的。

从表达方式看，一般的传记以记叙为主；有的传记，一面记述人物的经历，一面加以评论，记叙与评论各半，这种传记则被称为“评传”。

从创作方法看，有的传记以记叙翔实的史实为主，用语比较平实，称为“历史性传记”；有的传记多用形象化手法，描述人物的生活经历、精神风貌及其活动的历史背景等，以史实为依据，但又不排斥某些联想性的文学描写，称为“传记文学”。

6.3.2　志传、纪传、史传的区别

传记在内容表述上，忠于史实和抑恶扬善，是我国人物传记写作的优良传统，一直持续到了今天。这是各种形式的人物传记共同的特点。但是，各种传记在表述方法上又存在着很大的差别。

首先，志传和纪传不同。一是“纪传”注重在文采方面，特别是在“辞藻”上下功夫，有大量的形容词和修饰语，以增强传

记的文学性；二是“纪传”在撰写人物时，虽然也以事实为根据，同时它又偏重于文学形象的刻画，使历史传记同文学传记合为一体，这就不能不使人物历史的真实性受到某种程度的影响；三是在“纪传”文章的最后都要加上一段评语，如“太史公曰”“赞曰”等，作者公开站出来对人物进行评价。以上三点在“志传”中是绝对不能允许的。

其次，志传与史传不同。有专家从“志属史体”出发，进一步指出方志传记与历史传记是一样的，属于同一种体裁——史体。但史传可以史、论结合，有史有论；志传不能议论，是“寓褒贬于记述之中”。史传手法多样，可以夹叙夹议，也可以先议论、后记事，或者先叙述后议论；而志传只能记述人物的生平、事迹和功过，人物的善、恶、美、丑则需要通过叙述反映出来。应该说志传别于史传，因此在志传的写作中，文字运用就要仔细地斟酌，对传主的是非不能明断，但又要让读者从字里行间看得出来。

6.4 传记的审美特征

真实性 这是传记的第一特征，因为传记叙写的是历史或现实中存在的活生生的人，有真名实姓、居住地点、活动范围等，写作时不允许任意虚构，必须真实可靠，符合历史事实。对人物的记述也必须坚持实事求是的科学态度：公允评价，一是一、二是二，功是功、过是过，不虚构渲染、不隐恶扬善、不拔高溢美、不贬责降低；据事“直书”，做到人真、事真、言真、情真、形象真，以真取信，以真感人。只有做到“情真而不诡”、“事信而不诞”，才能有益于人，传之久远。我国几千年的历史变革，出现过许多不同类型的人物。既有推动历史向前发展的伟人，也有逆历史激流而动的罪人，并有出身、地位、经历、思想、性格等方面的不同。这些人物在历史上起过一定作用，有过一定影响，就会在历史上留下了他们的影子。作者为这些人树碑立传的目的就是要抑恶扬善，“表彰以劝世道，贬斥以戒人心”。两千多年以来，传记作者把崇高的荣誉给予那些热爱祖国、不畏强暴、视死如归的英雄，同时对奸臣逆子也进行了无情地诛伐与鞭挞。一切优秀的人物传记在内容表达上都力求真实，忠于历史、忠于事实，并且是非明断、褒贬确当。

文学性　传记不同于一般枯燥的历史记录，具有文学性。它是写人的，有人的生命、情感在内；它通过作者的选择、剪辑、组接，倾注了爱憎的情感；它需要用艺术的手法加以表现，以达到传神的目的。

时代性　优秀的传记作者由于做到了“其文直，其事核，不虚美，不隐恶”，所以留在传记中的人物都具有时代的特色。例如，同是处于封建社会中的知识分子，由于时代不同，传中所表现出的特点是不相一致的。《五柳先生传》中的五柳先生（即陶渊明），他那种“不戚戚于贫贱，不汲汲于富贵”的精神，与他那个时代知识分子特点——尚清淡和以清高自愉相一致的；而袁宏道的《徐文长传》则是一篇奇人的传略。明代社会黑暗、特务横行，文字狱大兴，知识分子“动辄得‘咎’”，所以徐文长的一生只能是从不得志到疯，从疯到坐牢至死。他的悲剧是社会造成的，是时代的悲剧。以上二例，传主同是文人，由于时代不同，他们的性格不同，遭遇也不一样。

人格性　读优秀的人物传记，犹如参观罗汉堂。众多泥塑，面目不一，神态各异。一些传记所以达到这么高的水平，是由于传记家们懂得和善于处理人物的共性与个性的辩证关系的结果。

6.5　传记的创作技巧

6.5.1　选材典型

编写人物传记要在概括人物全貌的同时，选择重大的有代表性的最能反映人物特征的事件详细记述，把不能表现人物特征的事件摒弃或一笔带过。从各种素材中提炼出最能表现人物主要性格特征的典型事件来写。这些典型事件，往往是人物一生的关键所在。写好这些关键之处，不仅可以表现人物一生的主要功罪，而且可以显示历史发展的进程及其特点。司马迁的《史记》在这方面有不少地方值得我们借鉴，如《史记·廉颇蔺相如列传》。廉颇和蔺相如都是赵国封建统治集团中举足轻重的人物。司马迁为了要表现廉颇、蔺相如的主要性格特征，不是给他们各开一张履历表，而是选择了“完璧归赵”、“渑池之会”、“负荆请罪”三件事来写。这三件事反映了两种矛盾，一是秦、赵两国之间的矛盾，二是廉、蔺两人之间的矛盾，前一个矛盾发展的后果，是构成后一个矛盾的原因。通过这两对矛盾的冲突，廉颇、蔺相如的主要性格特征得到了充分的展示。同时，秦、赵争夺和氏璧，以及渑池之会两件事，实质上是秦、赵两国统治阶级的两次实力较量，是秦国大举进攻赵国的前奏，所以选择这两件事情，也显示了历史发展进程的特点。

写大事固然重要，但对细节描写也不可忽视，有时人物的性格特点往往在一些细节中表现出来。茅盾说："善于描写典型的作家，不但用大事来表现人物性格，而且不放松任何细节的描写。"恰当地记述小事，能见微知著、增强传记的可信性和感染力，甚至预示着人物日后的发展。如《史记·陈涉世家》，开头写了这样一个细节：陈涉为人佣耕时，曾对同伴说："苟富贵，无相忘"，并十分自负地说："燕雀安知鸿鹄之志哉！"这个细节，看来或许并非必要，其实对描写人物来说，却有助于展示人物思想脉络，写出人物前后一贯的性格史。写陈涉少时就有鸿鹄之志，所以后来才发展到大泽乡起义。写陈涉少时就把别人比作微不足道的燕雀，所以称王之后严重脱离群众，甚至把早年共患难的老朋友也杀了。这是导致他最后失败的一个重要原因，而思想根子却早就种下了。

6.5.2　叙行录言

思想支配行动，行动表现思想。人物思想性格不同，所表现出来的行动也就不一样。记叙人物行动，是揭示人物内心世界和性格特点的重要方法。因此记叙人物，要选择那些最典型、最能表现人物思想性格的行动来写。例如《史记·项羽本纪》写项羽在巨鹿之战的巨大胜利之后，叱咤风云，诸侯惧服。作者通过"项羽召见诸侯将，入辕门，无不膝行而前，莫敢仰视。"的动作描写，反衬出项羽骄横不可一世的性格。可见，动作的描写对记叙人物来说是非常重要的。人物有了具体的行动，才能生动感人。"言为心声"，人物的思想、感情、愿望、要求，无不表现在他们的语言中。因此，选择人物的典型语言来表现人物的性格，也是一种非常重要的方法。如《史记·项羽本纪》，写项羽见到秦始皇出游的壮观时说："彼可取而代也"；而《史记·高祖本纪》写刘邦看到秦皇帝时："喟然太息曰：'嗟呼，大丈夫当如此也！'"尽管他们两人的话语，意思都是羡慕帝王，但却体现了两种不同性格。人物的诗作、著述（包括文章、书信、日记）和话语一样，都是人物思想境界的表露，无不凝聚着人物对客观事物的认识、主张，以及所持的态度。恰到好处地引用一些人物的诗作、著述，对写活人物、突出性格也是不可缺少的。

6.5.3 讲究文采

人物传记，虽然不能倾向华丽的辞藻、繁琐的描写、多余的形容、曲折的情节，但是语言生动形象、用词精当贴切、文句流畅、层次分明、布局合理却是必要的。

虽说，史志中的人物传记与文学中的人物传记有区别，前者完全根据历史事实，不允许任何虚构，后者在符合历史真实的基础上，允许一定程度的虚构；但是，在需要文采这一点上，两者是共同的。因为，传者，传也。立人物传记就是为了传于后世，为了"记一方之言行，激千秋之爱憎"，为了"鉴人明事"。孔子曰："言之无文，行而不远"。可见讲究文采，也是史志中编写人物传记应高度重视的一个问题。马克思要求人物传记应当写得有"强烈色彩""栩栩如生"。恩格斯认为人物形象应当"光芒夺目"。《史通》说："夫史之称美者，以叙事为先。至若书功过，记善恶，文而不丽，质而非野，使人味其滋旨，怀其德音，三复忘疲，百遍无斁（音 yì，意‘厌弃’），自非作者曰圣，其孰能与于此乎？”

在不影响历史真实性的情况下，史志崇尚文采，文史并茂，引人入胜，还是必要的。因此，在写人物传记时，应当重视文字锤炼、讲究艺术手法。

6.5.4　广集精选

要使传记真实可信，首先必须全面搜集、占有丰富翔实的资料，使传记所反映的人物生平事迹准确无误、完整无缺。这些资料一般包括五个基本方面的内容：（1）人物的姓名、性别、籍贯、民族；（2）人物的生卒年月；（3）人物的学历、简历、党派、职务；（4）人物的贡献功绩、科学成果、著作；（5）能反映人物思想风貌本质特征的典型事件。对于收集到的大量资料，又要细心鉴别、反复考证、严格选材，做一番“弃粗取精”“去伪存真”的分析、研究、考证工作，严格坚持史实的可靠性、准确性。这样，才能为社会所公认，才能经得起历史的检验；如果史实错了，立论也就不正确了。梅林为了写《马克思传》，用了几乎二十年的时间，搜集并深入钻研有关马克思的资料。司马迁写《史记》，经历了十年。如果，再加上他搜集史料和调查研究所花去的时间，可以说一部《史记》占用了他的毕生精力。

6.5.5　叙述生动

所谓生动，就是要把人物写活。写成既有鲜明的个性，又能体现时代特征，是栩栩如生的血肉之躯，而不是干巴枯燥的偶像或只有动作没有思想的机器人。如果，用形象的语言来描述，就是“让人物从纸面上站立起来！”司马迁的《史记》雄视百代，卓然独立于千古，不是偶然的，而是由于他刻画了许许多多个性鲜明的人物。马克思也曾为18世纪末到19世纪上半叶的军事活动家、政治家写作小传。他写的《贝尔蒂埃》《贝尔纳多特》《布律恩》《布里昂》，生动记述了拿破仑一世时期，法国军事活动家和政治家的群像。其中有贪得无厌、追名逐利之徒；有苛求官职、封号和王位的野心家；有愿为任何制度效劳的不择手段的钻营者。这些小传，既描述了人物的特有个性，又提供了拿破仑一世帝国资产阶级上层人物的本质特征，成为传记文章的典范。

6.5.6 置人于史

撰写人物传记，要抓住人物本质，从环境中说明人；应把所写的人物放到他所处的社会关系中去，从表面现象深入到人物和各种社会关系的内在联系，抓住人物的本质进行记述。马克思指出：人的本质“是一切社会关系的总和”。任何人的思想和行动都受一定的社会关系的制约。人物传记就是要写出，一定的社会关系造就一定的人，而这个人又怎样对当时的社会关系施加一定的影响。

一些杰出的思想家和作家也曾经指出过，编写人物传记必须把人物放在他所处的历史环境中来描述，不能脱离当时的时代背景。这是历史唯物主义的基本观点。德国工人运动领导人罗·卢森堡，希望梅林在写作《马克思传》时，能做到从环境中说明人，从历史中说明环境。如果不顾人和社会关系的内在联系，不把人放到当时所处的历史环境之中，就不能写出具有真实感的人物，甚至歪曲历史人物的真实面貌，即使像杰出的法国作家维克多·雨果，他的《小拿破仑》由于不理解法国当时阶级斗争造成的一种社会局势，使得一个平庸可笑的人物路易·波拿巴有可能扮演了英雄的角色。

6.5.7 评价公允

从人物的复杂性中对人物做出公允的评价。历史是绚丽多彩的万花筒，历史人物有其复杂性。在错综复杂的历史条件下，大量的历史人物功过参合、瑕瑜互见。有的人功大于过，有的人过大于功。因此，我们对历史人物要全面研究，具体分析，一分为二地看人物的好与坏、功与过，决不能因为一个人后期不好，就把前期的功劳一笔勾销，也不能因为做过一些错事，就把其他方面的贡献全部抹杀，而是要尊重事实、尊重历史。司马迁写《淮阴侯列传》，对韩信的军事才能，满怀激情地加以描写，但对韩信早年的“贫无行”、“不能治生商贾”、“常从人寄食饮”、“俯出胯下”却并没掩盖而是真书，读者读后反觉真实可信。所以，我们写人物传记，一定要从当时社会历史的客观条件出发，实事求是地记载和评价历史人物，真实地反映历史人物的本来面目。

6.5.8 怎样写小传

小传是传记文的一种，是简略记载人物生平事迹的文章。

小传一般有两类：一类是记述自己的生平；一类是记述他人的生平。

小传的写作，要求简略，只写人物的主要生活经历和思想，甚至可以选写人物生平的几件典型事情。写小传也要遵循写传记的特点，如实事求是、详集资料、严格选材，并根据人物特点，选择典型材料等。如写牛顿一类科学家，应重点选择他们从事科学研究，在科学上做贡献的材料。如写自己同班同学的，应选择他的兴趣、爱好，以及性格特点、思想认识方面的材料。动笔时，还要恰当地组织材料，一般以时间为线索，用顺叙手法写。在表达上以记叙为主，有时也可以适当的插入议论。

写作中应注意以下几点：（1）小传因篇幅所限，一般不能详尽地写出人物的一生，但也要大致介绍传主的生平经历，比较全面地展示人物的主要思想性格特征，透视人物的精神世界。因此，在写作之前要做充分的调查了解，尽可能全面地搜集有关的资料。（2）要选取最典型的事例，来表现人物主要的思想性格特征，不能像履历表似的简单罗列。可以适当穿插一点抒情和议论。（3）人物小传基本上采用客观叙述的方式，切忌作者主观色彩过强的大段评论。但是，在记述过程中又不可避免地要显示出作者对人物思想品格、是非功过的态度和评价，因此，要努力保持全面、客观、公正的态度。

6.5.9 写人物的几种方法

（1）通过人物的肖像写人。人物的肖像主要指人物的外貌，包括人物的容貌、服饰、姿态和神情等。肖像描写可以写人物的静态，也可以写人物的动态。

（2）通过人物的语言写人。人物的语言是充分个性化的，能表现人物的出身、教养、经历和性格，让人读了如闻其声，如见其人。

（3）通过人物的行动写人。人物的行动是符合生活的本质的，符合人物性格发展的逻辑。可以选择具体的、富有特征的行动来显示人物的性格和心理活动。

（4）通过人物的心理写人。人物的内心世界是很丰富的，心理描写就是要充分揭示出人物内心的喜、怒、哀、乐，以及爱慕、思念、苦闷、痛苦、怨恨、惊恐、嫉妒等。常见的心理描写方式有内心独白、思忆联想、梦境幻觉、动作暗示等。

（5）通过人物的活动环境写人。人总是生活在一定的社会环境中，人物个性的形成与他所处的环境有关，写好环境对表现人物的性格极为有用。

（6）通过细节描写、侧面描写的方法来写人。根据人物性格发展的逻辑，捕捉、挑选最具有特征的细节，进行准确、真实的描写，能够使人物的性格更鲜明、形象更丰满。通过相关人物的反映、评说，从侧面间接地烘托描写对象，可以起到睹影见竿的作用。侧面描写常常与正面描写结合运用。

（7）通过事件来写人。可以通过写一件事来刻画一个人，也可以通过写一件事来刻画几个人。

写人的几种方法可以单独进行训练，也可以综合进行训练。

6.6 《人物志》编纂参考资料

这是福建省编纂《人物志》撰稿作家的经验之谈，其内容恰好是人物传记创作要领的演绎，很有参考价值，特附录如下：

一、人物传记应包括哪些内容

我省人物志编纂方案试行稿规定："人物传记应尽可能写明传主的姓名（字、号）、性别、籍贯、民族、生卒、家庭情况、学历、经历，一生的主要事迹和贡献等内容"。试行方案所以要加上"尽可能"三字，是顾及旧史、旧志中记载的古人，其籍贯、生卒往往不明，所以应尽可能重新加以考订。对于今人，则近而可征，必须力求完备。

马克思主义的经典作家，在撰写人物传记时，都很重视传主的籍贯、生卒、家庭情况、学历等问题。如列宁在《马克思》传中就写道："卡尔·马克思于1818年5月5日生于（德国）特利尔城……1883年3月14日，马克思在他的安乐椅上静静地长眠了"；对马克思的家庭情况，列宁说："他父亲是一位律师，犹太人，1824年加入新教，家庭是富有、文明的，但不是革命的"；还介绍马克思的学历，"在特利尔中学毕业后，先入波恩大学，后来到柏林大学研究法学，但研究得最多的是历史和哲学。1841年大学毕业时，提出了一篇论伊壁鸠鲁哲学的学位论文"。列宁运用这些朴素洗练而又真挚的语言将人物的籍贯、生卒、家庭情况、学历等要素，都清楚地记述了。而我国不少古代历史学家对此却不够严格，常有忽略。打开《二十四史》，许多传主没有籍贯，或只有卒年没有生年，或生年卒年都不明确记载等。作为一篇人物传记，不能不说这是不够规范化的。

为什么传记必须写明传主的籍贯、生卒、家庭情况、个人学历呢？因为这些问题与传主一生思想发展、事业成就有密切联系，也是我们借以分析、评价人物不可缺少的条件和基础。家庭、学历对一个人的影响是巨大的，家庭的社会地位、教养方式等因素可以在一定程度上影响人的思想行为。当然，一个人所受的影响是多方面的，家庭之外还有学校和社会，父兄之外还有同学、同事和朋友；家庭不是唯一的决定因素，不少人成为家庭的叛逆，也可以视为家庭影响的反作用。所以不能忽视家庭、学校对个人的影响，传记应写明传主的家庭情况和他的学历，以便为研究传主思想发展变化的轨迹，提供依据。

人物传记除应写明上述各点外，最为重要的是必须详述传主一生的工作和斗争的经历。这是人物传记的中心精华，应占传记的绝大部分，一般来说可占全传篇幅的百分之八九十。从列宁写的马克思、恩格斯传中，从我国无数的史传、志传中，都可以看到中外史学家无不以传主一生的事迹经历，作为传记撰写的主干部分。正面人物可歌可泣的业绩，反面人物祸国殃民的罪行，善的、恶的、美的、丑的，都应体现在这一部分的叙述中。写好写坏，关系到传记的质量；而作者的“学、识、才、德”，也将在这部分文章中集中地表现出来。

但是，许多被传人物的工作斗争经历很长，事迹繁富，不能一一详述，而应有所选择，该详的详，该略的略，否则传记将会成为一篇冗杂无味的流水账。旧志中许多人物传记的通病之一是，自始至终地罗列着传主官职的升迁变化，此外别无所述，或者掺入许多不足道的无意义的杂事，使人无法卒读！如何有选择、有重点地记述人物的经历和事迹呢？应当根据不同类型的人物采取不同的侧重。比如，写军政人物，可着重写他们在政治斗争、阶级斗争和民族斗争中的大节，如《林则徐》（见《清代人物传稿》下编）、《陈化成》（本省传稿）、《吉鸿昌》（见《河南人物》第一期）、《孙殿英》（见《河南人物》第三期）等传，就在这方面投注了大量笔墨，是比较成功之作。又如写科学家、文学家、哲学家、思想家，则应侧重于写他们的治学的艰辛严谨和研究成果，介绍他们的学术著作，指出这些成果、著作对当时和后代的贡献作用等，如《苏颂》《宋慈》（均见《福建科学家小传》）等传，都是可资借鉴的。

二、人物传记应具备哪些要求

我们的人物传记是为"存史、资政、教育"的目的而作的，通过对正面人物的表扬，对反面人物的谴责，来发扬正气，压制邪风，鼓舞人们积极向上，为建设社会主义贡献力量，因此每篇传记都应努力做到以下四项要求。

（一）要真实可靠

"志属信史"，方志的人物传记首先必须真实可靠，符合历史事实，不得虚构掺假。作为历史的传记，不同于文学传记；文学传记在某种情况下是可以允许采取夸张、虚构的手法来加强感染力，而史传、志传，则不允许夸张、虚构，必须完全真实。所记的每一件事、每一句话，都要有凭有据，符合历史真实，经得起时间的考验。这是编写志传最核心最重要的一个问题。

怎样保证志传真实可靠、准确无误呢？要注意的问题很多，以下三点特别重要。

1. 严格选材，反复考订

编写人物传记，首先必须全面搜集占有资料，没有人物的资料，就写不出人物传记来。但对搜集到的资料（包括文献资料和口碑资料），又应细心鉴别，严格选择，慎重取材。一般说来，档案资料比报刊资料可靠；传主的日记、笔记、书信和同时代人对传主的记述，比后人的追记可靠。如果我们对搜集到的资料不加鉴别，不分一手资料、二手资料，一律当作“可靠”的传记素材，很可能就会出现差错谬误。让我谈点个人在撰写《林俊起义》一文的体会：林俊是福建近代著名的农民起义领袖，他在1853—1857年高举义旗，同清政府展开了激烈的斗争。自清末至民国年间，我省各地县志和一些报刊文章，对《林俊起义》的记载就有不少失误，如把林俊作为“红钱会”的领袖，称“林俊起义”为“红钱军起义”；肯定洪秀全曾封林俊为“烈王”；把“乌钱会”会首陈湖的牺牲归罪于林俊，说是林俊使人把他杀害；把林俊率众进攻永春州城的时间从1853年5月推迟到1854年7月等，都与历史事实不符。对于这些被歪曲了的记述，开头我也深信无疑，但后来到北京中国第一历史档案馆查阅原档后，发现这些记载都是谬误的，因为它们与档案的记载不符。清朝的档案是当时与林俊作对的人写的，它比民国年间的志书记载可靠，是第一手的材料。因此我对上述错误都一一做了纠正。讲个具体例子：长期以来，一些志书和讨论林俊起义的文章，都把林俊作为红钱会会首，称他领导的起义为“红钱军起义”。但在清朝的档案中，对林俊和与他一道起义的黄有使、陈湖等人的称呼，却有明显的区别，凡提到黄有使时，都冠以“红钱会会首”的号，一提到陈湖，也冠以“乌钱会会首”衔称，唯独讲到林俊时，不加会党名称，而笼统地称为“逆首”或“首逆”。这是为什么呢？它引起了我的深思，想到这可能是说明“林俊并非红钱会中的人”。于是我查阅了林俊原籍的志书——《永春县志》，果然该志也说林俊是在决心起义的前夕，才积极去联络红钱会和乌钱会；再想想林俊的出身，他父亲是个武举人，一心希望儿子求取功名，而林俊当时才二十多岁，也不可能很早就参加红钱会并成为该会的领袖；还有参加林俊起义的，既有红钱会，也有乌钱会，还有莆仙地区的乌白旗，而红钱会和乌钱会虽然都是天地会的分支，但历来山门分立，互不隶属，如果林俊真是红钱会的会首，他就很难团结乌钱会共同对清战斗。根据以上理由，我纠正了长期以来把林俊作为红钱会首的错误记载，认为他是咸丰年间福建中、北部地区所有参加起义的会党和人民群众共同拥戴的一位农民起义领袖。这次起义应称为“林俊起义”，不能称为“红钱军起义”。我想这结论是比较接近于历史真实的。

总之，要使传记真实可靠，首先应对人物资料进行认真鉴别，“去粗取精，去伪存真”。如把虚假的材料搬进传记，就会歪曲历史，贻误后人，降低传记的质量。

2. 实事求是、一分为二地对待历史人物

传记要真实可靠，如同画像酷似其人，撰写者必须具有科学态度，实事求是地对待历史人物。

我国伟大的史学家司马迁写《史记》就是一个典范。班固对此曾赞扬说:“其文直，其事核，不虚美，不隐恶”。古希腊的思想家亚里士多德也主张:“历史学家不能违背历史，对人的善行恶行都一律要写”。我党领导人周恩来一再教导我们:“只有忠于事实，才能忠于真理”因此我们在编写人物传记中必须坚持实事求是的思想路线。

要在编传中贯彻实事求是，就应对人物的是非功过，采取“一是一,二是二，不溢美，不讳过”的科学态度。例如林则徐、陈化成都是我国近代史上著名的民族英雄，但他们又是清朝的封疆大吏，都镇压过人民的起义。如果我们只写他们誓死抗英的英雄业绩，不写林则徐镇压过云南回汉人民起义和陈化成镇压过蔡牵起义的事实，就不能说是实事求是，就是不尊重历史。对正面人物要一分为二，对反面人物也要一分为二。在《孙殿英》传中，作者既写了孙投机钻营的一生，也肯定了他在“九一八”事变后有抗日的表现；如果只写他祸国殃民的事实，不说他有抗日的表现，也不是实事求是的。同样，在《周作人》传（见《浙江人物简表》）中，作者写了周当过汉奸,“犯过汉奸罪”,（这点最近学术界有的提出异议）同时也写他在“五四”时期曾与陈独秀、鲁迅等一起，参加《新青年》的编辑工作，为《每周评论》写稿,“在提倡新文化，从事新文学写作中曾产生过较大影响”，不因他当过汉奸而抹煞他在新文化运动中的贡献。这就是实事求是。

在“左”倾思想泛滥时期，有一种恶劣的风气，就是写好人必须绝对的好，一句贬词也不能要；写坏人则须绝对的坏，一句好话也不能说，这种形而上学的主观唯心主义的思想方法必须彻底抛弃。我们要提倡尊重事实，尊重历史，唯物辩证地看待一切问题。写人物传记一定要从实际出发，实事求是地对待所有人物，他们本来是怎样就怎样去写，不能把作者的情绪加添进去，“爱则欲其扬，憎则欲其抑”，必须按照事实真相去写，这样才能保证传记的真实可靠。

3. 科学用词，避免夸大失实

用词不当，也会影响传记的可靠可信。有些传稿，作者喜欢夸大其词，如说“某某为革命作出了巨大贡献”等；但究其实际，只不过是为革命队伍送过一次信件，怎好冠以“巨大”二字呢？可见科学用词很重要。

（二）要表现人物的个性特点

人物传记除了要求真实可靠外，最重要的一条就是要写出人物的个性和特点。切忌千篇一律，千人一面，一般化，模式化。只有这样，传记才能吸引人，充分发挥它的“资政”和“教育”的作用。《史记》中的人物，时隔二千多年，至今还是个个栩栩如生，使人百读不厌，这就是因为他们都具有鲜明的个性特点。湖北省阳城县志办的刘伯伦同志，在《人物传写法刍议》中讲得好：“一部成功的人物传，应该既能体现人物的阶级、职业、文化程度、信仰、经历、遭遇及其产生影响等方面的不同，又能体现同阶级、同职业、同程度、同信仰、同遭遇、同影响的人物在性格上的差异。例如，同是英雄赴刑场，有的仰天大笑，蔑视敌人；有的怒发冲冠，骂不绝口；有的从容不迫，谈笑自若；有的吟诗高歌，正气凛然；有的发表演说，唤醒群众；有的高呼口号，申明信仰；有的以死为快，得其所哉；有的死不瞑目，‘过二十年还是一条好汉’……这里面无不反映出他们的文化程度、涵养、年龄、职业、气质等方面的微妙差异，因而各具个性。倘若我们一律写为‘面无惧色，壮烈牺牲’，这就只写了共性而丢了个性，只能给人以模糊的感觉，不能给人以深刻的印象。”（见《中国地方志通讯》1984 年 2 期）这是一段很正确的议论。

如何突出人物的个性、特点呢？应在全面介绍人物的家庭、学历、经历、重要事迹的基础上，选择最能反映人物本质、表现他的性格特点的一些事情写深写细，把全面介绍和重点深入结合起来。表现人物性格特点的方法很多，略举数例如下。

1. 选择最能反映人物性格的典型事件细写

看过《史记·廉颇蔺相如列传》的同志知道，司马迁只选择“完璧归赵”、“渑池之会”、“廉蔺交欢”三件事，便把蔺相如非凡的外交才能和他机智勇敢、不怕牺牲的爱国精神，善于顾全大局，消解嫌怨的大度全部呈现在人们的眼前。在《魏公子列传》中，司马迁也是通过信陵君如何与夷门监者侯嬴、屠者朱亥的交往，如何同“博徒、卖浆者游”的叙述，而表现了信陵君礼贤下士、勇于改过、守信重义、急人之难的性格。再如《陈化成》一传，作者对他一生复杂的经历只有简单的概括，绝大多数篇幅都是用来记述他在抗英战争中的英勇表现，和他如何严于约己、治军，如何爱兵爱民等。又如东山县志办提供的《谷文昌》传，作者对这位 1944 年入党、1981 年逝世的革命者的一生经历，也没有平均用力，而是集中笔墨细写他在东山县担任县长、县委书记期间，如何不怕艰难困苦，以身作则，带领群众植树防沙、造福人民的经历，把这位一心为民的优秀共产党员的光辉形象活生生地展现出来。这都是比较成功的写法。

2. 适当引用传主原话，表现传主的性格

语言是人的思想、性格的外露，抓住人物一些有代表性的语言，可以很好地表现出人物的个性。如在《史记·项羽本纪》中，司马迁引用了项羽在会稽看到出游中的秦始皇时说的话："彼可取而代也！"在《高祖本纪》中，也引用刘邦在咸阳服徭役看见秦始皇时说的话："嗟呼，大丈夫当如此也！"他们这两句话，尽管都羡慕帝王，却鲜明地区别出刘邦深沉含蓄，项羽强悍粗豪的不同性格。再如《吉鸿昌》传中作者引用烈士临牺牲前写的遗诗："恨不抗日死，留作今日羞；国破尚如此，我何惜此头！"就充分表现了这位爱国将领一心报国、刚强磊落的精神。语言是心之声。适当引用传主自己的语言，是写活人物、突出人物个性的绝招。

3. 细述特定场景中人物的活动，也是表现人物性格的好方法

在《吉鸿昌》传中，作者记述了吉鸿昌在1931—1932年被迫出国期间，为反对美国歧视华人，特意在自己胸前佩戴"我是中国人"的牌子。这是个细节，却不能忽略。它表现了吉鸿昌高尚的民族气节，也体现了他的个性和特点。在《林则徐》传中，作者详述了林则徐于1840年下半年，在遭受妥协派围攻和道光皇帝严斥的情况下，仍然坚持抗英，"督水师败英兵于矾石洋"，并上疏向道光帝痛陈"夷务不能中止"。通过这些典型场景中的典型活动的记述，便把林则徐"苟利国家生死以，岂因祸福避趋之"的爱国赤诚和坚贞不屈的性格，集中地表现了出来。

表现人物的特点，还可通过肖像描写、心理描写等方法来实现，这里不一一叙述了。总之，我们一定要在传记中突出人物的

个性特点，把人物写活，这是撰写传记必须达到的第二个要求。

（三）要注入感情，爱憎分明

上面说过，写人物传记切忌凭个人好恶的偏见，随意把人物拔高、贬低。但写传记却不能不动感情，而且必须爱憎分明。刘伯伦《人物传写法刍议》云："古往今来，不带任何感情、绝对持中立态度的作传者是不存在的。写岳飞和秦桧，写林则徐和琦善，写孙中山和袁世凯，怎能没有爱憎和褒贬之分呢？"人物传记要"评说一方人物，激发千秋爱憎"，就要有强烈的思想倾向性，作者应爱人民之所爱，恨人民之所恨，用饱含无产阶级感情的笔触，去歌颂好人好事，贬斥坏人坏事，决不能爱憎不分，不动感情地纯客观地记述。司马迁对《史记》中的人物，爱憎是十分鲜明的，他细写项羽英雄末路、李广怀才不遇时，字里行间无不深蕴同情和惋惜。这是值得我们学习的。

写传记既然要有感情，要爱憎分明，就不能完全叙而不议，而应有叙有议。事实上，古往今来，完全"叙而不议"的传记也是不存在的。司马迁说"廉颇者赵之良将也"，这个"良"字就是议，就是司马迁对廉颇的评价。我们说：某某"诚实忠厚"；某某"奸诈阴险"；某某"为人正派，机智勇敢，以身作则"等等，也是议，也是对人物的评价。传记不能完全排斥评议：但议要议得恰当，符合志体，要"寓褒贬于叙事之中"，不要作长篇议论，评议过多，把志传写成评传；而议论要"言简意赅"，点明问题的实质即可，不要堆砌辞藻，滥用语言，把传志写成文学传记。

《苏颂》传，一开头就指明他是"宋代杰出的天文学家、药物学家”;《宋慈》传也在一开头就指明他是“世界上最早的法医学家”；在《陈元光》传中，用“开漳圣王”的尊号肯定他开发漳州地区的功绩，所有这些评议都是恰当的，符合史传志传的要求。《林则徐传》中叙述林则徐搜集情报，翻译西书，辑成《四洲志》时，指出“这些活动，为讲求外国情况之始，对近代中国思想界起了启蒙作用”。这样的评议也起了“画龙点睛”的作用。

（四）要体现党的政策，为两个文明建设和促进祖国统一大业服务

我们编写人物志、人物传，一个重要的目的就是为社会主义建设服务。因此写传记必须贯彻党的政策，体现党的政策。应根据党现行的统战政策、侨务政策、宗教政策和民族政策的精神，来妥善处理有关人物，在记述他们的经历和事迹时，掌握分寸，有详有略，以利于团结一切必须团结的力量。

有的同志可能要问：既然编写传记要真实可靠、实事求是，“一是一,二是二，不溢美，不隐恶”，为什么又要强调掌握政策，讲话要有分寸？似乎有矛盾。实际上，这并不矛盾。要知道，我们对任何人都是要看大节、看主流，对小节、支流的问题不多计较。统战人物（包括民主党派、无党派民主人士，起义投诚的原国民党军政人员、原工商业者、宗教界人士、少数民族代表、华侨等）一般经历比较复杂，有的在历史上做过一些对不起人民的事，但他们早已弃暗投明，不少人还为革命为人民立下了功勋。对于这些人，应肯定他们大节、主流是好的，或比较好的。因此在为他们立传时，对他们过去的错误（或罪行），一方面要指出，必须指出，否则就不是实事求是，就是歪曲历史；另一方面又不

宜过分渲染，算细账，对他们的老账大书特书，而应掌握分寸，适可而止，以体现党的政策。《浙江人物简志》对周作人的处理，明确指出了他犯过“汉奸罪”，没有细述他如何堕落当汉奸和在充当汉奸期间的丑行，就做到了既尊重事实，又照顾到党的政策，可以借鉴。

对统战人物过去的过错，过分渲染或完全避讳都不好，过分渲染，一些人特别是海外人士会说：“你看，共产党不饶人，对跟随他们多年的人至今仍要算细账”；完全避讳也会给人以口实，说“共产党不实事求是，为了统战，可以不分善恶、美丑”等。这两个方面的问题，我们都应该注意防止。

三、传记的种类、体裁和文字表述

史志中传记的种类繁多，形式各异。常见的有：①独传（或称分传、专传）：就是为一个人单独立传；②合传：就是把二个或二个以上事迹略同或关系密切的人合于一传，如《史记》的《管晏列传》《老子韩非列传》等；③附传：按血缘关系，或以事相联的若干人合于一传，但有主有附，详主略附，如常见的父传附子、子传附父等；④类传：把从事同一类型、性质的人，集中立传，如《史记》中的《刺客列传》《游侠列传》《滑稽列传》等。

一般说来，重要人物都应单独立传，但合传、附传、类传的形式，可以扩大编纂容量，使更多的历史人物得到表述，又能节省篇目、篇幅，我们可以适当采纳。

传记的体裁，有人把它分为三类：一是顺叙体，二是横叙体，三是自由体。

“顺叙体”的传记的优点是：脉络清楚，可逐步展开人物的全貌，写出他一生事业和思想变化的全过程。但要防止处理不当，面面俱到，平铺直叙，重点不突出，则很容易成为枯燥乏味的年谱和流水账。

“横叙体”传记的优点是：重点突出，有详有略，能集中地剪取传主最突出的业绩和品德。缺点是不易表述传主一生的全貌和他思想发展、变化过程；处理不当，还容易形成“以论代史”，近于一篇悼词。

“自由体”传记的优点是：文学性强，富于变格，不流于平板单调，如中华书局出版的《民国人物传》中的《秋瑾》传，作者把最能反映秋瑾个性的《对酒》诗写在前头，不失为别开生面的起段。但要避免过分追求文学性效果，以情带史，重情轻史，而忽略了传主的另一些重要的、但非精彩的基本事迹的记述，因而损害了传记的史料价值。

这三种体裁，可任取其一，或三体兼用。据刘伯伦的体会：“对于生命短暂、死得悲壮的英雄烈士，宜用自由体，取其易于抒情之长；对于经历简单，而有一技之长的工匠、医生、艺人，宜用横叙体，取其易于突出重点之长；对于成熟老练、贡献巨大的政治家、军事家、思想家、文学家等，宜用顺叙体，取其脉络清晰、笔法隆重之长。”我觉得这个意见颇有见地，值得参考。

传记的文字表述，一律采用语体文、记叙体。文字要力求简朴、凝练、生动、活泼。孔子说：“言之无文，行而不远”。传记作者应在文字技巧上苦下功夫。清代章学诚提出方志中重要人物的传记，要比史书详尽些，“为国史取裁，则人物当详于史传，而不可节录大略。”（《为张铺司马撰大名县志序》）但是方志总要有一定的篇幅限制，传记的字数的确也不宜太长，否则人物多时，字数更会大大膨胀。总之，希望大家都能“字斟句酌”十分爱惜笔墨。

四、认真构思、精心写作、反复修改

最后讲点人物传记的写作方法。

一篇传记的产生，一般都要经过酝酿构思、动手写作和修改定稿三个阶段。

传记作者，首先要搜集资料，从中使自己对传主逐步有所认识。在初步熟悉传主的基础上，就要对搜集到的材料深入分析、比较和鉴定，以便“去粗取精，去伪存真”；与此同时，即可对如何写作，进行酝酿构思。

酝酿构思，是个艰苦而重要的过程。比如要经“十月怀胎”，才有“一朝分娩”。构思的过程就是对传主从感性认识上升为理性认识，从一些感觉、印象上升为科学概念（即把握住人物的本质特征）的过程。这一阶段作者应做到：

（1）对传主生平及其所有情节都应全面地了如指掌，最好要列出传主一生的大事年表。

（2）明确传主生平事迹的重点所在：包括传主从童年、中年到晚年的思想发展过程和事业成败的情况，最光辉的业绩，或最昭著的劣行，是什么等，都要一一分析清楚，并从中把握住人物的个性特点。

（3）作出评价、定下“主调”：在全面熟悉传主生平，把握住传主一生的重点、特点之后，就可对人物作出总的评价、定下“主调”，即他究竟是个什么样的人，是进步的、反动的，或是介于二者之间的。定主调，必须慎之又慎，要多方衡量比较，要摆脱“左”的错误思想影响，要放在历史的时空里进行考察，作出准确的判断。这是动手写作之前必须解决的问题，否则，将无从下笔。

有了认真的酝酿构思之后，就可以拟定提纲，动手写作。提纲要列出传记所应包括的内容、要素和所应体现的基本要求，写作最好一气呵成，初稿写成后再考虑修改。修改前，应当检验：（1）是否如实反映人物的主调；（2）面与点、详与略是否得当；（3）按照志体要求，文字表述有哪些值得讲求，等等。修改要进行多次。“落笔千言”，“笔停文就”的天才固然有，但不多，许多好文章都是靠反复修改才改出来的。鲁迅曾说：文章“写成后至少看两遍，竭力将可有可无的字、句、段删去，毫不可惜”。毛主席进一步强调：“鲁迅说‘至少看两遍’，至多呢？他没有说；我看重要的文章不妨看它十多遍，认真地加以修改，然后发表。文章是客观事物的反映，而事物是曲折复杂的，必须反复研究，才能反映恰当；在这里粗心大意，就是不懂得做文章的起码知识。”我们这一代新编的人物传记，应该经得起时间的和科学的检验，要使它发挥最大的社会效益。

6.7 科学家传记的涵义

6.7.1 科学家的定义

科学家是一个泛称，广义上是指使用系统化的手段和活动来发现自然界新知识的人；狭义上是指使用科学方法做科学研究的人。科学家一般具有多个科学领域的知识。科学家与科技专家不同。科技专家指在学术、技艺等方面有专门研究或专业知识的人；特别指精通某门学科或某项技艺的有较高造诣的专业人士。科学家也与工程师不同。工程师使用现有的科学知识来开发技术和实物，以解决实际问题和达到实际目的。

科学家的工作对象是“自然界”；社会责任是探究和诠释“自然科学”的规律，因而有必要阐明一下“自然科学”的内涵：

自然科学（natural science）是研究无机自然界，以及包括人的生物属性在内的有机自然界的各门科学的总称。认识的对象是整个自然界，即自然界物质的各种类型、状态、属性和运动形式。认识的任务在于揭示自然界发生的现象，以及自然现象发生过程的实质，进而把握这些现象和过程的规律性，以便解读它们，并预见新的现象和过程，为在社会实践中合理而有目的地利用自然界的规律，开辟各种可能的途径。

6.7.2 科学家传记的特点和作用

“科学家传记是记述科学家一生事迹（包括写科学家片段事迹的故事）的作品，是写人也写科学的作品。

“因此，它应该具有一般人物传记的特点——真实地再现出科学家的形象，通过动人的事迹、典型的事例或一生的经历，表现出科学家的进取精神、道德品质、思想情操等，使读者从中汲取精神力量，得到教益。

“但是，它又不是一般的人物传记而是科学家的传记，也可以说是科学的传记，在表现科学家的动人事迹和性格特征的时候，不能脱离他所研究的那一门科学或技术——需要体现出他的研究思路、研究方法；他在学术上的成就和创造性的见解，以及这些成就和见解在科学技术上的重大意义等，因而同时具有一定份量的科学内容。但这些科学内容与一般的科学著作或科普作品不同，是围绕着科学家事迹表现出来的。

“科学家传记可以启迪和引导人们走上科学的道路，传播先进的科学思想和科学方法，教育和激励青少年不畏险阻地去攀登科学高峰。它树立的是一个有血有肉的真实榜样，其作用不是一般的科学专著所能代替的。”（以上内容摘编自《科普创作概论》）

6.8 科学家传记的类别

科学家传记的类别除了具有一般传记所共有的体例（见上文所述）外，还有按不同读者对象的分类：

（1）以科学工作者为主要读者的科学家传记。它的学术性、史料性比较强。一般有确凿的年代、确凿的史实。对于科学家一生的经历，按年代叙述（甚至附有年表）；对他在科学技术上的贡献，介绍得比较完整（有时甚至介绍得比较专门，附有发表论文的资料索引）；对史实的引用，态度是严谨的（有时附有引用的资料索引或加注说明出处）。这类著作的写作态度一般都相当认真，著作者对所写的科学家本人，特别是他的学说（或创造），大都有过专门的研究。一般着重于科学，不多谈生活方面的趣闻轶事，或者几乎不涉及科学家个人生活，文字上也不运用文学语言描述，很注意科学上的准确。

（2）以一般成人为主要读者的科学家传记（大多是中青年科学爱好者）。这类作品，学术性和文学性兼而有之，大抵在学术上的阐述具有一定的深度，文字上也有一定的造诣。有的采用夹叙夹议的体裁，有的采用故事体裁。一般对所介绍的科学家在科学上的贡献，以及如何取得这一贡献的过程，都采取通俗的方式予以介绍，很少长篇大论的学术性专论，以便一般的读者可以看懂，并且不感到枯燥；同时又大多撷取科学家一生中比较动人的若干片段，做生动的描述，写得好的兼有科学性和文学性。所谓科学性，是指它不仅普及了科学的知识，而且介绍了科学家的研究思路以及他运用的研究方法；所谓文学性，是指它同时让读者看到科学家的为人。他是一个普通的人，但他为人又有和一般人不同的地方。诸如他有惊人的毅力；有自己的理想和道德观；有自己奉行的做人的准则；等等。另外，他们也有自己的个人生活。这样的科学家传记展现出来的科学家形象比较丰富，生活方面的故事也比较亲切感人。

（3）以少年儿童为主要读者的科学家传记（称为科学家故事或科学家传记故事较为合适）。由于少年儿童的年龄特点，这类读物大多只能从科学家传记中选择一部分能够为少年儿童所理解的、对少年儿童有教育意义的内容，编成故事，供他们阅读。对于科学技术方面的成就，只能讲得十分浅近通俗，而且往往只能说明基本的道理，避免运用专门的名词术语，避免专业的技术性的描写。它的主要任务是侧重于宣传科学家的精神、治学的态度、思想方法、实验方法和他们的道德品质，而不是着重于普及某一方面的科学技术。不过它仍应介绍科学家的主要成就，讲一些必要的基础知识，好的读物应该能够将科学上的成就和科学家的事迹比较自然地结合起来，融为一体。不少这类作品都在史实和事实的基础上，进行了一些文学性的渲染和故事性的铺陈，以便能为少年读者看懂，并能引起他们的兴趣。应该指出，可以为之立传的科学家毕竟是有限的，然而一门科学的发展却往往凝聚了许多科学家的心血，因此还有一种科学家传记，它也可以称之为科学家的集体的传记，特点是环绕着一门科学的发展而介绍了许多科学家的贡献。例如,《征服病菌的道路》《太阳元素的发现》等都属于这一类。它们也是史话形式的知识性科普读物的一种。这类读物可以使读者认识到，人类科学的进步并不是孤立的，不仅仅是某个人的成就，它是由无数杰出的科学家和发明家共同来完成的接力赛。科学的奥秘和技术的发明，是通过一代一代人的努力探索和追求，而后一步一步进步和发展的，每个人突出的发现和发明，都建筑在前人成就的基础上，每个人的发现或发明中的不足，又给后人留下了新的研究课题，成为新的起点。人类的科学文明和技术进步就是这样发展的。通过这类作品，读者“会感到，由许多人的形象构成了一个创造者的形象，一个用大写的字母写的人的形象”（伊林）。所以，它们不但具有较丰富的知识内容，也有较强的启发性。这类读物在我国出版得还不算多。因为写作这类科学家的传记，要求作者对这一门科学技术的发展历史，以及在各个阶段中做过贡献的人物有比较广泛的了解，又要求作者对于他所介绍的这门科学技术有较为深刻的知识。所以，由具有一定专业知识又有较为广泛的兴趣的作者去创作，才比较易于驾驭这一题材。综上所述，写作科学家传记需要先考虑好读者对象和它的教育目的，而后决定这部作品的内容取舍、取材角度，以及所拟采取的表现形式，有的放矢。

（本节摘编自：郑延慧. 科普创作概论·第八章　科学家传记. 北京：北京大学出版社，1983）

6.9　科学家传记的审美特征

热爱祖国　执著求知　近代中国的历史是一部在苦难中求生路的奋斗史。鸦片战争的耻辱唤醒了中国的知识界。不少正直的知识分子和爱国的仁人志士，抱着“科学救国”的愿望，为了探求民族富强之路，进行了艰苦卓绝的奋斗。他们有的长年奋战在祖国科研、教学岗位上，为振兴科学而呕心沥血；有的漂洋过海到西方和日本学习科技、刻苦求知，引进了大量西方近代的科学和技术，传播了先进的科学思想和科学方法，为祖国昌盛而鞠躬尽瘁。中华人民共和国成立后，尽管我国的科技事业和祖国命运一样经历了不平坦的路程，但是，广大科技工作者无论在顺境中，或者在逆境中，甚至在“十年文化大革命”的苦难中，始终顽强奋斗、执著追求，将我国的科学技术事业推向前进。我们建立了比较完整的科学工作体系，培养了上千万科技干部；在基础科学和工程技术领域里取得了瞩目的成就，为祖国争得了荣誉，为现代化建设奠定了基础。“我国科技工作者有个光荣的传统：‘他们有热爱祖国、热爱科学、为祖国献身、为科学献身的精神，以及在科学研究工作中求实、创新、不畏艰难困苦、勇于攀登高峰的精神。我们应当宣传这种精神，把这种精神发扬光大。’”（温济泽.

关于科普创作的几个问题. 科普创作，1980 年第 1 期）

追求真理　崇尚事实　科学家必定是唯物主义者。西方的科学家即使信奉“上帝”，但在探究大自然的工作中，他还是一个“朴素的唯物主义者”。因为，科学的本性是自然的真理，它需要诚实的劳动、求实的精神；因为，科学是人类共同的财富，它同一切投机取巧、唯利是图、自私自利的行径格格不入，它陶冶人们的高尚情操，培养人们的献身精神。

科学家必定是具有“科学精神”的人。“科学精神就是‘求真理’，为了求得真理，可以赴汤蹈火、至死不渝。而科学精神有两个要素：一为‘崇实’，崇尚事实，凡确立一学说，必须根据事实，归纳各种现象，不可凭空臆造、危言耸听；二为‘贵确’，讲求精确，凡事必须寻根究底，不可模棱两可，不着边际，要得到真确的知识，不能没有真确的观察”。（任鸿隽. 科学精神论. 科学月刊，1916 年第 2 卷第 1 期）“近代科学的目标是什么？就是探求真理。科学方法可以随时随地而改换，这科学目标，蕲（祈）求真理也就是科学的精神是永远不改变的。”（竺可桢. 科学之方法与精神. 思想与时代，1941 年）

不唯权威　不避艰险　科学是同谬误做斗争中发展起来的，它培养人们不畏艰险、不怕挫折、锲而不舍，一往直前地追求真理和捍卫真理的大无畏勇气。“科学要求人们‘不盲从潮流，不迷信权威，不把偶然性当作必然性，不把局部看作全体，不轻易相信未在严密的科学方法下经过反复实验证明和严格科学推理的所谓的新发现’”。（周光召. 科学技术发展对社会精神文明的影响. 青年科学向导，2000 年 5 月）“不盲从，不附和，以理智为依归，如遇横逆之境遇，则不屈不挠，不畏强御，只问是非，不计利害；虚怀若谷，不武断，不蛮横；专心一志，实事求是，不作无病之呻吟，严谨整饬，毫不苟且。”（竺可桢）

严谨治学　开拓创新　科学家是探索未来、创造未来的。他们拥有宽阔的眼界、严谨的作风、探索的勇气和创新的胆识。“‘科学认为具体的真理都是相对真理，都有适用的条件和范围，因而是可以突破的’要求人们不断创新；‘科学又认为，相对真理是不断逼近绝对真理的，绝对真理是由相对真理构成的。新发现的真理必须包含原有真理的内容’”（周光召）。“科学是老老实实的学问。科学的态度也就是老老实实的态度，实事求是的态度。有了这种老老实实的态度就可能有创造性。科学所以叫科学，因为它不承认偶像，不怕推翻过时的旧东西，却能很仔细地倾听实践经验的呼声。在实践的过程中，有了新的经验，就能有勇气打破旧传统、旧标准和旧原理，而建立新传统、新标准和新原理。我们用这样的精神来工作，就能使工作不断地向前进展。”（温济泽）

6.10　科学家传记的创作要点

科学家传记是写真人真事的，或者说，是建立在真人真事基础上的，受到真人真事的限制，所以就不能像文学创作中的典型人物那样富有戏剧性的冲突和吸引人的情节。科学家传记吸引读者的魅力主要在于说明：他是怎样成为一个科学家的，他是怎样作为一个科学家的。也就是说，本质就在于科学家的发明、创新，以及他们对人类所作出的主要贡献。

在撰写科学家传记的时候，对不同的读者，着重点是不同的。下面几个问题，可以在写作时加以考虑：

影响深远的幼年教育 任何一位科学家，决不是一蹴而成的。他的科学素质和知识基础、他的理想和抱负、他的治学态度和学习精神、他的性格和意志、他的兴趣爱好和思想情操等等，无一不是在童年、少年时代逐渐培养起来的。我国典故"孟母三迁"（孟轲母，号孟母。其舍近墓。孟子之少时，嬉游为墓间之事，踊跃筑埋。孟母曰："此非吾所以居处子。"乃去，舍市旁。其嬉游为贾人炫卖之事。孟母又曰："此非吾所以处吾子也。"复徙居学宫之旁。其嬉游乃设俎豆，揖让进退。孟母曰："真可以居处子矣。"遂居。及孟子长，学六艺，卒成大儒之名。君子谓孟母善以渐化。）即为一例。对于少年儿童读者来说，要求他们去理解一位科学家的科学成就是困难的，而爱模仿、爱学习却是孩子们的心理特点。科学家小时候的故事则是他们最容易理解的。

丰富多彩的成才之路 科学家的成才之路，最重要的是体现在创造性的思路和独特的研究方法上。每一位科学家都有自己的思路和解决问题的途径；都有他们的特色和表现方式。传记如果把这部分写活了，作品就有了"灵魂"；就有了不会与他人雷同的特色；就有了最为感动人的魅力。

别具匠心的治学方法 每位科学家都存在着性格不同、环境不同、社会背景不同等差异，表现出各自的治学特色。例如，竺可桢治学态度十分严谨，几十年如一日、一丝不苟，气象日记坚持写了几十年，一直到他逝世的前一天。正是这样的观察和记录，促使物候学研究取得了卓越的成就；弗莱明的观察力非常敏锐，并善于捕捉机遇，他从一种绿色霉菌偶尔落到葡萄球菌培养皿里，消灭了周围葡萄球菌的极易忽略的现象中，发现了最早的抗菌药——青霉素。有的科学家具有埋头实干精神；有的科学家善于总结失败教训；有的科学家勇于坚持科学真理；有的科学家敢于怀疑学术权威，等等。这些因人而异的科学研究态度与方法，都能从某个角度给人以启发。

感人至深的思想情操 科学家献身科学的精神、爱国主义的精神、坚持真理的精神、热爱人民的精神等高尚品质和情操是支持他们进行百折不挠的科学研究的主要精神支柱。科学家传记应该着重发掘他们内在的思想感情，特别是近百年来为了祖国的独立自主和繁荣富强而不懈奋斗的我国科学家，强烈的爱国主义思想是他们进行科研的真正动力。

意义隽永的名言警句 最能反映科学家的思想情感和学术观点的是他们自己的语言。例如，牛顿说："如果我看得比笛卡儿远些，那是因为我站在巨人的肩上的缘故。"爱迪生说："什么叫做天才？天才是百分之九十九的汗水加上百分之一的灵感。"李四光说："不怀疑不能见真理，所以我希望大家都取怀疑态度，不要为已成的学说压倒。"在科学家传记中，如果能恰当地运用科学家自己的语言来表达他们的思想和见解，那么就更能接近科学家自己的思想高度。

（本节改写自：郑延慧. 科普创概论·第八章 科学家传记. 北京：北京大学出版社，1983）

6.11 《中国科学技术专家传略》

中国古代科学技术史是英国专家李约瑟撰写的。为了给中国人撰写自己的科学技术史“中国近现代科学技术史”积累史实，中国科学技术协会于 1986 年 6 月在第三次代表大会上决定编纂出版《中国科学技术专家传略》。这是一项长期的、庞大的系统编辑工程。笔者应中国科学技术协会书记处陈泓老书记的邀请，担任总编纂委员会的执行编委。在前人工作实践的基础上，笔者研究了传略的性质，以及它与传记文学、人名辞典的不同之处，提出：传略是一部史实性文献；是以介绍中国近、现代科技人物为主线，从科技人物有规律的系统活动中体现中国科技发展史的“纪传体史书”的观点。根据这个观点，笔者起草了《中国科学技术专家传略编纂条例》。在条例中，着重提出，在编写文章时要注意：“权威性、文献性、学术性、思想性、可读性”五性的完美与统一。经总编纂委员会通过，决定了《中国科技专家传略》的性质、特点和任务。为了体现传略的权威性，总编纂委员会主任委员由历届中国科学技术协会主席担任。首届主任委员为钱三强先生。

6.11.1 《中国科学技术专家传略》的涵义

群英画卷，史文兼备。《中国科学技术专家传略》是一部记载我国近、现代科学技术专家光辉业绩的大型纪传体史书。它的编纂方针是：运用历史唯物主义的观点，坚持实事求是的原则，以翔实可靠的史料、通俗生动的文字、准确简练的介绍，记载我国著名科学技术专家的开创性贡献，力求权威性、文献性、科学性、思想性和可读性的统一；它是一部由中国科学技术学会组织编纂的、以介绍中国近代和现代科技人物为主线，反映中国科技发展进程的史实性文献。其目的是为中国著名科技专家立传，记载他们的生平及其对祖国乃至对人类科学技术、经济和社会发展作出的贡献，并为中国科技史的研究提供史实。为了填补中国近、现代科学技术史的空白，宣传“尊重知识、尊重人才”，弘扬中国科技专家“献身、创新、求实、协作”的高尚情操和科学精神，中国科学技术协会决定长期地、持续地编纂出版这部巨著，使之成为一部综合的、系统的、具有权威性的历史文献。

群策群力，协同合作。《中国科学技术专家传略》的编纂出版是一项庞大的社会系统工程，涉及科学技术的各个领域和众多部门。这是一部在中国科学技术协会主持下，组织数以千计的专家、学者撰写编纂的大型文献。编纂机构由总编纂委员会、学科（各编）编纂委员会、分支学科（各卷）编纂委员会（或编写组）组成。参加各级编纂委员会工作的有中国著名的科技专家 200 余人。凡在学科创建、科技领域开拓、理论研究、应用技术的发明创造和推广普及、重点项目的设计施工、科技人才培养等方面作出重要贡献的中国近、现代科技专家，经分支学科编纂委员会提名并通过，征求有关学会的意见，由学科编纂委员会审定资格后列选入传。《中国科学技术专家传略》分工学、农学、医学、理学四编。工学编分为：力学、机械、交通、航空航天、电子电工、能源、化工、冶金、自动化及仪器仪表、土木建筑、纺织、轻工等12卷；农学编分为：作物、植物保护、林业、养殖、园艺、土壤、综合等7卷；医学编分为：基础医学、临床医学、预防医学、中医、药学等5卷；理学编分为：数学、物理、化学、天文、地学、生物等6卷。

以古为镜，可知兴替。历史总是给我们以智慧与启迪。《中国科学技术专家传略》为读者提供了一部极其生动的、有血有肉的历史教科书。近、现代中国科学技术的沉沦和兴起，使人们不难得出结论，从而自觉地去热爱社会主义的中国。在中国古代科学技术发展的历史上，曾经出现过不少卓越的科学家和技术专家。他们所创造的辉煌成就，不论在科学或是技术方面都对世界文明发展史作出过杰出的贡献，使中华民族毫无愧色地屹立于世界民族之林。例如，火药、指南针、造纸和印刷术的发明和西渐，促进了近代欧洲的社会变革和科技发展，以至整个人类社会的进步。但是，从15世纪起，由于中国的封建社会进入晚期，日趋腐朽没落，严重地束缚了生产力的发展，使中国长期居于世界领先地位的科学技术沉沦了。1840年后，中国逐步沦为半殖民地、半封建社会。近代中国是一部在苦难中求生路的奋斗史。鸦片战争的耻辱唤醒了中国的知识界。不少正直的知识分子和爱国的仁人志士，抱着“科学救国”的美好愿望，为了探求民族富强之路，进行了艰苦卓绝的奋斗。历史的事实告诉我们：在半殖民地旧中国的条件下，仅仅依靠科学技术，是救不了中国的。中华人民共和国成立之后，尽管我国的科学事业与祖国的命运一样，经历了不平坦的道路，而在中国共产党领导下，广大科技工作者始终顽强奋斗、执著追求，在国防建设、经济建设、基础科学和当代各主要科学技术领域里都得了举世瞩目的成就，为社会主义现代化建设奠定了基础，为祖国争得了荣誉，提高了我国的国际地位。我国老一辈科学家主要起了三个方面的历史作用：一是将国际先进科学技术引进中国；二是组建学会、编辑刊物、发表文章，大力宣传科技的作用；三是从事科学和教育工作，为创建具有中国特色的近代科技打下基础。

以人为镜，可明得失。《中国科学技术专家传略》是一部记录中国科技界“奋斗者足迹”的历史文献。它在记录专家们的科学技术贡献的同时，还记录着他们的优秀品质和科学精神。他们热爱祖国、热爱人民，始终不忘祖国的昌盛和民族的富强。老一代科技专家生长于灾难深重的旧中国。他们忧国忧民，以振兴中华为己任。其中不少人表现了贫贱不能移、富贵不能淫、威武不能屈的民族气节。有的在敌寇入侵时，不与之同流合污；有的在高官厚禄面前不为所动；有的在黑暗势力面前视死如归。他们当中不少人兼通中外、学贯古今，为后继者铺设了攀登的阶梯。有的人生平淡泊名利、节衣缩食，但经常周济困难的学生，弥留之际，还将历年储蓄的巨额稿费，捐赠给科学事业。他们坚持严谨的治学态度和认真的求实精神。他们之中许多人为了探索自然的奥秘，从事野外作业时不避艰难险阻，或奔走于崇山峻岭的茫茫云海之中，或跋涉在穷乡僻壤的旷野荒原；有的人像战士壮烈牺牲在疆场一样，战斗到生命最后一刻。有些专家在几十年的科学研究生涯中，虽历经坎坷、身处逆境，但对科学的追求，未因之而稍辍；有的人长期带病工作，猝然病发在岗位上，离开了他所热爱的科学事业。他们不愧是中华民族的栋梁，堪作后继者学习的楷模。

6.11.2 《中国科学技术专家传略》的审美特征

以史记为铭鉴　史文互补 《史记》被后人称誉为“善序事理，辩而不华，质而不俚，其文直，其事核，不虚美，不隐恶，故谓之实录”。从传略编纂出版的实践来检查，确实做到了上述特征。辞藻和形象，史料的真实和表述的准确，互为依存。传略的性质所以称之谓“纪传体史书”，因为它叙事的事理类似于《史记》的“列传”。“列传”七十篇中绝大多数是人物传，专记历史上的重要人物。传略与《史记》一样“以人物纪传来代替历史事件的叙述，通过传主来记事；同时，还以文学的手段，来描写历史人物，塑造了一系列鲜明生动而又形神具备的人物形象”。用陈泓老书记的话来说：“我们要让科技人物的形象从纸面上直立起来”；我们也期望传略也能（像《史记》一样）发挥“不仅为我国（科技人物的）文学和史学的兴起奠定基础，而且对（科技人物的）史学、文学、戏剧的发展产生积极的影响。”的作用。从传略的史实中衍生、演绎出各学科的科学技术史、以科学家为题材的各类文学、科学家故事、科学家戏剧等。

以人物为主线　连贯成史 《中国科学技术专家传略》理、工、农、医四编，共30（学科）卷，各卷入传的科技专家，均以出生年月的时间为序编排，衔接起来就是该学科的以人物（纪传）为主线的科学技术史。这是一部以介绍中国近、现代科技人物为主线，反映中国近、现代科技发展进程的史实性文献，为中国科技史的研究提供史实，并从中总结经验与教训；这是一项持之以恒、不断积累、长期坚持、具有历史意义的工作；这是一部反映中国近现代科学技术发展史实的综合的、系统的、具有权威性的文献。

以传主为楷模　启迪来者　编纂出版《中国科学技术专家传略》是进行爱国主义教育、加强社会主义精神文明建设的一种重要形式。传略入传条件规定："《中国科学技术专家传略》入传人，应是对中国近现代科学技术发展作出重大贡献、热爱祖国、具有高尚道德风范的中国科学技术专家"，为科学技术创新、科教强国，建设有中国特色的社会主义强国提供经验与动力。而且，入传专家都需经过三级编委会的严格遴选，所以都是可称为科学技术界的"楷模"人物。他们都具有"献身、创新、求实、协作"精神，能够模范恪守科技工作者职业道德。鸦片战争以来，祖国科学技术事业的开拓者们，在艰难的岁月里，为祖国作出了无私的奉献，乃至牺牲。在这场科技长征之中，不少科技专家表现出了高贵的品质：有的终生严谨治学、着力创造；有的用自己的身体来进行病毒试验；有的在临终前还继续写作科技论著；有的一生节衣缩食，却将巨款捐赠学会，作为培养青年的奖学金。他们用生命谱写了中华民族的科学文化史。他们在威严壮丽的科技事业里，留下了可歌可泣的事迹，不愧是共和国的栋梁，代表了有着悠久文明史的中华民族的精神。不愧是我们学习的楷模！

6.11.3 《中国科学技术专家传略》的创作要点

五类读者　传略的主要读者对象为科技领导工作者、科技工作者、科技史研究工作者、高等院校的教师和学生。

五性统一　"权威性、文献性、学术性、思想性、可读性"

的完美统一。**权威性**：由中国科学技术协会组织，科学技术部、教育部、卫生部、国防科工委、总装备部、中国科学院、中国工程院和国家自然科学基金委员会等部委领导参加，由我国众多著名科学家编纂。这是传略的身份，由此统领下列四性。**文献性**：资料可靠，论述严谨，具有研究、引用、收藏的价值。**学术性**：系统和准确的科学技术内容。**思想性**：以历史唯物主义和辩证唯物主义的观点，记述科学技术专家的作用，以及他们的思想方法、科学精神和道德风范，以达到启迪和教育的目的。**可读性**：以准确、通俗、生动的文字，深入浅出地阐述复杂、深奥的科学原理；以鲜明的业绩、感人的事例说明人物的思想品德。

三种写法 根据科技人物的不同经历和成果，笔者总结出了三种不同的创作方法。**"重点论述法"**：传主一生具有多种学科的多种研究成果，撰写时可以不受时间、空间的限制，以小标题分段平行论述；**"流水记述法"**：传主基本上一生只研究一个课题，但在该学科史上是不可或缺的环节，可以以时间为序记述；**"三段阐述法"**：传主的生平、成就、风范分为三段进行撰写。

一种体例 为了便利怀有不同目的，采用传略资料进行编创的读者，传略编纂条例规定了严格的统一体例。

篇名：以人物的姓名为篇名，姓名后括号内注明生卒年份。附二寸以上半身黑白照片。

导言（200 字左右）：简要地介绍人物在科学技术方面的成就，包括工作领域、科技发展史中的地位、主要成果和贡献、主要先进事迹、荣誉称号。对专家主要成果和贡献的简要介绍要有具体科技内容，不要仅仅点出领域，或用"重要"、"突出"等泛泛的词句来定性，成就的评价可在正文中通过史实来说明。关于专家在学科发展史中地位的称谓，做了如下参考意见：奠基人，在基础理论上或工程应用上较全面地为本学科的发展奠定了基础；创始人，为学科的创立作出过决定性的贡献，但不一定在基础理论上取得系统性成果；开拓者，在已有基础上不断取得系统性的成果；先驱者，学科发展史上的带头人，可以是一批人。

导言是专家业绩的概括，要仔细推敲，最后由分支学科卷编纂委员会讨论决定。

正文（5000 ~ 10000 字）：

（一）生平（以不超过正文的四分之一篇幅为宜）。按时序介绍，包括时代背景，家庭、学校和社会背景，学历和经历，主要活动等。人物生平的描述，要写出“一个活人”来，力戒流水账式的写法。

1. 专家成长年代的“时代背景”常是决定其志向和活动的关键因素，应适当介绍。

2. “家庭、学校和社会背景”中着重介绍对专家的思想成长和科技成就有重大影响的人物和事件。

3. “学历”包括在校及非在校的教学，“经历”不限于从事的正式工作，重要的业余工作以及重大生活事件应一并介绍。

4. “主要活动”包括科技活动和社会活动，重点在于同学术成就有关的活动。

（二）学术思想、科学技术背景、科学技术贡献和影响，以及治学态度和道德风范。这是文章内容的主要部分。在阐述科学技术贡献和影响时，可以适当展开，将人物放在科技史发展的背景上加以说明，评价其地位与作用。可按专题分段叙述，加以实质性或提示性的小标题。例如“发现维生素 A 的副作用”、“牛胰岛素和核糖核酸的人工合成”。这部分内容包含物质文明和精神文明两方面，往往是相辅相成交织在一起的，如科技成就与治学态度，不宜生硬地分段，力求自然地融合在一起叙述。但是也不强求一致，可根据实际情况和占有的材料来决定。

1. “科学技术贡献”一词应作广义理解，既包括科学研究成果，也包括工程技术上重大问题的解决和突破，还包括新学科在国内的开创，以及科技人才的培养、科技事业的开拓、科技成果的推广等。

2. “科学技术背景”的介绍极为重要。第一，只有指出当时的科学技术水平，再指出专家在原有水平上提高了多少，才能说明专家成就的价值。第二，对广大的非专业读者，这里应提供一些入门的知识，以利阅读下文。因此，要注意使用浅显易懂的文字简介一下有关学科的知识，指出当时存在的问题的性质，前人试图解决该问题时遇到的困难，以及他们的经验给予专家的启发；同时，还应充分说明这些问题在理论上或实践上的意义。

3. 科学技术贡献的影响是通过史实来叙述的，以说明专家成就所产生的价值。有的成就解决了某些理论疑难，有的成就带来一定的实际效益，都应具体介绍，但务必要做到实事求是，不可拔高，也不应避讳不足之处。

简历（一般不超过 20 条）：生卒年月日和地点，大学以后（含大学）的学历和工作经历。

1. 时间和地点要尽可能地精确；

2. 简历只记录主要经历，不求详尽。

参考文献　参考文献分为两类（每类不超过20篇为宜）：一类是入传人物的主要学术论著；另一类是作者编写时所引用的参考文献。先列入传人物的“主要论著”，后列作者的“参考文献”。主要论著按发表的时间顺序编排。

不同身份的读者，根据他们不同的编创目的，遴选所需要的科技人物和有关的资料时，只要浏览导言、简历和主要论著就可以了，不必阅读冗长的正文来决定取舍。

6.11.4　筹建“中国科技人物研究所”

为了长期编纂传略的需要，必须要有一个可以依托与研发的实体。根据中国科学技术协会书记处决定，在陈泓领导下，笔者主持了研究所的筹建工作，并在建成后担任常务副所长职务。

研究所的宗旨为：研究科技人物的成长规律、科技贡献、历史作用和社会地位，以促进“尊重知识、尊重人才”社会风气的形成和推进科技与经济的结合，着力宣传中国科技专家对科学技术、经济和社会发展的贡献。

附录：《中国科学技术专家传略》“重点论述法”示例

梁思成

（1901—1972）

梁思成，建筑学家和建筑教育家。毕生从事中国古代建筑研究和建筑教育事业。系统地调查、整理、研究了中国古代建筑的历史和理论，是这一学科的开拓者和奠基者。培养了大批建筑人才，以严谨、勤奋的学风著称。曾参加人民英雄纪念碑等设计，努力探索中国建筑的创作道路，还提出文物建筑保护的理论和方法，在建筑学方面贡献突出。

梁思成，1901 年 4 月 20 日出生于日本东京，那是他父亲梁启超因“戊戌政变”失败后亡命日本的第三年，原籍广东省新会县。童年时代的梁思成在日本的华侨学校上学，在父亲的影响和督促下，梁思成自幼就攻读《左传》《史记》等古籍，使他对中国古文化有良好的基础和浓厚的兴趣。当时，正是甲午之战和庚子赔款以后，中国屡受外国欺凌，这种环境培养了梁思成浓厚的爱国主义和民族意识。他11岁由日本回到北京，14岁进清华学校（清华大学前身），这是一所留学美国的预备学校。梁思成在学习期间，不但学业优秀，而且兴趣广泛。他爱好美术和音乐，经常为校刊画插图，被聘为美术编辑；他参加学校的合唱队、军乐队，担任过乐队队长和第一小号手；他还爱好体育，喜欢踢足球。梁思成也很关心政治，五四运动时，他是清华学校“义勇军”等爱国组织的中坚分子。1923年5月，他去天安门广场参加二十一条国耻日的纪念活动，在途中被军阀金永贵的汽车撞伤，左腿骨折，使他留学美国不得不推迟一年。1924年，梁思成赴美国入宾夕法尼亚大学学习建筑。他刻苦好学，尤其对西方文化和建筑历史有特殊爱好。他自己说是用“笨功夫”到图书馆博览群书，研究古代历史，参观古代文物，把著名古建筑一个个默画下来。1927年，以优异的成绩获得建筑硕士学位。接着他到美国哈佛大学入研究生院，准备进行“中国宫室史”的博士论文，但是他感到研究工作不能光在书本中寻找资料，而必须到实践中去考察研究，于是决定离开哈佛到欧洲考察建筑。1928年，梁思成回国后应东北大学之邀去沈阳创办了建筑系，任系主任和教授。1931年，九一八事变，日本帝国主义侵占东北，梁思成举家迁到北平。他参加了中国营造学社，这是专门从事对中国古代建筑研究的学术机构。他担任法式部主任，从此投入了中国古代建筑的研究。1937年，抗日战争开始，梁思成收到日方主办的“东亚共荣协会”的请柬，邀他出席会议。他坚决不与侵略者同流合污，立即带领全家长途跋涉于 1938 年 1 月到达昆明，1939 年，又搬到四川省南溪县的李庄乡下，这时，营造学社的经费来源断绝，有时连工资也发不出。梁思成的妻子林徽因患了严重肺病，长年卧床不起。他自己也得了脊椎软组织硬化症，行动极为不便，全家陷入了贫病交加的境地。当时美国有好几处学校和机构邀请梁思成全家去美国工作和治病，但他表示：“国难当头，绝不离开祖国。”在极端困难的条件下，他率领营造学社的少数同仁坚持在抗日战争后方继续古建筑的调查研究工作，直至抗日战争的胜利。1946 年，梁思成赴美国讲学，因他在中国古代建筑的研究上作出了杰出的贡献，被美国普林斯顿大学授予名誉文学博士学位。1946 年，梁思成回到母校清华大学创办了建筑系。1947 年，被中国政府派往美国担任联合国大厦设计顾问团的中国顾问。1948 年，被选为中央研究院院士。中华人民共和国成立后，梁思成除了仍在清华大学任教授和建筑系主任外，一直以高度的热情参加了各项建设工作，先后担任：北京市都市计划委员会副主任，中国建筑学会副理事长，中国美术家协会常务理事，中国文联全国委员会委员，中华全国自然科学专门学会联合会委员，中国科学技术协会委员，建筑科学研究院建筑理论与历史研究室主任，北京市城市建设委员会副主任等职。他是中国科学院技术科学部委员。梁思成还积极参加了国家的政治领导活动，曾任北京市人民委员会委员，政协北京市委员会副主席，第一、二、三届全国人民代表大会代表，三届人代会常务委员。1959 年，梁思成加入中国共产党，1972 年，病逝于北京。

决心写出中国自己的建筑史

1928 年，梁思成在回国之前，曾到欧洲参观了希腊、意大利、法国、西班牙等地的著名古建筑。他亲眼看到国外的古建筑受到妥善保护，许多学者在对它们进行专门的研究，而对比自己的国家，一个有着几千年文化传统的中华民族，祖先给我们留下了如此丰富的古建筑遗产，如今却是满目苍凉。珍贵的龙门石窟、敦煌壁画任意被盗卖，被抢劫，千年文物流落异邦，大批古建筑危立在风雨飘摇之中。只有少数外国学者对它们进行过一些考察，而国内学者反而无力从事研究，甚至中国人学习自己祖先的文化遗产都要依靠国外编著的书刊，这是多么令人痛心的状况。梁思成深深感到这是一种民族的耻辱。他怀着激昂的爱国热诚，奋然下定决心：中国人一定要研究自己的建筑，中国人一定要写出自己的建筑史。从 1931 年起，他将毕生精力投入到这项事业中去。一开始梁思成就把近代的科学方法应用到研究中国古建筑上，他明确提出："近代学者治学之道，首重证据，以实物为理论之后盾，俗谚所谓'百闻不如一见'，适合科学方法。"所以，他坚持研究古建筑首先必须进行实地的调查测绘，选择北京故宫作为目标，因为这是目前留存最大量的明、清两代古建筑的代表。他手执清代朝廷公布的《工部工程作法则例》为课本，对着实物，从整体到局部，一一逐个辨识、测量、记录。他老老实实地求教老工匠，在他们帮助下逐渐弄清了清代建筑的结构与形制，这如同跨入了门槛，为扩大调研范围创造了条件。从 1932 年 4 月开始，梁思成对蓟县独乐寺辽代建筑进行了调查，写出了详细的报告，在不长的时间里，又连续写出了《正定古建筑调查纪略》《大同古建筑调查报告》《赵县大石桥》《晋汾古建筑预查纪略》《曲阜孔庙之建筑及修葺计划》等10余篇论文和报告，将一座座从汉唐、宋辽到明清各代的古建筑珍宝展现在人们面前。

对古建筑的调查研究，梁思成坚持测量力求细致，分析要有根据，绘图要严密，所出成果要与世界水平比高低。20世纪30年代的华北，人民生活极端困苦，梁思成每次外出调查都要经受不少工作和生活上的困难，条件十分艰苦，但他对测绘工作始终一丝不苟，并且身体力行。他和助手们一起，对建筑物从整体到局部进行详细地绘图测量；对各种构件与装饰，从里到外，从正面到侧面都细致地加以摄影记录；对所有碑文、史料都一一抄录无误。正是凭着这一种民族自尊心和志气，使当时营造学社的许多研究成果，测绘的许多图纸都达到了国际水平。

经过对古建筑的系统调查研究，梁思成终于得到了丰硕的成果。1934年，他编著了《清式营造则例》一书。这部著作第一次将繁杂的中国古建筑构造和形制作了科学的整理和分析，对清代建筑的各部分做法和制度作了较详细的介绍和论述；第一次用近代的建筑投影图绘制出清式建筑构架、门窗、装饰和彩画的详图，使人们在多彩的古建筑遗迹面前不再停留在一般的感叹上，而获得了科学的认识和了解。几十年来，这部《清式营造则例》成了初学中国古建筑的入门必读教材，研究中国古建筑的不可少的资料，也是如今古建修整工作人员常用的工具书。

1937年，梁思成和林徽因、莫宗江等人去山西五台山调查佛光寺。正当他们为第一次发现一座唐代建筑而欢喜若狂时，北京卢沟桥畔已燃起了抗日的烽火。梁思成和刘敦桢带领着仅有的几位研究人员，在云南、四川等地仍坚持着古建筑的研究。他们调查了 40 余个县，为当时的中央博物馆绘制了大量古建筑模型图，在印刷条件十分困难的情况下，仍出版营造学社的汇刊。1944 年，梁思成开始撰写《中国建筑史》。这时，多病的身体折磨着他，脊椎软骨硬化病使他不得不经常戴着铁马甲工作；学社经费来源的断绝，又使他不得不多次去重庆政府募化微薄的津贴；十分短缺的物质条件使得只能靠大量的线描图来弥补照片的不足。在林徽因、莫宗江、卢绳等人的协助下，一部由中国人自己编写的中国古代建筑史，终于在抗日时期西南的一个小山庄里完成了。在这部著作中，梁思成根据大量的实物和文献资料，第一次按中国历史的发展，将各时期的建筑，从城市规划、宫殿、陵墓到寺庙、园林、民居都作了详细的叙述，并对各时期的建筑特征作了分析和比较。这些论述和分析都远远超过了过去外国人对中国建筑的研究水平，达到了前人所没有达到的高度。1946 年 10 月，美国耶鲁大学聘请梁思成去讲学，他带着《中国建筑史》和同时完成的《中国雕塑史》的书稿、图片，以一个中国人的自豪心情将中华民族的文化珍宝展示在国际学术界面前，以丰富的内容和精湛的分析博得了国外学术界的极大钦佩和赞扬。这些成就离不开集体的劳动，中国营造学社的成员们在十几年的时间里，走访了 15 个省，近 200 个县，测量、摄影、分析、研究了 2000 余项建筑与文物，积累了大量资料。梁思成正是根据这些丰富资料，去粗存精，分析比较，和同事们一起使中国古建筑这一瑰宝，终得拂去尘埃，重放异彩于世界文化之林。

献身于祖国的教育事业

在梁思成的一生中，除了研究中国古建筑以外，他为祖国的教育事业也做出了卓越的贡献，培养了大批建设人才。1928 年，他刚一回国就到东北大学担任建筑系主任，一心要为中国培养新型的建设者。1945 年，抗日战争胜利，梁思成又想着战后和平建设需要人才，于是回清华大学筹办了建筑系，从此，他把自己的后半生投入到祖国的教育事业上。

在长期的教育工作中，梁思成总是站在教学第一线，即使在他担负着十分繁重的行政工作的情况下，仍坚持亲自教课。他十分重视对学生专业基础知识的培养，所以他除了讲授中、外建筑史外，还经常给刚进大学的学生讲“建筑概论”，担任低年级的“建筑设计”课程。他不但具有渊博的知识，而且善于深入浅出地、用生动的语言和比喻向学生讲明什么是建筑，建筑师的任务和建筑师应该怎样工作等。他善于从课内到课外，经常教育和引导学生时刻注意周围的环境，观察所见到的建筑，研究与建筑师有关系的一切事物，启发学生对建筑事业的责任感，培养学生对自己专业的兴趣和感情。

梁思成在古建筑研究中坚持的严谨学风也贯穿在他的教育工作中。他审阅青年教师和研究生的论文都是逐句修改，从内容到错别字，连一个标点符号也不放过。他不仅自己做到，而且也要求教师和学生熟悉古今中外的著名建筑，能随手勾画出这些建筑的形象和记住它们的建造时期。他不但培养学生的高超技艺，同时也十分注意培养学生的良好作风，反对少数艺术家的所谓不修边幅的那种散漫习气。他强调一个建筑师要对一个工程负责，必须要有严格和科学的工作作风。他要求每一张设计图纸都要制图清楚、尺寸准确，连写字大小都要按不同等级的规定，文字与图分布均匀，干净利索，一目了然。

梁思成在学风上要求严谨，在学术上平等待人。当他听到教师和助手们在学术上的不同意见，包括反对他的看法的意见，总是很高兴地与大家一起讨论，从不把自己的看法强加于人。梁思成培养人才，在学术上是大公无私的，恨不得把全部知识都传授给年轻一代。无论他过去积累或新近获得的资料，他从不保密，尽其所有地为大家所有。在梁思成去世后，遵照他生前的嘱咐，将他收藏的丰富的图书资料捐赠给了清华大学建筑系，让它们发挥更大的作用。

为中国的建筑事业而奋斗

在梁思成的一生中，虽然以主要精力投入中国古建筑的研究和建筑教育事业，但始终不忘他从事这些工作的根本目的是要在中国创造出新的建筑。

梁思成早在青年时期就到过欧美许多国家，参观过各国古代和近代的城市和建筑。他清楚地看到一个国家和民族都有它自己的传统文化，一个国家和地区的建筑也多具有自己的传统风格。人类进入 20 世纪，物质文明大大提高，各国之间的经济、文化交流日趋频繁，在这样的时代，中国新的建筑应该是什么样子？将会朝着什么方向发展？这个问题长久地在他脑海中思考着。

早在 30 年代，他总结了近代国外建筑的发展和近百年中国建筑的状况，他提出既反对全盘西化，将洋式建筑照搬进来，也反对那种完全仿古的做法，认为这绝不是中国新建筑的方向。他向往着一种既能用新技术、新材料，又具有民族传统的新建筑形式的出现。40 年代中期，第二次世界大战即将结束，各国都在准备着战后的和平建设，讨论着新城市的理想规划，探索着新住宅的多种形式。梁思成也向往着自己祖国在胜利后的建设。他在四川乡下贪婪地读着国外新出版的书刊，研究城市规划、住宅建筑新的理论；他著书写文，探讨中国新时期的建筑设想；但是，在旧中国，他的这种向往和主张是不可能实现的。

中华人民共和国成立后，梁思成向往已久的新建设终于在中国大地上开始了。人民政府给予梁思成以极大的信任，委任他担任北京都市计划委员会的副主任。他开始为新中国首都的建设日夜操劳。他四处写信，邀集国内建筑专家来北京筹建国家建筑设计机构，以担负起新中国的建设任务；他参加制定国家基本建设的计划，提出不要只着眼于个别工程的兴建而必须着手制定一个省，尤其是每一座城市的整体规划。1950 年初，他与都市计划委员会的陈占祥先生一起向政府提出了新北京城的规划方案。他们根据北京作为全国政治中心的性质，预见到北京的长远发展，提出将新的政府行政中心区放在旧北京城的西郊。他们从新行政区占地面积、交通联系、长远发展等几方面加以分析比较，论证如将这个新区放在旧城之内则将带来一系列不可克服的困难。他们认为北京旧城是一座规划严整，保留有众多文化古迹而且至今仍保存得十分完整的古城，他们主张把这座世界上少有的历史名城保留下来，在改建中保持它的传统风格。1950 年，梁思成带领清华大学建筑系的教师设计了中华人民共和国国徽。1951 年，他又组织教师参加人民英雄纪念碑的设计并担任纪念碑设计委员会的领导，在他主持下确定了碑形的式样。梁思成就是这样，怀着满腔热情，以一个技术专家的极大责任心投入到新中国的建设事业之中，他自己说："差不多每天都在兴奋激动的心情中度过高兴愉快的一天。"

在繁忙的工作中，梁思成始终没有忘掉为新中国创造新建筑的理想，始终没有停止对建筑创作理论的探索。他学习了毛泽东同志的《新民主主义论》，尤其是其中关于新中国文化的论述，受到很大的教益。他认为新中国建筑也和新中国的文化一样，应该是"民族的、科学的、大众的"。他写文章，作报告，连续发表了《中国建筑的特征》《中国建筑发展的历史阶段》《中国建筑与中国建筑师》等，热情地介绍中国建筑传统，论述建筑创作的主张。他十分注意新建筑的实践，对于北京民族宫、美术馆这样较多地应用了大屋顶和古代建筑装饰的建筑，梁思成并不认为它们就是最好的和唯一的民族形式；他发现有些地区、有些农村的住宅采用了中国建筑的横向开间比例，用普通砖砌出少许具有中国风格的装饰，他十分高兴地认为这可能是创造民族形式的广阔途径。可以说，在建筑创作这样复杂的学术问题上，几十年来，梁思成始终在进行着思考和探索。

1963 年，他为促进中日两国的友好，特地设计了扬州"鉴真和尚纪念堂"。在这项设计中，梁思成根据 1200 年前鉴真和尚东渡日本传播中国文化，在日本兴造了奈良招提寺的史实，特地采用了我国唐代建筑的式样和风格，以象征中日两国人民之间的传统友谊。在扬州市建设局的具体领导和组织下，这一组精美的纪念性建筑于1973年建成，1984年，荣获全国优秀建筑设计一等奖。

1962年，梁思成带着助手又开始了对宋《营造法式》的研究工作。《营造法式》是我国宋朝朝廷颁行的一部关于建筑制度的法规的书，是我国历史上留存至今最完整的建筑经验总结。但是由于留存到今天的宋代建筑很少，名称与后代又多不相同，所以今人很难读懂。梁思成在青年时代就有志于研究此书，从30年代开始就决心将难于理解的论述和名称加以注释，用现代科学制图方法画出宋代建筑的图样，这样做对深入研究中国建筑的传统技艺有很重要的意义。但是，此项研究由于难度大始终没有完成，1965年，梁思成终于完成了上卷的工作。这时，他虽然已经60多岁了，身体又多病，但仍满怀信心地表示："要为社会主义干他一二十年。"然而，1966年开始的"文化大革命"，使这位学者被迫终止了一切工作。

梁思成先后著书5种，发表学术论文60多篇，共150多万字，现已整理成《梁思成文集》（1 ～ 4）全部出版。他和他领导的科学研究集体，因为在"中国古代建筑理论和文物建筑保护"这个领域取得突出成就，1987年，被国家科学技术委员会授予国家自然科学奖一等奖。梁思成的学术成就也受到国外学术界的重视，美国有专门研究梁思成生平的学者，并出版了他的英文专著《图像中国建筑史》。专事研究中国科学史的英国著名学者李约瑟说：梁思成是研究"中国建筑历史的宗师"。

（楼庆西）

简　历

1901 年 4 月 20 日　出生于日本东京，原籍为广东省新会县。

1915—1923 年　北京清华学校学习。

1924—1927 年　美国宾夕法尼亚大学建筑系、宾夕法尼亚大学研究院，先后获学士、硕士学位。

1927—1928 年　美国哈佛大学研究院肄业。

1928—1931 年　沈阳东北大学建筑系主任、教授。

1931—1946 年　中国营造学社法式组主任，中央研究院历史语言研究所通讯研究员及兼任研究员。

1944—1945 年　任教育部战区文物保存委员会副主任。

1946—1947 年　美国耶鲁大学聘任教授，联合国大厦设计顾问建筑师，美国普林斯顿大学授予名誉文学博士。

1948 年　当选为中央研究院院士。

1946—1972 年　清华大学建筑系主任。

1972 年 1 月 9 日　逝世于北京。

主要论著

[1] 梁思成. 我们所知道的唐代佛寺与宫殿. 营造学社汇刊三卷一期，1932.3.

[2] 梁思成. 蓟县独乐寺山门考. 营造学社汇刊三卷二期，1932.6.

[3] 梁思成. 宝坻县广济寺三大士殿. 营造学社汇刊三卷二期，1932.6.

[4] 梁思成. 正定古建筑调查纪略. 营造学社汇刊四卷，1933.4.

[5] 梁思成. 云冈石窟中所表现的北魏建筑. 营造学社汇刊四卷，1933.12.

［6］梁思成．大同古建筑调查报告（与刘敦桢合写）．营造学社汇刊四卷，1933.12.

［7］梁思成．赵县大石桥．营造学社汇刊五卷一期，1934.3.

［8］梁思成．修理故宫景山万寿亭计划（与刘敦桢合写）．营造学社汇刊四卷，1934.

［9］梁思成．汉代建筑式样与装饰（与刘敦桢、鲍鼎合写）．营造学社汇刊四卷，1934.

［10］梁思成．清式营造则例（单行本）．1934.

第七章 科学美术的审美

汤寿根

7.1 美术的涵义

美术，也称造型艺术或视觉艺术。它是运用一定的物质材料（如颜色、纸张、画布、木料、黏土、石头、金属、塑料等），通过造型手段，创造出具有审美价值的视觉形象的艺术。它是反映自然和社会生活，表达艺术家感情和思想观念的一种社会意识形态，同时也是一种生产形态。

美术，通常指：绘画、雕塑、工艺、建筑、书法、篆刻、设计、摄影等类型。每个门类又可以根据表现的题材和使用的材料，再分成若干小类。

“1913 年，鲁迅在《拟播布美术意见书》中说，美术包括了五个内容：雕塑、绘画、文章、建筑、音乐。即今人所说的艺术。他借用了西洋人的看法，把美术视为娱性的非功利的存在，旨在强调心灵的净化与提升。故将其要素归结为三：一是天物，二曰理想，三为美化。用这三把尺子衡量中国遗产，就许多存在不在合格之列，他写道：‘刻玉之状为叶，髹漆之色乱金，似矣，而不得谓之美术。象齿方寸，文字千万，核桃一丸，台榭数重，精矣，而不得谓之美术。几案可以弛张，什器轻于携取，便于用矣，而不得谓之美术。太古之遗物，绝域之奇器，罕矣，而非必为美术。重碧大赤，陆离斑驳，以其戟刺，夺人目睛，艳矣，而非必为美术，此尤不可不辨者也。’在现代的眼光看，旧中国的一些作品，精神层面出现了问题，难以引起心灵的愉悦。问题之一是过于实用的态度，意识被功利的东西压碎了。艺术固然是一种文化的表现，又能辅翼道德，但最终还是发扬真美，以娱人情，将人从俗界中脱离开来。人的意义，是从动物本能中走出，有爱美之心。但那美的存在，并非客体的简单复制，乃是糅进想象与爱意，将心从污浊里拯救于彼岸。”（摘编自：孙郁．北京晚报，2007 年 01 月 11 日）

7.1.1 美术的滥觞

“美术”这一名词始见于欧洲 17 世纪，也有人认为正式出现于 18 世纪中叶。欧洲开始使用这一名称时，广义上包含具有美学意义的绘画、雕刻、文学、音乐等。五四运动前后传入中国，开始普遍应用此名词，同样具有相当于整个艺术的含义。比如，鲁迅在 1913 年上述意见书中解释“美术”一词时写道：“美术为词，中国古所不道，这里所用，是从 art or fine 翻译过来的。art 云者，原出希腊，其义为艺。”随后不久，我国另以“艺术”一词翻译“art”，自此“美术”一词便成为专门指绘画等视觉艺术的名称了。近数十年来，欧美各国已不大使用“美术”一词，往往以“艺术”一词统摄之。

劳动，无时无刻不在影响着现代美术文化的进程。建立在辛勤劳动基础上的美术成果，处处凝结着晶莹的汗水。人们每天的衣食住行，皆与多姿多彩的美术文化有着千丝万缕的联系，大到居住环境，小到一颗纽扣，无不包含着美的因素。自从人类开始学会劳动，随着大脑逐步进化，“美化生活”就成为人类的信念。早在旧石器时期，人类的祖先便开始使用绘画。他们在大量的古岩洞中，留下了原始人狩猎和劳动场面的壁画。内容如此丰富的绘画，表现了人类祖先与大自然顽强抗争又和谐相处的精神。漫长的人类社会发展史，无比深刻地描绘了自然与人携手共进的发展历程。彩陶出现之后，古代人学会塑造各种外形美观、纹饰丰富的陶器，极富装饰感和生活气息，达到了实用与美观的高度统一。古代人通过塑造形象不同的彩陶，表达自己的美好希望，不仅自娱自乐，而且充分体现劳动创造了艺术、创造了人类最初的美术作品。

7.1.2　美学与哲学的关系

在与美学相关的学科中，美学与哲学的关系最为密切。美学本身就是一门哲学性质的学科。这是因为：美学的基本问题就是一个哲学思辨性质的问题。任何理论的形成及其性质，取决于它的提问及其提问方式。美学产生于柏拉图之问：“美是什么？”这里所问的美，不是具体的美的事物，而是使一切美的事物之所以美的根本原因。这种把人的注意力，从杂然纷呈的感性现象，引向统摄一切的抽象的本质；从变动不居的美的事物，引向恒久不变的美的本身，显然是遵循了古希腊形而上的哲学传统。同时，美学学科体系的构建，也深受当时哲学的影响，其学科框架、理论范式，以及思维方式都带有同时代的哲学印记。另外，还有一个有意思的现象，历史上的大美学家几乎都是大哲学家，而较少是文学家或艺术家。最后，西方现代美学与哲学的复杂关系，也从另一个方面证明了美学与哲学难以分割的关系。表面上看，西方现代美学拒斥哲学，但它所拒斥的只是西方传统哲学，而它所依附的乃是西方现代哲学。

7.1.3 美术的范畴

美术作品的创作拥有非常大的发展空间，远到天文摄像，近到服装设计都离不开运用美术的智慧。无论走到什么地方，生动的美术创作都再现了艺术情操的高尚。美术的范围非常广泛。从大的方面说，它可以大体分成观赏性艺术和实用性艺术（实用艺术包含：篆刻，以书法字体，结合镌刻，制作印章；工艺美术，分为室内环境设计、染织设计、日用工业品造型设计、日用陶瓷设计、商业美术设计和书籍装帧设计等；建筑艺术，建筑的空间形体、物质结构的美学造型艺术）两种类型。从观赏性艺术来讲，它主要包括绘画和雕塑两大类。而绘画，由于它使用的物质材料和工具的不同，又可分成中国画、油画、水彩画、水粉画、版画、素描等画种。

绘画是造型艺术中最主要的一种艺术形式。它是指运用线条、色彩和形体等艺术语言，通过造型、色彩和构图等艺术手段，在二维空间（即平面）里塑造出静态的视觉形象，以表达作者审美感受的艺术形式。

本文将以科普创作领域经常运用的美术类型“绘画”展开阐述（下文提及的“美术”即指“绘画”）。

7.2　美术的沿革

7.2.1　西方美术的历史

文艺复兴时期（13 世纪末叶—16 世纪）达·芬奇、米开朗基罗、拉斐尔是文艺复兴时期（欧洲特定历史时期，是指 13 世纪末叶在意大利各城市兴起，以后扩展到西欧各国，于 16 世纪在欧洲盛行的一场思想文化运动——科学与艺术革命时期，揭开了近代欧洲历史的序幕，被认为是中古时代和近代的分界。）的美术三杰。他们在作品中运用了解剖学、透视学等科学方法，在二维平面上描绘出了具有三维空间效果的自然风光和人文景观，以区别于中世纪的绘画，从而举世闻名。无论是《蒙娜丽莎的微笑》《创世纪》，还是《雅典学院》，都体现出坚实、准确的人物造型，严谨的透视，精致的描绘，营造出那个时代灿烂多姿的人物和社会风貌。这一时期，解剖学、透视学这些基本的科学方法，使绘画产生了质的飞跃。众所周知，达·芬奇不仅是大画家，也是大数学家、力学家和工程师，被誉为“旷世奇才”；而米开朗基罗既是雕刻大师，也是绘画大师、建筑大师和杰出诗人。他们是 16 世纪光彩耀人的集科学与艺术天才于一身的巨擘。这个时代的艺术大师们，在自然科学的指引下，用自己的眼睛感知客观世界中各种事物的美和价值，寻觅最合适的艺术表现形式来创造一个和谐与美的世界。

达 · 芬奇（见彩图 28）

拉斐尔（见彩图 29）

米开朗基罗（见彩图 30）

达 · 芬奇《蒙娜丽莎的微笑》（见彩图 31）

拉斐尔《雅典学院》（见彩图 32）

19 世纪中叶　随着科技的进步，人们对光学、色彩学有了研究。印象派的画家们不受传统古典色彩的束缚。他们观察自然，以获得光学、色彩学的新知，描绘出光、色丰富多彩的物质世界。无论是莫奈的《日出》，还是修拉的《大碗岛上星期天的下午》，印象派的绘画无一不是在光学、色彩学这一科学观念的引领下，描绘物质的光彩、自然的璀璨。

米开朗基罗《创世纪》（见彩图 33）

修拉《大碗岛上星期天的下午》（见彩图 34）

20 世纪以后　后期印象派大师梵高、塞尚、高更，为现代绘画体系注入了新的血液。虽然，他们身前几乎都没有得到社会应有的关注，但他们对色彩的分析、象征主义的装饰性、崭新的造型语言，成为后来的“野兽派”、“立体派”等诸多现代艺术流派的开端。我们品味立体主义大师们的作品，无论是毕加索的

《三个乐师》，还是布拉克的《二重奏》，或是格里斯的《果盘和玻璃水瓶》，都能够发现毕加索和布拉克将莫奈的“系列”画作品作为连续的时间形象，并结合塞尚在静物绘画中的现实图景，对画面中表现各个不同时间和空间的小块进行位置变动、重新组合。此时，观赏者就不得不开动脑筋，琢磨画家究竟在表现什么？其实，立体主义是通过万花筒（分形图像）或曰昆虫复眼视像图形，试图让人们对极其艰深的概念有所视觉参照。现在我们知道在黎曼几何的非欧空间内，物体空间处于弯曲状态，会因位置不同而发生变化。而在百余年前，数学家进行非欧空间臆想的同时，西方社会民众也得到了有关空间、时间和光的范式行将出现变化的信号。而这种信号首先来自艺术界——立体主义对绘画形式的革命。因此，可以说立体主义不仅仅是现代造型艺术中的

毕加索《三个乐师》（见彩图 35）

一种技巧，而是与科学和现代思想的演变相配合的、新的造型语言的建立，并支持着其后各种美术运动的发展。

康定斯基、保罗克利、蒙德里安均是20世纪具有重大影响的大艺术家。随着工业革命的进展，发生了从手工业技术到机械技术的重大质变，以及新技术、新材料的不断涌现，人类的生产和生活的需求也发生了重大变化。这个时代的杰出艺术设计家们，对如何创造符合现代生活环境的艺术作品非常关注。他们主张把建筑、美术，与工艺、技术形成一门综合艺术，让创作向更加广泛的领域发展。艺术与技术的统一，科学与艺术的联结，犹如波与粒子一样，是牢牢结合在一起的二元体系。它们就是对世界进行描述的两个不同的但又互补的方面。

随着生理、心理科学的发展，弗洛伊德的心理学分析思想，被一大批艺术家在创作中接受。他们在心理的三个层面——意识、前意识、潜意识三种心理领域中自由翱翔，创作出一大批颇为浪漫与深刻的超现实主义作品。无论是德尔沃的《睡梦中的维纳斯》、米罗的《农庄》，还是达利的《超现实之公寓》《内战的预感》等一系列经典作品，都充分体现出新艺术满足了社会的新要求。超现实主义的绘画大师们充分发挥自己的想象力和幻想意识，运用各种手段进行创作，既拓宽了美术表现领域，更增添了浓厚的社会参与意识。达利和米罗用不同逻辑并列事物的方法，把受激情产生的灵感，把自己内心世界的荒诞、怪异，通过创作，替代为外在的客观世界。他们常用分解、综合、重叠和交错的方式来反映潜意识的过程。《永恒的记忆》是达利的著名作品，背景是广袤的海滩，沙滩上躺着一个只有眼睫毛、鼻子和舌头荒诞地组合在一起的人头残部；怪物旁边有一个平台，上面长着一棵枯死的树；而最令人惊奇的是画中好几只软塌塌的变形的钟表，有的挂在树枝上、有的搭在平台上、有的披在怪物背上。画面的寓意，似乎是表现时空扭曲而产生的变形。因而，很多学术评论认为，它与爱因斯坦相对论的本意共鸣。这幅超现实主义的绘画之所以能够使人着迷，原因在于它把一种传统的文字方式难以表达的概念，化为图形表现出来。在一些著名的科学论著或科技史的篇章里，此幅作品又被命名为《时间连续统》，向人们表述爱因斯坦《相对论》中时间、空间、运动的深刻内涵。

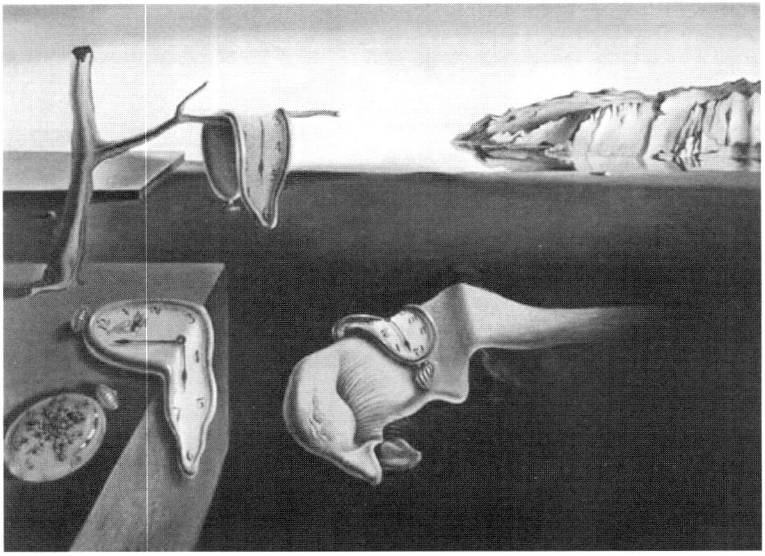

达利《永恒的记忆》（见彩图 36）

20 世纪五六十年代 波普艺术主张重视现代生活环境，打破艺术与生活的界限，热衷于把包装箱、卡通画、罐头、可乐瓶等生活中可以利用的废弃物，都用来作为创作的素材或元素。

如理查德·汉密尔顿的《什么使今天的家庭如此温馨、格外不同》，运用连环画封面、汽车的标志、广告、电视、录音机等流行物品图像和借用现成形象，体现了使用当代传媒工具、广告符号的波普艺术的特点。而劳森伯格的《无题·中国》、贾斯帕·约翰斯（美国）的《三面旗子》等都说明了在这个时期的艺术家们的创新与嬗变，如同20世纪科学技术的迅猛发展一样，成为一个时期的潮流，科学文明带给艺术家们新理念、新形式。

理查德·汉密尔顿《什么使今天的家庭如此温馨、格外不同》（见彩图37）

继波普艺术之后，“照相写实主义”又称“超级现实主义”应运而生。这种作品强烈体现当代科技特点，特别是照相技术的发达以后，能以极其精致的摄影技术为基础，转录并放大描绘一幅幅摄影图片。如查克·克洛斯的《约翰》大幅写实人像绘画；理查德·埃斯蒂斯的《旧街景》等，都深刻地描绘了人物的形象，或极其精确地再现了景物的外表。

理查德·埃斯蒂斯《旧街景》（见彩图 38）

综上所述，20 世纪的画坛是艺术家们顺应时代的进步，运用美术的表现与科技的成果，互动互补的发展历程。在经历了野兽主义、立体主义、未来主义、抽象主义、超现实主义、表现主义、超级现实主义等诸多流派后，又出现了环境艺术、观念艺术等新的创作体系。如克里斯托的《峡谷瀑布》《包装起来的德国国会》，沃尔夫·卡勒的《雪的奇变艺术》，以及光效应艺术作品等。现代主义绘画充满了“复杂性”，并对相关产业：广告、展示、景观、建筑、时装、影视和音乐产生了影响。这些都无不渗透着现代艺术、科学

克里斯托《峡谷瀑布》（见彩图 39）

技术的元素。在艺术纯粹性探索方面，西方的艺术家不断标新立异，使其作品具有一种不可读性，因而与大众产生一种距离，而艺术家本人的阐释也难以与观众产生共鸣，从而令人怀疑艺术的使命有所偏离。其实，我们在解读它的时候，应该用自己的智慧去了解它们发生的背景和过程，特别是要与当今高科技急剧进步、信息迅速发展、社会观念不断变化的这样一种大氛围联系起来去认识，才不会有无所适从之感。现代艺术的难于理解和现代科学的难于掌握，这二者之间或许是有关联的呢？美是永恒的，但不是一成不变的。

7.2.2　中国美术的历史

中国绘画美术的历史源远流长。它与美术风格总是在变化的欧洲不同。几个世纪以来，中国绘画美术保持了令人惊奇的延续性。明朝时的作品还可以看到唐朝时的影响。一幅清朝的画作与一幅宋朝的是非常相似的，其原因就是中国对传统的尊崇。“尊师重道”成为社会的美德。艺术家的首要任务不是创新，而是尽可能逼真地临摹旧有的作品——这并不被认为是抄袭，反而在一定程度上是创新。

但是，在中国广泛流传的宗教和哲学思想也在不断地影响艺术创作。没有道家的存在，中国绘画的主题就不会经常与自然相协调的生活有关，就是绘画技巧也透露出了道家的阴阳理论的影响：有的在虚实的辩证转换之间；有的在干湿用笔技巧的对比之间。在中国的艺术作品里，总是出现道家神话传说中的人物形象。相比之下，佛教的影响就不那么大；尤其考虑到，随着时间的推移，佛教不断地中国化这个因素。16 世纪以后，随着西方传教士的到来，又有了西方的影响。

出于经济的原因，中国美术的载体，局限于宫廷和学院之中。除此之外，也有一些孤独的艺术家，在田园和山林中进行创作。他们常常是一些学者和被贬的官员，由于对社会现状不满，从而逃避现实。每逢朝代更替时，国家危亡之际，经常有这种情况发生。比如，明末清初。

中国艺术的影响，在整个东亚文化圈都可以观察到，尤其是像朝鲜、韩国、越南、新加坡、马来西亚、印度尼西亚，以及日本等。在一些领域，日本的追随者甚至超越了他们的先师，比如在日本达到鼎盛的漆器手工艺。16 世纪以来，中国的工艺品——尤其是瓷器，大量向欧洲出口，对欧洲艺术也产生了影响。

7.2.2.1　中国美术的起源与发展

史前时代至汉朝时期

旧石器时代　粗石器已能磨光、雕琢、钻孔，符合对称、均衡等形式美法则，初具节奏和线条的韵律美。在新石器时代的仰韶文化中，可以找到中国美术的早期形式，这种形式一直延续至公元前 6 世纪。早在红山文化时

哈尔滨阎家岗旧石器时代三叉形玉器图案（见彩图 40）

期，就已经有玉雕的龙形及其他佩饰作品出土。从半坡遗址中可以发现，仰韶时期已经有陶艺存在。早期的陶瓷制品没有画上去的图画，但是有滚花、有很多以对称形式展开的鱼或者人的面部的图案。

新石器时代　彩陶从几何纹饰进展到动植物纹样，其中以仰韶文化和马家窑文化的彩陶纹样最为丰富生动。除彩陶之外，具有独立审美价值的人像、动物陶塑也同时出现。

商、周和春秋时期　以富有想象力和装饰性的青铜器作为这一时期美术成就的标志。中国目前已经发现最早的绘画为长沙楚墓出土的帛画《龙凤仕女图》以及战国时期的《御龙图》。

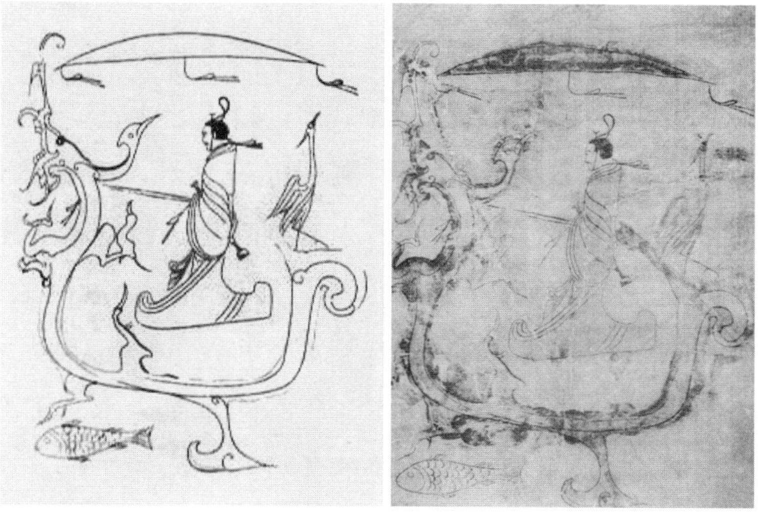

战国时期的《御龙图》（见彩图 41）

汉代　汉时画迹今已几乎无存，最完整的为马王堆汉墓出土的帛画，描绘了墓主人的地上和地下生活。山东肥城孝堂祠、嘉祥武梁祠石刻尚存，可窥见汉时古拙有力的绘画风格特征。

战国、秦汉 以秦始皇陵兵马俑和霍去病墓石刻为代表，雕塑艺术成就卓著。绘画品类繁多，帛画、壁画、画像石、画像砖，异彩纷呈。篆隶形成中国书法艺术。

魏晋南北朝时期 佛教于公元1世纪进入中国。到8世纪，它在艺术领域已经展现了卓著的效应，尤其在大型宗教塑像方面。魏晋、南北朝，佛教艺术勃兴，敦煌石窟、云冈石窟、龙门石窟等相继开凿，大量的壁画和泥塑，在描绘宗教内容的同时，反映着现实的生活；除民间画工外，士林画家大量涌现。东晋顾恺之的《女史箴图》（现存摹本）是早期人物画的代表作。该画用笔如春蚕吐丝，紧劲连绵，形神兼备，格调古逸，内容是宣传封建女性的德行修养。中国传统人物画注重“成教化，助人伦”的教育功能，由此可见一斑。

隋唐时期 隋唐则“君子之于学，百工之于艺，自三代历汉，至唐而备矣。”尤以绘画、雕塑成就辉煌。就绘画而言，唐代周昉、张萱的仕女画标志着人物画的进一步完善。山水画已摆脱了作为人物画背景的附属地位而成为一个独立的画种。隋代展子虔的《游春图》，是迄今为止世界上第一幅以风景为主题的绘画。李思训的金碧山水、王维的水墨山水、王洽的泼墨山水，已经形成了中国山水画的北派和南派的雏形。唐代薛稷的鹤、边鸾的孔雀、刁光胤的花竹，也说明花鸟画已开始兴起。隋唐雕塑最引人注目的当推陵墓雕刻。昭陵石刻中那组以描绘李世民生前所骑六匹战马的浮雕像（习称“昭陵六骏”），雕工精细、形体准确、造型生动，是中国雕塑史上的杰作。

隋代展子虔《游春图》（见彩图 42）

五代两宋时期　五代、两宋是中国绘画艺术的鼎盛期。随着画院的设立，宫廷绘画呈现兴旺活跃的景象。后世文人画，通常将绘画传统回溯至此时。新的绘画内容如民俗画也开始出现，如北宋张择端的《清明上河图》，以长卷式构图，生动地描绘汴京（今开封）的繁华景象，如实地展示了当时的社会生活风貌。这一时期的山水画是后人着墨最多的部分。五代时，生活在中原的荆浩、关仝，活动于江南的董源、巨然，分别以不同的笔墨技法，描绘不同地域的山川景象，画风各异，对后世山水画的发展有着重要影响。北宋李成的平远画风，范宽的崇山峻岭，许道宁的林木野水，郭熙的巨嶂高壁，惠崇、赵令穰的抒情小景，米芾、米友仁父子的云山墨戏，使北宋山水画呈现高度成熟的状态。到了南宋，大山堂堂的绘画风格不再，取而代之的是大量留白的绘画方式。李唐继承前朝，开展出了独特的斧劈皴技巧来画山石。后来的院画家如马远、夏圭基本上追随李唐的风格，然而在画面上注重剪裁、大片留白渲染，呈现空气感，被称作是诗意山水，一变为纤巧，反映了山水画的不断变革和发展。花鸟画也有着长足的进步。五代时，徐熙的汀花野竹，黄筌的奇花异鸟，分别具有野逸和富贵两种不同的风格。到了北宋，花鸟画从对称的装饰性转变为写实生动，强调拟真。赵昌的折枝花卉、易元吉的猿猴、崔白的败荷凫雁，可以看作是北宋早中期的代表。到了赵佶主政，刻意经营画院，仿效科举考试纳才，增加画院的待遇，让徽宗朝成为宋代绘画的高峰，其院体花鸟画，强调精细写实，栩栩如生。南宋梁楷、法常的花鸟画已开启水墨写意之先河，文同的墨竹可说是最早没骨花鸟的杰作。

北宋张择端《清明上河图》（见彩图 43）

辽、金、西夏　辽、金、西夏是中国北方民族所建立的国家，控制华北自 10 世纪到 13 世纪，直到忽必烈统一中国为止。传统中国史学以宋代为正统，对北方政权并不在意，然而他们对中国绘画史的影响力，应该加以重视并深入研究。

辽代起于唐末混乱、五代十国之际，与后来的北宋分庭抗礼。在艺术表现上，传世的艺术品不多。然而透过不断出土的重要墓葬，如辽庆陵、陈国公主墓、叶茂台辽墓等，帮助我们对辽代美术有更多了解。辽代美术在某种程度上，比宋代美术更多的继承唐代美术的风格，兼具契丹北方古朴浑厚的气质。

金替代辽而起，灭北宋之后，与南宋南北对峙。由于金代接收北宋首都汴京，并改为南京，可以推测大量北宋内府收藏进入金的宫廷，大幅提高金代皇室的文化与艺术素养。最为著名的皇帝为金章宗，不仅其书法刻意模仿宋徽宗的瘦金体，甚至学习宣和年间的内府收藏机制，其收藏印是后代鉴别古画的一个重要的根据。

金代画家的中国绘画史常被人忽略，但欧美学者很早就发现，古代书画中许多佚名的宋代山水作品，可能是金人所作。而如今存有名字的画家，如武元直、李山、王庭筠等，其山水竹石画作，比起同时南宋院画家的作品，似乎更显出“文人”的品味。

元代　元代未逾百年，然在中国绘画发展上，有举足轻重的地位。在山水画方面，由于蒙古朝廷轻视汉人，多所贬抑，汉人知识分子有不愿出仕异族朝廷者，多避居山林，与友朋往来，其中不乏有以书画交谊。此时的绘画脱离了宫廷气氛，文人画获得了突出的发展。文人画多取材山水、花鸟，借以抒发“性灵”和个人抱负。画家标举士气，崇尚品藻，讲究笔墨情趣，脱略形似，强调神韵，并开启重视诗、书修养的文人条件。此类画家以“元四家”（黄公望、吴镇、倪瓒、王蒙）为代表，并开启后来中国山水画主流。

入仕元朝的画家也对中国绘画有重要影响。如赵宋后嗣的赵孟頫，官拜刑部尚书的高克恭，以及朱德润、柯九思、任仁发、唐棣等。赵孟頫提倡复古，主张青绿设色和古朴的山水构图，著名的作品如《鹊华秋色图》可为代表。而由于道教艺术在元代颇为活跃，多有壁画及外销画作流传,《永乐宫壁画》是此类绘画的代表作。

赵孟頫《鹊华秋色图》（见彩图 44）

明代　明代初期，宫廷画家师承南宋院体风格，称之为“浙派”（代表画家为戴进和吴伟），虽然被晚明董其昌等人贬低，但是影响范围广及日本、朝鲜等地，并一直透过民间画师而传承下来。今日中国台湾地区庙宇壁画仍是浙派的延续。

另一方面，文人官僚以元四大家为学习对象，出现后来成为文人画传统的“吴派”（代表画家是沈周、文征明、唐寅、仇英）与“浙派”为明代画坛的两大主要派别。由于晚明崇尚吴派而贬低浙派，致使吴派在中国传统绘画中成为山水画的主流，影响力一直持续到民国初年，甚至国民政府迁台初的绘画教育，依然以吴派绘画为主。

此外，陈淳、徐渭的大写意花鸟，创泼辣豪纵一格，给中国传统绘画带来了新的活力。陈洪绶和崔子忠是明末有名的人物画家，号称“南陈北崔”。前者作品，形象夸张甚至变形，格调高古，对版画的发展做出了贡献。此一画风，后世学者常称为变形主义。

陈洪绶人物画《九歌图》（见彩图 45）

清代　清代延续晚明以来尊崇吴派的传统，出现所谓四王（王时敏、王鉴、王翚、王原祁），称其画风为“正统画派”。然而民间出现一种崭新的画风，构图大胆、别开生面，以前朝遗民八大山人（清初画坛“四僧”之一,八大山人是他名号之一。他生于 1626 年，卒于 1705 年，为明朝皇族江宁献王朱权的后裔，是第九世孙）及石涛最为知名。清代中叶江南地区富裕，扬州一

清代李鱓作品（见彩图 46）

带出现以卖画为生计的文人画家，书画均不落俗套，奇特新颖，后来学者将其中重要的八位称之为扬州八怪（“八怪”是指金农、黄慎、郑燮、李鱓、李方膺、汪士慎、高翔、罗聘 8 人）。

清代亦为西方绘画逐渐进入的时期，最著名的就是乾隆时期任职于宫廷的郎世宁，然而这种西方的风潮并没有影响到民间。但中国当时唯一对外的口岸广州，出现专门替欧洲商人以油画作画的画工，此是西方绘画进入中国民间之始。晚清，上海辟作通商口岸，由于地处辐辏，成为重要港口，也带动油画的需求与发展。中国画家逐渐学会透视法等西洋绘画方式，并使用进口颜料作画，影响传统绘画的风貌。

清末，上海取代扬州为商业中心，职业画家群也从扬州转移到上海，出现了海派风格，可谓中国传统绘画的最后一脉。民初，高剑父兄弟吸收日本画的西洋式画风，开创出岭南画派。两者均代表了中西结合的新画风，为中国画的发展作出了有益的尝试。清代民间美术的兴隆值得称道。木版年画这一传统民间美术品种，在清代获得了前所未有的发展。其制作地区遍及大江南北的一些城镇乡村，并形成了天津杨柳青、苏州桃花坞、潍县杨家埠等富有地方特色的年画。与此同时，南京诞生了中国最早的美术高等教育院校。

辛亥革命后，中国社会发生了剧烈变化，传统的中国美术又随着时代的骤变而发展。

民国以后 民国美术大体延续清末发展，但是西化潮流因为政治变动而加速，中国开始有画家留学西方，与欧洲绘画直接接触，如徐悲鸿、林风眠等人。新式绘画学校的建立也带动中国绘画西化的发展。相较之下，传统中国绘画则因为知识分子的抨击而趋于衰微，如康有为对中国绘画的强烈批评。

1931 年，鲁迅在上海倡导发起了中国新兴木刻版画运动。新兴木刻从诞生那天起，便和中华民族的解放事业紧密相关，与广大人民群众的命运血肉相连。它是中国革命文艺的一个重要组成部分，是国统区美术的主力军。当时的版画是以艺术家和革命者的双重身份出现的，以艺术作为战斗武器，在思想教育战线上发挥了巨大作用。由于鲁迅的倡导，进步的艺术青年拿起了木刻刀，组织起木刻团体。1931 年初春，被国立杭州艺术专科学校开除和退学的“一八艺社”社员张眺（耶林）、于海（于寄愚）、陈卓坤（陈广）、陈耀唐（陈铁耕）等，联合上海的周熙（江丰）等人，在上海成立一八艺社研究所。6 月，在虹口每日新闻社楼上举行一八艺社习作展览会，展品 180 幅，其中有油画、雕塑、图案及木刻。这是新兴木刻版画首次在展览会上展出，并出版了画册，鲁迅为之作序。从此在鲁迅的领导下，以上海为代表的中国国统区（白区）新兴木刻版画代表人物有：胡一川、陈铁耕、陈烟桥、沃渣、马达、黄新波、李桦、杨可扬、江丰、王琦、黄永玉、郑野夫、朱宣咸、汪刃锋、王麦秆、邵克萍、钟步青、苗勃然、力扬、荒烟、王树艺、余白墅、陈珂田、赵延年、李志耕、丁正献、徐甫堡等。后来，中国新兴木刻版画运动，似星星之火燎原了整个中国大地，以延安为代表的解放区（红区）新兴木刻版画也蓬勃发展了起来，代表人物有：古元、力群、马达、彦涵、石鲁、夏风、李少言等。许多进步美术家当时在报刊杂志发表了大量的揭露社会黑暗、反对专制统治、追求民主自由的文章和美术作品，引起了国民党政府的不满。40 年代后期国共战争进入白热化，国民党的统治也日趋专制化。1948 年 12 月，蒋介石亲自下令查封由知名人士储安平在上海创办的《观察》杂志社，并

木刻版画《集市》

逮捕《观察》进步人士。这就是近代史上被称为“近代中国自由主义最后的绝唱”的“《观察》事件”。此后，著名的“七君子”之一王造时先生亲自出面、多方奔走，以自己的影响力给当局施压，并于次年 2 月，亲自担保和营救了包括美术家朱宣咸在内的数位《观察》进步人士出狱。1949 年 5 月 29 日，刘开渠、杨可扬、张乐平、(郑)野夫、庞薰琹、朱宣咸、温肇桐、陈烟桥、邵克萍、赵延年等国统区美术先驱，代表上海美术界在《大公报》发表迎接解放的“美术工作者宣言”。该“宣言”的发表，标志着国统区美术和上海近代美术史从此翻开了崭新的一页。

不过，相较于欧洲已经开始从印象派之后新一波的绘画革命，中国对于西洋绘画的理解，仍强调古典写实的训练。此种训练在中华人民共和国成立后，由学习苏联的社会写实主义所继承。另一方面，透过引入的新兴木刻版画，同样影响了新中国成立之后的美术发展。

中华人民共和国成立之后　直到 20 世纪 80 年代，上述两种绘画风格仍然主导中国。在改革开放之后，西方的当代艺术才大量进入中国，影响中国当代艺术的发展。

台湾在国民党统治之后，艺术发展附属在教育体制之下，直到 1955 年才有专门培养艺术人才的国立艺术学校。但在同一时期，以李仲生为首的一群大陆来台画家，成立东方画会，试图将美国的抽象表现主义与中国文化结合，称作现代中国绘画，之后五月画会也有类似的举措。然而 1971 年“中华民国”退出联合国会员国及常任理事国的席次，引起台湾社会极大的波动，关怀台湾本土的文学乡土主义开始盛行，影响到美术发展。当时，如席德进描绘的《台湾乡村风景》，并关注台湾传统建筑民居，开启台湾古迹保护。

席德进《台湾乡村风景》（见彩图 47）

21 世纪　电脑美术在我们这个信息时代是个新品种。人们已领略过这种新兴艺术的魅力和奥妙。新软件不断地调动着艺术家的想象力。电脑美术那种组合、变形、设色的任意性，为人类提供了更为灵活的创作方式。鼠标成为抒发灵感和想象力的工具，在屏幕上的任意“涂抹”，向艺术家敞开了通向未来的窗口，极大地丰富了当代艺术的表现方法和风格，使人们产生了新的感受。作为艺术创造思维与高科技的结晶——电脑美术，使人类精神和情感的沟通有了一个新的渠道。

电脑美术家陈大钢及其作品（见彩图 48）

陈大钢《敦煌艺术》（见彩图 49）

7.3　美术的类别

绘画种类繁多，从不同的角度可将它划分为不同的类别。从地域看，绘画可分为东方绘画和西洋绘画；从工具材料看，绘画可分为水墨画、油画、壁画、版画、水彩画、水粉画等；从题材内容看，绘画可分为人物画、风景画、静物画、动物画等；从作品的形式看，绘画可分为壁画、年画、连环画、漫画、宣传画、油画、吹画、插图等。

不同类别的绘画形式，由于各自的历史传统不同，都有着各自独特的表现形式与审美特征。

中国画 又称国画，它在世界绘画领域中自成体系，独具特色，是东方绘画体系的主流。在工具材料上，国画用毛笔、墨、颜料在宣纸、绢帛上作画，其精神内核为“笔墨”，着眼于用笔墨造型；在表现技巧上，国画采用散点透视的方法；在画面构成上，国画讲究诗、书、画、印交相辉映，形成独特的形式美与内容美。

国画十分重视笔墨，运用线条、墨色和轻重彩色，通过勾皴点染、干湿浓淡，来表现客观物象的形体结构、阴阳向背；并运用虚实疏密结合和“留白”等手法，来取得巧妙的构图效果。国画的空间处理也比较自由灵活，既可以画重山叠嶂；也可以画长江万里。

国画按表现题材，可分为人物、山水、花竹、禽鸟、畜兽、虫鱼、宫室等画种；按表现技法，可分为工笔、写意、勾勒、没骨、设色、水墨等画法；按幅面样式，可以分为立轴、横卷、册页、扇面等款式。

若从世界文化艺术进程来看，中国绘画包含传统中国画和现代中国画两大画种，既有狭义地与西方美术相互独立（主要表现为艺术构思和图画寓意的显著不同），也有广义地与西方美术融会贯通。

油画　油画是西洋画的主要画种。它使用油剂（亚麻仁油、罂粟油、核桃油等）调和颜料，在亚麻布、纸板或木板上进行制作的一个画种。作画时，使用的稀释剂为挥发性松节油等。画面所附着的颜料有较强的硬度，色彩丰富，能充分表现出物体的色彩变化，极富真实感。当画面干燥后，能长期保持光泽。油画一般重形似、重再现、重理性，运用焦点透视、解剖等知识塑造形象。

版画　版画是视觉艺术的一个重要门类。广义的版画，可以包括在印刷工业化以前所印制的图形。它们普遍具有版画的性质。当代版画的概念，主要指由艺术家构思创作，并且通过制版和印刷程序而产生的艺术作品。具体来说，它是以刀或化学药品等，在木、石、麻胶、铜、锌等版面上雕刻或蚀刻后，印刷出来的图画。版画艺术，在技术上一直是伴随着印刷术的发明、进步而发展的。古代版画主要是指木刻，也有少数铜版雕刻和套色漏印。独特的刀、木韵味，使它在中国文化艺术史上，具有独立的艺术价值与地位。

抽象国画　中国抽象国画，是中国绘画中的一种现代中国画。它与中国传统的国画有显著的不同。书画理论家朱明认为，抽象国画本该属于中国画的一种，这是中国国画艺术发展的必然阶段和必经阶段，甚至是中国国画的高级艺术阶段，或称之为“后国画艺术”的一种最前沿艺术。但是，它必须具有中国文化元素；它是传统的中国国画艺术的继承、发展和升华。同时，这种从“古”而来的中国抽象国画艺术，对真正从事“画艺”的传统中国国画家，提出了更高的艺术要求。

时代在发展，艺术要发展。只要有了更富有生命力的中国文化艺术元素的个性化的中国抽象国画艺术，就一定会在可预见的未来，得到更深艺术层次的大发展，融入人类艺术发展史。笔墨是中国画最重要的话语方式，也是判定作品优劣的主要标准。随着时代的发展，线条、笔墨是中国画的主要表现语。注重笔墨，追求笔墨的精妙，在传统中国文人画中居于首要地位。在这里，笔和墨已具备了独立的审美意义，具有一定的抽象性。中国画的笔墨语言，时常是和抽象联系在一起的。所谓抽象，就是抽掉具体物象所形成的、没有任何物象特征的独立的画面形式。语言没有了具体形象的约束，表现起来就会显得格外自由，画面自然也就会很生动。没有抽象性绘画作品、没有笔墨趣味，就没有了画味。

朱明《云山图》（抽象国画）（见彩图 50）

内画 内画，是我国一种特有的传统工艺，它的产生起源于画鼻烟壶。内画的画法是以特制的变形细笔，在玻璃、水晶、琥珀等材质的壶坯内，手绘出细致入微的画面，格调典雅、笔触精妙。内画艺术分为京、冀、鲁、粤四大流派，其中尤以冀派内画水平最高、规模最大、发展最快、影响最大，不久前已入选国家非物质文化遗产保护名录，冀派内画的发源地——河北衡水，还被文化部命名为“中国内画之乡”。

清光绪十六年，北京的内画鼻烟壶工艺传到了琉璃之乡——山东博山。画师毕荣九利用本地生产的高级琉璃水晶料做壶坯，开始制作琉璃内画鼻烟壶，成为博山内画艺术的创始人和我国内画史上的一代名师。内画毛笔的发明，是内画艺术史上一个重要的里程碑。内画毛笔与原来的竹笔比较，有着极大的优越性，使用起来得心应手、宜书宜画，极大丰富了内画艺术的表现力，又提高了效率。在此基础上，内画艺术家们，创作了《水浒108将》《清明上河图》《红楼梦》《洛阳兴殿图》《百子图》《百兽图》《百美图》《百鹤图》《泰山雄姿》等一大批内画艺术珍品。这些作品多以历史典故、神话传说、传统题材进行创作，场面宏大、人物

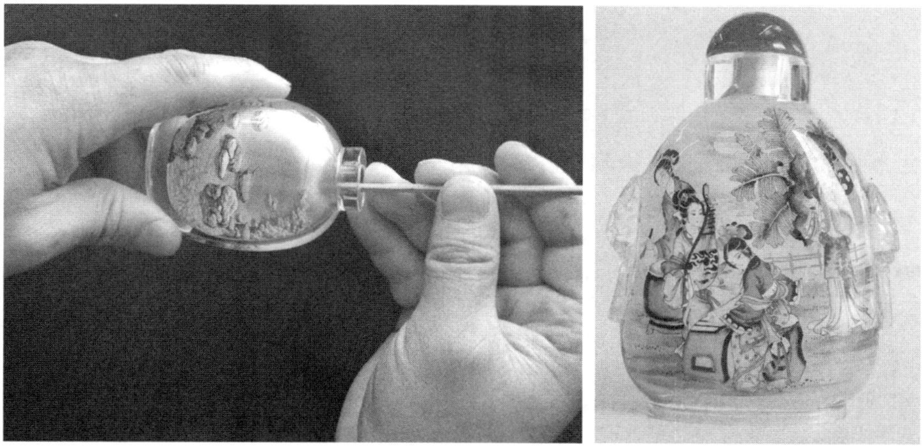

内画鼻烟壶精品（见彩图51）

众多、构图饱满、层次分明、刻画细微、工整蕴藉，人物生动传神，动物栩栩如生，工艺技法各具风格，形成了自己的内画艺术特色，被国内外收藏家、爱好者和国际烟壶协会誉为“内画派”。

手绘 手绘，也叫手工绘画，或者涂鸦。在中国应该算是近些年（公元2000年左右）新起的一行，如手绘鞋、手绘T恤、人形抱枕、手绘钱包等，都是主要的手绘对象。手绘，即在原纯色物品基础上，根据产品的款式、面料，以及顾客的爱好，画师用专门的手绘颜料绘画出精美、个性的画面。在不影响产品使用性的基础上，增添其可观性。例如，一件T恤的画面，可以是漫画卡通、真人素描，也可以是风景、图案或装饰纹样；可以是故事片段配上文字，也可以是顾客自己的所爱图片加真情告白。只要是可以绘画的，基本都能在T恤上呈现出来。简单地说，T恤上有手工绘画画面的就称为手绘T恤。因为其手工性，比印刷品的工业性更具有欣赏价值；因为其绘画性，比工业设计的实用性更具有艺术价值。它借鉴了印刷品，但更多的灵感来自于画家；它以工业设计并生产好的产品为载体，但并不为其左右，手绘设计师可以尽情发挥。手绘T恤，因为是T恤，是商品，必然具有商品属性。但是，手绘T恤的价值又具有双重性：一是T恤的价值；二是手绘的价值。因此，它的价格，就不能只用T恤的价格来比较，还要考虑到手绘的价值。手绘T恤，因其能够展现年轻人的个性和对艺术的追求，极大满足了现代人DIY（do it yourself）的心理，又是一种新奇的产品，从产生以来一直受到时尚年轻人的追捧，特别是近些年来在欧美、日韩、中国台湾等地刮起了“涂鸦文化”的旋风，手绘品成为时代的新宠，并在中国的商场、手绘批发公司、专卖店里面出现。

情侣手绘 T 恤（见彩图 52）

指画　指画又称指头画，指画至今已有 300 多年的历史，是中国传统绘画中的一种特殊的画法。即以画家的手指代替传统工具中的毛笔蘸墨作画，别有一种特殊趣味和技巧。史书上记载得比较明确的创始人是清初康熙年间的高其佩，以后画指画的人日益增多。近代，潘天涛、洪世清所作指画作品影响较大。潘天寿的指画气势博大精深，格局新颖高雅。

指画（见彩图 53）

潘天寿《露气》（指画）（见彩图 54）

素描 一种主要以单色线条和块面来表现物象的美术基础。通常作为锻炼绘画基本功的手段，以训练观察和表现客观物象的形体、结构、明暗、质感、量感和空间感的能力。素描亦可作为一种独立的艺术形式运用于创作。如画家王式廓的作品《血衣》即其一例。

王式廓《血衣》

水粉画　用水调和粉质颜料描绘出来的图画。水粉颜色一般不透明，有较强的覆盖能力，可进行细致地刻画。运用得当，能兼具油画的浑厚和水彩画的明快这二者的艺术效果。

水粉画《徽派建筑》（见彩图 55）

美术字　美术字是经过美化、装饰而成的艺术加工实用字体。字体整齐、醒目、美观、易认，是开展宣传、教育不可缺少的工具。例如，横幅标语、黑板报、墙报、会场布置、展览会以及商品包装、装潢、各类广告、报刊和书籍的设计制作上都要写美术字。美术字体特点：老宋体，端庄大方、笔划横细直粗，点上尖下圆，横划收笔有顿角，笔划转折时顿角明显；仿宋体，挺直、秀丽，笔划横直较细，起笔、收笔都有明显的顿迹；黑体，笔划方头方尾，醒目有力。数字、文字、外文都可以设计成美术字体。如今，几乎与美术方面有关的字体，都可以设计成漂亮、美观，具有艺术色彩、花样丰富的美术字。一幅美术图画上，配

企　鹅

竺仁岑的象形美术字

上色彩鲜艳的美术字，就会给整幅作品锦上添花，更能吸引眼球。

壁画　绘在建筑物的墙壁或天花板上的图画，分为粗底壁画、刷底壁画和装贴壁画等。壁画是最古老的绘画形式之一。埃及、印度、巴比伦保存了不少古代壁画；意大利文艺复兴时期，壁画创作十分繁荣，产生了许多著名的作品。我国自周代以来，历代宫室乃至墓室都有饰以壁画的制度；随着宗教信仰的兴盛，又广泛应用于寺观、石窟（例如敦煌莫高窟、芮城永乐宫，至今大量保存着著名的佛教壁画和道教壁画遗迹）。

壁画《中国龙》（见彩图 56）

漫画　漫画是绘画种类之一，又称讽刺画。讽刺画一词来源于意大利文“Caricare”，义为夸张，后来演变为专指具有讽刺和滑稽意味的图画，即“Caricature”（漫画）一词。它通过夸张、变形、假定、比喻、象征等手法，以幽默、风趣、诙谐的艺术效果，讽刺、批评或歌颂现实生活中的人和事。

写生　中国画传统的术语。将描写花、木、鸟、兽等生物的绘画称为写生，如五代黄筌的《写生珍禽图》。在现代通常的绘画用语中，凡是直接以实物、实景为对象进行描写，统称为写生。

速写　以迅速而准确的观察力，运用简练的线条，扼要地描画出对象的神态、形体、动作等特征的一种画法。它是培养作画者敏锐的观察力和迅速把握对象特征的概括力的重要绘画手段，也是记录生活、积累创作素材的重要手段。

风景画写生（油画）（见彩图 57）

人物速写

白描　以墨线描绘物体而不着颜色。白描画法以线条为主，也可渲染淡墨。画线条时，要使笔墨结合形象的特质，笔法的转折顿挫，线条的粗细浓淡，皆要以所表现物件的质感或特色为依归。譬如，以较细较淡的线条画花瓣，容易表现出其娇嫩柔软；以较粗较浓的线条画叶与枝梗，较易表现其硬而厚的质感；以下笔、收笔皆虚的细线条画禽鸟的羽毛，较易表现羽毛蓬松而柔软的感觉。

白描是用浓淡、粗细、虚实、轻重、刚柔、曲直的线条来塑造形象的技法。运笔的力度和速度要均匀，勾出的笔线要有“外柔内刚”的效果。力量要涵蓄在内，不宜显露于外，做到“寓刚健于婀娜之中”。因此，在白描画中，线条的优劣是成败的主要关键。

白描《济公》

吹画　吹画是将墨汁或某种颜色的颜料沾一些在纸上，用嘴吹来代替画笔作画。一般线条都是用吸管来吹墨珠，使之产生流动，变化出造型奇特的画面。它不仅非常简单易学，而且作画过程也趣味盎然。画者可以根据自己的创意喜好等，即兴地作画。

吹画《秋天的树》（见彩图 58）

吹画（见彩图 59）

7.4　美术的审美特征

7.4.1　中国画的审美特征

形神兼备　气韵生动　中国画讲究“形神兼备”。看中国画一般先看画面的整体气势。用中国画术语来说，就是先体味其“神韵”，或者“神似”；然后，再看它的笔墨趣味，构图、着色、笔力等；最后，看它的造型，即像不像或“形似”。这种抓“神韵”的欣赏方法，就是抓住了画的实质，因为“神韵”是一种高层次的艺术审美享受，常常是中国画家们追求的目标。中国的山水画是意象与具象兼备的。笔者常以为国画是写意的，直到观赏了“黄山”的“奇峰异石”“奇树异卉”以后，才悟到国画原来也是写真的。由于它“形神兼备”，可以透过画面看到作者的意境，留给了观者以想象空间，从而“余韵无穷”！

外师造化　中得心源　“外师造化，中得心源”是唐代画家张璪所提出的艺术创作理论。是中国美学史上“师造化”理论的代表性言论。“造化”，即大自然；“心源”即作者内心的感悟。“外师造化，中得心源”也就是说，艺术创作来源于对大自然的师法，但是自然的美并不能够自动地成为艺术的美，对于这一转化过程，艺术家内心的情思和构设是不可或缺的。“外师造化”是就“象”而言；“中得心源”是指“意”而言。但是，两者是一个统一的审美创造过程中的两个不同侧面，不能把它们割裂开来。“象”需以自然造化为师，然而它作为艺术创作对象而出现在作家心中之时，已经有“意”的融入。从本质上讲，它不是再现与模仿，而是更重视主体的抒情与表现，是主体与客体、再现与表现的高度统一，“天人合一”。

散点透视　咫尺万里　中国画家运用“散点透视”的方法作画，其观察点不是固定在一个地方，而是多视点的；在表现景物时，可以根据需要，移动着立足点进行观察，凡在各个不同立足点上所看到的东西，都可组织进自己的画面里来。它可以将焦点透视表现的近大远小的景物，用多视点处理成平列的同等大小的景物。这是传统中国画的一个很大的优点。中国山水画能够表现“咫尺万里”的辽阔境界，正是这种透视法的结果。故而，只有采用中国绘画的“散点透视”原理，艺术家才可以创作出数十米，甚至百米以上的长卷（如《清明上河图》），可以画重山叠嶂，也可以画长江万里。早在东晋，宗炳所撰山水画论著《画山水序》中就说：“且夫昆仑山之大，瞳子之小，迫目以寸，则其形莫睹，迥以数里，则可围于寸眸。诚由去之稍阔，则其见弥小。今张绢素以远暎，则昆、阆之形，可围于方寸之内。竖画三寸，当千仞之高；横墨数尺，体百里之迥……如是，则嵩、华之秀，玄牝之灵，皆可得之于一图矣。”

诗情画意　珠联璧合　中国画在画面上还题写诗文、加盖印章，将诗文、书法、篆刻融为一体。诗句是画的灵魂，有时一句题诗，如画龙点睛，使画增色不少；书法亦影响画面至大，书法不精的画家，大多不敢题字，虽然仅具签署，亦可窥其良莠；印章有画家的印鉴、题字者私章、衬托用闲章、收藏者印章、欣赏者印章、鉴证者印章等，而各种印章的雕工、印文内容、盖印位置等，都在评价之列，尤其古画，往往有帝王、名家、藏家和鉴赏家的印鉴，可佐真伪。字画中的诗文词句，往往代表主人的心声，亦能表现作者的内涵和学养。

7.4.2　西洋画的审美特征

西洋画包括油画、木版、铜版、素描、水彩、水粉等画种，以及各种风格的流派。其中，传统油画是西洋画的主要画种。油画是世界绘画艺术中，表现力、实用性、装饰性最强的画种。本节拟着重谈“油画”的审美特征。

焦点透视　崇真写实　西方绘画一般采用“焦点透视”法，就像照相一样，观察者固定在一个立足点上，把能摄入镜头的物象如实地照下来，因为受空间的限制，视域以外的东西就不能摄入了。它的基本原理，可理解为：将隔着一块玻璃板看到的物象，用笔将其画在这块玻璃板上，就得出一幅合乎焦点透视原理的绘画。油画的审美特征是：符合人的视觉真实，在艺术与科学相结合的思想指导下，运用焦点透视，以掌握空间的表现规律。达·芬奇的《最后的晚餐》，即是焦点透视的典范之作，在平面上创造了三维空间。如果没有焦点透视法就没有西方的写实性绘画。

讲究科学　求真臻美　西方绘画的审美趣味在于求真实，重再现、重理性。西洋画追求对象的真实和环境的真实（质感和空间感）。为了达到逼真的艺术效果，十分讲究比例、明暗、解剖、色度等科学法则，运用光学、几何学、解剖学、色彩学等作为科学依据。油画创作主要是依靠造型与色彩两大要素。也就是说，油画使用的是形、光、色这三大表现手段。形就是形体、造型；光就是光效的表现，光与光影是烘托气氛的重要元素；色就是色彩，不是调色板上的颜色，而是画家经过精心的艺术化调制，以求得色彩的柔和、逼真，以及色块与色块之间，色调搭配的和谐统一；色调是一幅油画的灵魂和基调。

理性意境　扬善至爱　具有宝贵艺术审美范畴的世界著名绘

画，无论是充满理想与梦幻的现实写意作品，还是线条流畅、意境高远的神境描绘作品，其中都包含着对美好理想的追求，都流动着真善美的创意和颂扬着人世间的爱。达·芬奇的油画《蒙娜丽莎的微笑》可以说是举世公认的艺术品。它们能带给欣赏者美好无比的艺术体验。据记载,《蒙娜丽莎的微笑》的绘制前后历时四年。这幅肖像画的原型是达·芬奇朋友的妻子，佛罗伦萨人，刚刚丧婴。绘画之前，达·芬奇先研究了她的心理，为保持她欢愉的心情，还特别请来竖琴师和歌手为她表演。达·芬奇极其准确地捕捉到了蒙娜丽莎一瞬间的迷人微笑，用精湛的笔触，细致入微地描画了她微妙的心理活动。她的微笑是人们津津乐道的话题，有时似乎很严肃；有时又像很温柔；有时略显忧伤；有时微含讥讽。蒙娜丽莎的右手，更被称为“美术史上最美的一只手”。现今，当您看这幅画时，依然会感受到她的微笑所蕴含的摄人心魄的力量。

拉斐尔《西斯廷圣母》（见彩图 60）

拉斐尔 1512—1513 年绘成的大型油画《西斯廷圣母》，人物形象和真人大小相仿。由圣母、圣徒组成的三角形构图，肃穆而均衡。圣母和圣子（耶稣）的体态健美而有力量，表现了母爱的幸福与伟大。《西斯廷圣母》塑造了一位人类的救世主形象：她决心以牺牲自己的孩子（耶稣），来拯救苦难深重的世界。圣母的塑造是全画的中心。从天而降的圣母出现在我们的面前，初看时丝毫不觉其动，但当我们注目深视时，仿佛她正向你走来。她年轻美丽的面孔，庄重、平和，细看那颤动的双唇，仿佛听到圣母的祝福。

7.5　美术的创作要领

无论是国画还是西画，下述造型表现手段，基本上是共同的。

造型艺术中创造艺术形象的手法和手段，如绘画借助于色彩、明暗、线条和透视等，通过长期的艺术实践，形成了各自独具的艺术语言，并决定了这些艺术各不相同的表现法则，关系到塑造艺术形象的成败，以及艺术作品的感染力。艺术家对造型表现手段的规律性，不断探索、精益求精，是使艺术创作能够表现新的生活内容和满足人们不断发展的审美爱好的必要条件。

黄金分割　亦称黄金律、黄金比例。在一条线段上，按照最佳长短比例，将此线段分割为长段与短段，或按此最佳长短线段的比例，构成一个矩形的最佳的长边与短边的比例，即构成黄金分割。

二度空间　指由长度（左右）和高度（上下）两个因素组成的平面空间。在绘画中为了真实的再现物象，往往借助透视、明暗等造型手段，在二度空间的平面上造成纵深的感觉和物象的立体效果，即以二度空间造成自然对象那种三度空间的幻觉。有些绘画，如装饰性绘画、图案画等，不要求表现强烈的纵深效果，而是有意在二度空间中追求扁平的意味，来获得艺术表现力。

三度空间　指由长度（左右）、高度（上下）、深度（纵深）三个因素构成的立体空间。绘画中，为真实地再现物象，必须在平面上表现出三度空间的立体和纵深效果。

质感　通过不同的表现手法，在作品中表现出各种物体所具有的特质，如丝绸、陶瓷、玻璃器皿、肌肤、水、石等物的轻重、软硬、糙滑等，各个不同的质的特征，给予人们以真实感和美感。

量感　借助明暗、色彩、线条等造型因素，表达出物体的轻重、厚薄、大小、多少等感觉。如山石的凝重，风烟的轻逸等。绘画中表现的实在物体，都要求传达出对象所特有的分量和实感。运用量的对比关系，可产生多样统一的效果。

空间感　在绘画中，依照几何透视和空气透视的原理，描绘出物体之间的远近、层次、穿插等关系，使之在平面的绘画上传达出有深度的立体的空间感觉。正确地运用透视知识，可以很好地表现空间感。

体积感　指在绘画平面上所表现的可视物体，能够给人以一种占有三度空间的立体感觉。在绘画上，任何可视物体都是由物体本身的结构所决定，以及由不同方向、角度的块面所组成的。因此，在绘画上把握被画物的结构特征和分析其体面关系，是达到体积感的必要步骤。

明暗 指画中物体受光、背光和反光部分的明暗度变化，以及对这种变化的表现方法。物体在光线照射下出现三种明暗状态，称三大面，即亮面、中间面、暗面。三大面光色明暗，一般又显现为五个基本层次，即五个调子：亮面——直接受光部分；灰面——中间面，半明半暗；明暗交界线——亮部与暗部转折交界的地方；暗面——背光部分；反光面——单面受周围反光的影响而产生的暗中透亮部分。依照明暗层次来描绘物象，一直是四方绘画的基本方法。文艺复兴时期，瓦萨里在其《美术家列传》中就曾论述："作画时，画好轮廓后，打上阴影，大略分出明暗，然后在单间部又仔细作出明暗的表现，亮部亦然。"欧洲画家中伦勃朗是擅长明暗法技巧的大师。

轮廓 指界定表现对象形体范围的边缘线。在绘画中，轮廓的正确与否，被视为对作品成败的至要。

构图 指作品中艺术形象的结构配置方法。它是造型艺术表达作品思想内容，并获得艺术感染力的重要手段。

色彩 绘画的重要因素之一。它是各种物体不同程度地吸收和反射光量，作用于人的视觉所显现出的一种复杂现象。由于物体的质地不同，以及对各种色光的吸收和反射的程度不同，使世间万物形成千变万化的色彩。人眼可以识别的色彩种类：男人130万种，女人180万种。

色相 色彩可以呈现出来的面貌。自然界中各个不同的色相是无限丰富的，如紫红、银灰、橙黄等。

色度 指颜色本身固有的明度。如七种基本色相中，紫色色度最深暗，黄色色度最明亮。

色调 亦称调子。在一定的色相和明度的光源色照射下，物体表面笼罩在一种统一的色彩倾向和色彩氛围之中。这种统一的氛围就是色调。

笔触 指作画过程中画笔接触画面时所留下的痕迹。笔触虽为一种技术因素，但也传达出画者的艺术个性和修养。因而，它也是画家艺术风格的一个组成部分。

7.6 科学美术的涵义

科学美术是运用造型艺术表现科学技术的美术作品。它以传播科学知识、推广先进技术、宣传科学思想和科学方法为目的。它是美术形式和科学技术内容完美结合的产物，能使人们在得到科学技术知识的同时又得到艺术的享受。科学美术既是科普作品又是艺术作品。视觉艺术是用有形的材料制成，占有一定的空间，通过视觉可以感受到美的形象。科学美术作品和其他形式的科普作品的区别，就在于它是创造视觉空间的直观形象。它运用色彩、明暗、线条、构图等技巧，通过绘画或雕塑来表现科学技术的形象。一般常见的科学美术作品，多数是采用平面绘制的、静止的，如科普图书、报刊的插图，以及一些太空美术所描绘的遥远星体的构造等；有的也采用如模型、画廊、橱窗陈列等立体的或动态的形象。但是，利用科学美术作品表现科学技术，在上述主要表现形式外，往往还要依靠另外一些手段：有的必须借助于文字的力量来共同说明形象；有的则是动态的视觉艺术，如科学教育动画电影；有的还要借助声音，如科普展览、科教影视中的解说和音乐等。科学美术具有两个方面的作用：一方面，作为艺术作品反映人的“一切社会关系的总和”，人们可以从一些作品中得到智慧和力量，培养科学思想和克服困难的精神；另一方面，作为科普作品又是传播科学技术的媒介，人们看图以后即可应用而速见成效，在物质生产上起到直接的作用。此外，科学美术作品与一般美术作品同样具有感情的因素，表达了作者的感情“以情动人”；当然，它的主要目的是讲清科学道理“以理服人”。总而言之，科学美术作品既有一般美术作品基本相同的要求，又有自己本身的特点，是一种新型的视觉艺术。（摘编自：章道义，陶世龙，郭正谊主编．科普创作概论．北京大学出版社，1983年9月）

刘夕庆于2009年在《“科学美术”与“大美境界”》一文中认为：“‘科学美术’是采用造型美术的手段、技巧，甚至高科技美化的方法，生动、形象地表现科学美内容的形式。

“科学美术首先将科学与艺术融为一体，是科学，亦是美术。科学美术在科学探索、科普、科幻创作中占有极其重要的位置。这种美术形式，首先应该具有鲜明的科学主题，即一定要表现科学精神和特定的科学知识、科学内容等，为科学技术服务。同时，这种美术形式又必须具有一般美术作品的特征和品味，通常运用各种造型艺术手段、技巧、材料，如中国画、油画、版画、水粉画、水彩画、漆画、漫画、连环画、插图、雕塑等艺术形式来表现科学技术内容。当今，还采用了如电脑动漫、激光技术，以及各种现代综合材料于科学美术创作之中。

“科学美术通过感人的艺术形象和视觉空间之美来表现科学，

使观者在感受美的同时，潜移默化地得到科学知识和思维启迪，领会到科学精神。因此，科学美术作品不能理解为某一门科学内容的简单图形再现，也不是把科学加上点艺术点缀，而是美术家通过对科学的深入学习、理解、研究，或是美术家与科学家长期合作、共同努力、深入探索创作出来的。这种作品，应该是将深邃的科学内容变为一目了然的美术形象，做到通俗易懂、形象再现科学的本质。”

7.7　科学美术的沿革

科学是人类探究、认识大自然的结晶；艺术是人类描绘、表现大自然的升华。它们都产生于古代神话，后来才发展成两支：一支是宇宙学，成长为自然科学；另一支演进为音乐、图画、戏剧等艺术。长期发展的结果使科学与艺术各走各的路，相去愈来愈远。

19 世纪，英国著名博物学家赫胥黎就意识到：“科学与艺术就是自然这块奖牌的正面和反面。它的一面以情感来表达万物的永恒秩序；另一面，则以思想的形式表达万物的永恒秩序。”

赫胥黎的话可以演绎为：万物的永恒秩序是科学和艺术（美术）都能表达的，只不过一个是用人的理性，一个是用人的感性；而只有“情”、“理”俱全，才能得到这块“自然”奖给人类的奖牌。

20 世纪 20 年代初，我国著名的教育家梁启超先生最早探讨了“美”与“真”关系。1922 年 4 月 15 日，他在国立北京美术学校的讲演中，分析了古今中外“美术与科学”的关系。他说：“从表现看来，艺术是情感的产物，科学是理性的产物，两个东西很像是互不相容的。但是西方文艺复兴的历史证明，艺术可以产生科学。”他又说：“美术可以算得是科学的金钥匙。”“我希望中国将来有‘科学化的美术’，有‘美术化的科学’”。

时隔半个多世纪，于我国改革开放初期，著名科学家钱学森在审查全国科普美展作品时也说了：“美术家和科学家有共同语言，可以交朋友”。改革开放以来，我国学者的实践证明，“科学也可以产生艺术”。

1986 年，经诺贝尔奖获得者、华裔科学家李政道与中国科学院院长周光召倡导，建立了“中国高等科学技术中心”。该中心在李政道直接参与下，积极组织推进科学家与艺术家之间的交流与沟通。自 1987 年以来（根据已有资料，到 2000 年），“中心”每年都举办国际科学学术会议，每次会议都邀请画家根据会议的科学主题发挥作画。作者中有李可染、吴作人、黄胄、华君武、吴冠中、常沙娜、袁运甫等。“中心”曾于 1993 年和 1995 年分别与炎黄艺术馆、《科技日报》社合作举办“科学和艺术”研讨会。艺术家和科学家共聚一堂，就科学与艺术的关系各抒已见、相互启发；不少国画家当场泼墨挥毫。以上会议的画作和摄影，于 2000 年 9 月由上海科学技术出版社汇集出版了《科学与艺术》画册。这些活动都受到了国内外科学界、艺术界和新闻界的赞赏，促进了艺术家与科学家的紧密合作。

李可染《超弦生万象》（见彩图 61）

（李可染为中国高等科学技术中心于 1989 年 5 月举办的“场、弦和量子引力”国际学术研讨会所作的主题画）

到了 20 世纪下叶，终于出现了科学与艺术重新整合的强大思潮。可以这样说，走在这股潮流前头的是“科学美术”。

中国科普作家协会为了引导与推进“科学美术”的发展，进行进了一系列的活动。

1978 年，中国科普作家协会自创会伊始，就开始筹建科学美术专业委员会。

1980 年初，中国科普作家协会与中国美术家协会合办了首届“全国科普美术作品展览”。参展美术家达 8592 人，向广大观众揭示了神奇壮丽的科学世界，充分显示了科学美术的魅力，为科学与艺术的结合创造了范例。这次展览说明，科学美术已成为一个新的美术领域、新的艺术门类，引起了社会各界人士的关注。展览在北京展出后，又在全国 9 省市进行巡展，观众逾 200 万人。组织委员会还对展出的作品进行评奖，并召开了全国科普美术创作研讨会。

据科学美术家吴同椿回忆，钱学森在审查全国科普美展的作品时指出："这次科普美展的作品只是表现了多少个世界中的一个世界，宏观、微观的世界都还没有进驻。科学美术有多么大的前途啊！我们希望中国的美术工作者能够去开发前人没有开发过的7个、8个、9个世界的东西。"从此，吴同椿致力于"太空美术"的创作，并取得了卓越的成就：2001年，中国科学院南京紫金山天文台等单位举办了《吴同椿星云美术作品展览》。2002年，吴同椿的《球状星团》《天空之眼》等12幅中国画作品，受特邀参加天津市首届《艺术与科学》美术作品展览。2004年，20幅星云美术作品应邀参加北京天文馆新馆落成典礼暨首届中国太空美术作品展览。绘画《恒星诞生》为北京天文馆收藏的首件太空美术作品。2006年,《太阳的激情》等5幅作品参加江苏省"艺术与科学"美术作品展览。吴同椿太空美术作品的风格，粗犷、宏伟、深远、动感，具有超现实的内涵和意境。

吴同椿

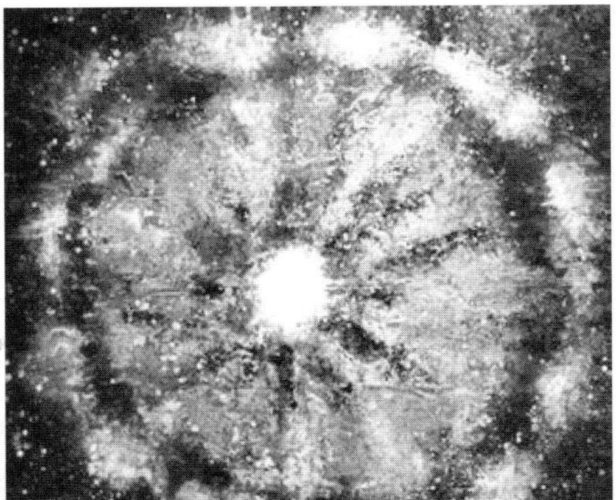
吴同椿《天空之眼》（见彩图62）

1981 年，中国科普作家协会举办了“全国科普书刊插图、科学漫画展览暨经验交流会”。这次全国性展览，展示了我国在科学书刊方面的科学美术创作成就。美术编辑与美术创作人员有机会坐在一起，相互观摩、切磋，交流了编创经验，探讨了编创规律，提高了编创水平，为今后的书刊科学美术创作打下了良好的基础。这期间，云南的《奥秘画刊》、广东的《科普画刊》、山东的《求知画刊》、浙江的《知识画报》、安徽的《科普美术》以及《农民科普画报》、《海豚画报》等，以科学美术为媒体的期刊相继问世，科普挂图、科普连环画大量出版发行，科学美术创作呈现一片繁荣景象。

1987 年，中国科普作家协会为了宣传农村科技致富、推广农业先进技术、推出一批优秀农业科学美术作品，以及鼓励美术家、科学家更好地为农业服务，举办了《全国农村科技致富科普美术作品展览》，对展出作品进行了评奖，并应邀在全国一些省市进行巡展。

1989 年，中国科普作家协会举办了《美哉中华，爱我中华》科普美术、摄影展览。该展在全国一些省市进行了巡展，并对展出的作品进行了评奖。

2004 年 1 月 11 日，为了弘扬中华文化，讴歌十年改革成就，进行爱国主义教育，由中国科普作家协会科学美术专业委员会牵头，联合八家单位，并得到了广西金嗓子有限责任公司的独家赞助，在北京中国科学技术馆举办了“全国科学漫画、插图、连环画作品大展”（暨评奖活动）。大展以回顾我国科学美术近二十年来的创作历程为主线，从上千件参赛作品中，遴选展出了不同时期和不同风格的科学漫画、连环画、插图四百多件。美术家们在展示的作品中，用各自的艺术语言，颂扬科学、解释科学；用生动、绚丽、幽默、形象的手段，弘扬科学精神、普及科学知识，引导人们特别是广大青少年在会心的微笑中走进科学王国。中国科学院院士赵忠贤等科学家，以及华君武、丁聪、方成等漫画大师专程参加。广西人民出版社于 2006 年 12 月出版了画展作品选集。这是新世纪科学美术工作者的一次盛会，也是对以往成果的一次检阅。画展受到了中国科学技术协会，以及科技、美术界人士的关注和赞誉，引起了广大观众的热烈反应。

彭追云《层林尽染》（金奖）（见彩图 63）

2010 年 4 月 24 日，为了引导广大青少年拿起画笔畅想科学的明天，用色彩去描绘人类对未来的憧憬，描绘科学技术的进步给人类带来的福祉，在北京自然博物馆举办了“‘众菱杯’全国青少年科学幻想绘画大展”（暨评奖活动）。画展由中国科普作家协会主办；中国科普作协科学美术专业委员会、中国科普作协少儿科普专业委员会、中国少儿报刊协会科普委员会、广西柳州市科学技术协会、广西柳州市委宣传部和文明办承办；广西柳州众菱汽车投资管理有限公司独家赞助。画展收到了3455件美术作品，展出了810幅，其中有200多幅获奖；广西人民出版社于2010年11月出版了画展展出作品集。

汤景炀《天上掉馅饼》（优秀奖）（见彩图64）

通过展览、评奖、经验交流、学术研讨等活动，带动了科学美术创作，团结、吸引了一批科学美术骨干，很多美术家积极投身于科学美术创作之中，与科学家交朋友，学科学、爱科学、画科学。改革开放以后，我国科学美术事业呈现一派繁荣景象，达到了空前未有的水平。湖北、山东、黑龙江、吉林、辽宁、安徽、云南、河南、贵州、浙江、四川、新疆、江苏、内蒙古等省和自治区，相继成立了科普美术协会或研究会；不少地区还成立了省以下的科普美术组织。

在漫长的岁月中，我国老一辈美术家怀着对科学的热爱，以自己谙熟的艺术语言，创作出众多科学美术作品，成功地用美术来诠释了科学，赢得了人们的赞赏。年轻的美术家更以健旺的精力，将他们对科学技术的理解转化成艺术作品，使科学美术更加灿烂夺目。

随着“科教兴国”国策的深入人心，这些年来，科学美术在科普事业和信息技术不断发展的基础上，取得了更为瞩目的成就。科学美术在科学探索方面，在普及科学知识和弘扬科学精神方面，已经和正在做出积极的贡献。展望未来，21 世纪信息技术和电脑美术的高速发展，随着生活节奏的加快，人们会更迫切地需要科学美术。这一艺术门类将越发显示出其特有的魅力。可以想见，方兴未艾的科学美术，必将以其强劲的生命力，翱翔于科学与艺术的时空。

7.8 科学美术的类别

由于科普宣传工作的需要是多方面的，科学题材又极为广泛，而美术形式又是丰富多彩的，这就促使科学美术作品形成了多种多样的品种和样式。现从科普工作的实际需要出发，并着眼于科学美术创作的现状，划分为下列类别。

科技宣传画 张贴于公共场所，宣传鼓动人们向科技高峰攀登或提高人们对某项科学技术作用的认识，并带有简短号召文字的绘画。宣传画常常以特写镜头的造型、鲜明强烈的色彩，生动有力地表现出一定的科学主题思想，使人们在较远距离和较短的时间内获得深刻印象。

科普组画 用若干幅图画反映一项科技知识的绘画形式。每幅画各有相对的独立性，但又是表现这项科技知识的组成部分。由于组画便于表现科学技术原理的层次和深度，加上合适的艺术处理，比起单幅画更具有优越性。

科普连环画 用多幅画面连续讲解某项科技知识、成果或故事的绘画形式。常常由美术工作者和科学工作者共同编创成简练的文学脚本，再绘制成画幅。科普连环画可以讲述科学家的故事、解读科技知识、叙说科技史话等，有较强的趣味性，为群众喜闻乐见。

科普书刊的装帧、插图 科普读物的封面、编排、装饰，以及根据科技原理绘制成的插图，对于普及科技知识和提高出版物质量都有着重要的作用。科普插图是科学性与艺术性的结合，需要经过精心的科学构思和艺术创作，才能达到较高的水平。

科学图谱 在科学研究中，图谱是其重要的组成部分。图谱有很强的科学性，艺术处理要从属于科学要求。在构图、色彩、线条等技巧方面，有它独特的方法和规律，需要严肃从事。精美的科学图谱也可以是优秀的艺术品。

科普挂图 在大幅纸张上绘制的、用于室内外张贴的一幅或多幅表现科技知识的图画。由于它能够容纳较多内容，图文并茂，在艺术处理上有活泼多样的长处，也是科学美术常用的样式。

科学漫画 以科学技术为题材的幽默绘画。作者运用夸张、变形、象征、寓意等手法，表现出幽默、诙谐、风趣的画面，以宣传某些科技知识。这种形式具有浪漫活泼的特点，适用于颂扬宣传某些科技成就；或者，批评讽刺某些违反科学规律的现象。有些较难叙述清楚的原理，运用漫画的手法加以处理，反而会产生独到的效果。

科普装饰画　它偏重于所表现题材的装饰性，运用概括、夸张、变形等手法，通俗地表现科技知识的某个方面。装饰画需要根据科技知识和各种普及工作的实际来设计绘制。它既可表现重大题材，也可适应小题材的趣味与要求；既可在大厅中绘制成装饰壁画，也可在书刊文章中点缀成题花、尾饰。它以其优美、清秀、生动的特色而为大众所喜爱。

科普展览艺术　运用展览进行科普宣传教育，是经常使用的重要手段。展览美术设计是办好展览的重要环节。设计者经过精心构思，将所要表达的科技内容，进行总体策划，运用特种手段（如电动图表、模型沙盘、布景箱、影视短片、幻灯等）转化为能让人们看得懂的艺术形象。近年来，城市中普遍建立的科普画廊，成为街头直接进行科普宣传的阵地，受到大众的欢迎。

科普 PPT 文件　PPT（Power Point）文件是一种“演示文稿”图形程序，可将演示文稿打印成一页一页的幻灯片，使用投影仪播放。在进行科普宣传的时候，使用 PPT 文件进行配合，可以使科普宣传生动形象、通俗易懂。

7.9　科学美术的审美特征

“美”本应是科学与美术的本质特征和共同元素。《庄子·外篇·知北游》中云:“天地有大美而不言，四时有明法而不议，万物有成理而不说。圣人者，原天地之美而达万物之理。”一方面指出了宇宙的本原和本性，另一方面也论述了人对于宇宙和外在事物应取的认识与态度。其意为：天地万物之“理”是其自身不表达出来的，圣人探究天地伟大的美而通晓万物生长的道理，能够感知这些表象的不言之“美”而涉及其内涵的“理”。可见，古人也认为“美”和“理”内在是互相融通的。

“科学美”并不是指大自然的外在美景，而是指潜藏在感性美之后的理性美，并为理智所能领悟的自然界内在结构所显示的和谐、有序、简洁与统一；是审美者通过理解、想象、逻辑思维所体验到的美。科学美感是指具有科学美的事物作用于审美者，在其内心世界激起欢乐和愉悦等特殊的心理感受。

“艺术美”是指各种艺术作品所显现出的感性美。它能激起人们强烈共鸣或愉悦等特殊的身心感受。艺术美作为美的一种形态，是艺术家创造性劳动的产物。艺术家的创作活动作为一种精神生产活动，从本质上说，也是人的本质力量的定向化活动。因此艺术美也就是人的本质力量在艺术作品中通过艺术形象的感性显现。

“科学美术”作品表达的出发点在于科学内容的艺术呈现，落脚点在于艺术手法和目标上的有序化、科学化。

（注：上述文字，根据刘夕庆《“科学美术”与“大美境界”》一文有关内容编写）

现以刘夕庆《“美”是艺术与科学的共同元素》一文有关内容和“生物进化与生命科学美术”的系列作品创作为依据，将科学美术的审美特征进行演绎，最终归纳为下列五点：

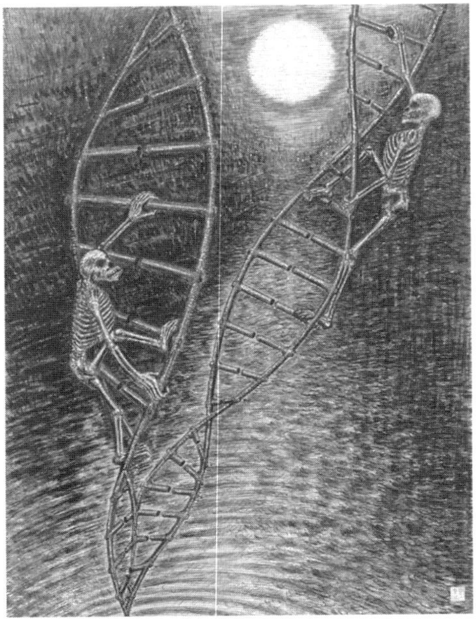
刘夕庆《进化的天梯》——人类和大猩猩在基因表达上分道扬镳、各自前行……（见彩图65）

形式美、内涵美　美美与共　科学美术作品体现了"形式美"与"内涵美"本质上的一致性。"形式美"更多地属于艺术；"内涵美"更多地属于科学。例如，刘夕庆的作品《进化的天梯》运用了艺术与科学的双重审美统一，将生物分子学中形式简洁、优美而又遗传变异的DNA"双螺旋"构架夸大为梯，同古人类和大猩猩的骨骼攀爬的结构叠加，成为一幅生物进化史上人类和大猩猩在基因表达上分道扬镳、各自前行的图画。图画的背景是达尔文生命起源学说的描述；主题是沃森和克里克发现的DNA"双螺旋"结构与基因复制、变异机制。《进化的天梯》将"艺术形式美"与"科学内涵美"融为一体而"美美与共"。

科学美、艺术美　天下大美　"艺术美"是具象的感性美；"科学美"是抽象的理性美。它俩本质上是相通的。只有认识到了这一点，才能对它们产生"双重的热爱"，才能诞生真正意义上的"科学美术"作品。这种融合了"美"和"理"的境界，可能就是庄子所讲的"天地有大美而不言"中的"大美"。于是，现代美术中的一个"专业性较强"的分支——"科学美术"似乎架起了一座连接"美"和"理"的桥梁，从而达到了"大美境界"。

刘夕庆《地球生物的标志性纹身》——DNA 统一生物多样性的“大美”图景（见彩图 66）

科学思想、艺术表达 创新结合 钱学森认为：“科学与艺术联姻，将会创造奇迹。”在他看来，缺乏“科学与艺术融合”的教育是培养不出杰出人才的根本原因之一。钱学森曾经指出：“科学家要有点艺术修养，能够学会文学家、艺术家那种形象思维，能够大跨度地联想。”“科学创新的萌芽在于形象的思维，在于大跨度地联想突然给你的一个启发。产生了灵感，才有创新。”笔者理解，形象思维产生的灵感，会形成一个感性的模型，然后“再按照科学的逻辑思维，去推导和计算，或者设计严密的实验去加以证实。所以科学家既要有逻辑思维，也要有形象思维。逻辑思维是科学领域的规律，很严密。但形象思维是创新的起点。”

刘夕庆信奉，宇宙最基本、最微小的东西是弦线变构的思想，即“弦论”的演绎。所以，他的创作手法大多以原始的、极花功夫的线条形式进行，以原创性的艺术表达方式传递了科学思想的画作，呈现给观众。例如,《天生识图者》等。这种受科学思想引导获得的创造性艺术形式，可能会更能贴近世界的本质。真可谓，艺术推动了科学的创新，科学又引导了艺术的创作。

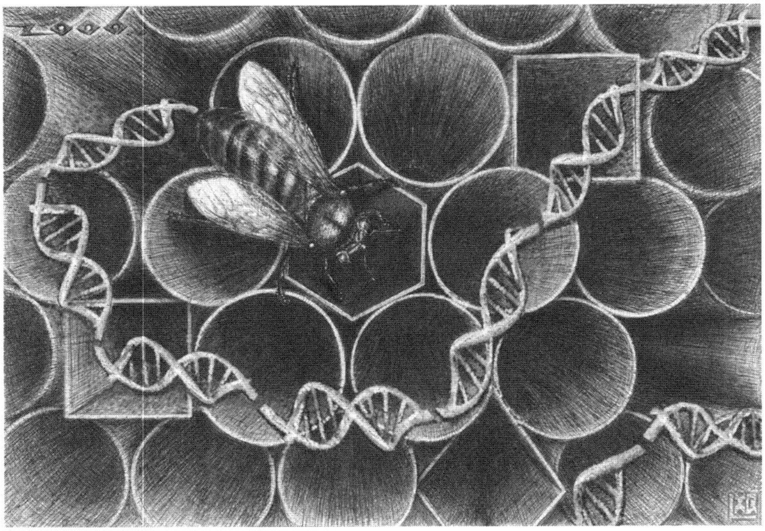

刘夕庆《天生识图者》——蜜蜂识图的探寻轨迹是由其遗传基因决定的（见彩图 67）

自然宇宙、人类生灵　真善美爱　科学要求人类客观地看待世界，强调的是“求真”，追寻的是“解读自然的理性美”；而艺术要求人类主观地看待世界，强调的是“臻美”，寻求的是“描绘自然的感性美”。但人类如果没有从“善”心出发，那就任何“真”和“美”都得不到。人类虽然有时是理智的、但有时情感也混杂其中——依照爱因斯坦的认识,“善”的激情在追寻“真”“美”中起决定作用。

德国数学大师赫尔曼 · 外尔曾说过:“我的工作总是尽力把真和美统一起来，当必须二选一时，我通常选择美”。“科学美术”作品，就像大自然中果树结的“美果”，如果没有“果农”

的“真心”和“善待”，便不可能获得“美果”的香甜。而“爱”是人类追求“真善美”的内在动力，如上所述，是一种理智的感情、一种生命的本质、一种生命的力量。这种生命力可以推动人类进行不懈的努力，去追求实现真善美，去创造出世界上原来没有的、美好的事物。笔者以为，人类要以“爱”来统领“真善美”。没有“爱”，作者就创造不出“真善美”的作品。而当观众欣赏一幅蕴含着“理性美”意境的美术作品时，只有怀着一颗拳拳之“爱”心，才能感悟到其中的“真”意。

刘夕庆创作于2009年的科学漫画《无奈的进化》（同年9月入选第十一届全国美展），或许能作为上文的佐证。笔者对这幅科学美术作品的理解是：由于“工业文明”、“无节制的‘城市化’”、“地球人口爆炸”带来了环境的恶化和物资的匮乏，雌鸟在得不到任何喂养“嗷嗷待哺”幼鸟的食料时，无奈地衔来了一颗螺丝钉。它从外形上看像是一个小虫子——这可能误导了幼鸟……我们看了这幅创作，联想到人类的未来及其子孙后代，不觉得心酸吗？

刘夕庆《无奈的进化》——人类不能因为生命的“坚强”而无视生存环境的恶化（见彩图68）

科学思想、文学艺术　三位一体　刘夕庆的科学美术作品，为了说明画作的内容、增强读者的理解，以达到多种艺术手法并举、深入浅出地传达科学思想之目的，他的每幅画作多配有一首科学短诗，尽力做到科学思想、艺术魅力和人文精神三位一体，以美术、科学与人文的综合表达方式，增加作品的“可读性”，并展示科学的丰富内涵与艺术的多样性。以他的《人类性别之谜》为例：中国古老《易经》中的太极“阴阳鱼图”，在他笔下变成了科普现代生物学中物种性别之谜的优美图画；而且，所配的短诗更加深了人们对性别之谜的理解。

刘夕庆《人类性别之谜》——X、Y 染色体的不同决定了男女性别的不同（见彩图 69）

男女有别　别于极性　性为何物　物在 YX

X 染色体　体异于 Y　Y 染色体　体小于 X

XY 真灵　灵在后行　行道男女　女男吸引

引力在性　性分阳阴　阴阳成双　双螺旋定

7.10　科学美术的创作要领

“科学美术”是一个合成概念，包括了“科学”（或“科普”）与“美术”两个独立领域。科学美术创作对创作者的素质，提出了美、理兼备的要求。一方面需要有足够的科学知识支持；另一方面还要具备表现创作主题的美术功力。这种兼备，正好就是“科学与美术”有机融合在科学美术领域里的呈现。

题材、形式，相互适应　科学技术领域中可供创作的题材是没有穷尽的，但并非每种科学题材都能用美术形式来表现。因此，就要研究题材与表规形式之间的关系。首先，要注意这两者之间的适应性，例如，系统工程就不宜于用直观性很强的美术形式来表现，运用文字的概括能力和条理性，可能更为合适；其次，还要考虑到根据所要求的题材来选择表现形式，为某一指定的科学题材画插图、绘图谱、做装饰，例如，表现科学家精神面貌的，以写实的油画形式为好，而表现激光原理“能级跃迁”的，就用示意的漫画形式更易奏效。所以，科学美术作者要经常关心科学技术的发展，不断积累科学知识，以及科技形象资料。

深入生活，与科研人员结合　生活是科学美术创作的源泉。科学美术家要深入相关的科技单位，与科研人员相结合，以了解所要表现的科学知识的核心部分；了解取得科研课题突破的关键所在，并提炼成创作美术作品的基础；体会科研人员取得成果时的喜悦心情，发现沟通科学和群众之间的感情因素等。经过这样的体验后，科学美术家便有能力在自己的思维中选择表现的角度，知道如何取舍，并循此去收集必要的素材，找到适合的参考资料。在深入生活中，科学美术工作者要和科技工作者互相学习、互相切磋，为难以表现的科学题材，寻找在构思、构图等技巧方面打开思路的钥匙。从一定意义上说，科学美术创作的深入生活，主要是创作者着重解决如何表现科技内容的典型化问题，也就是一般文艺所说的，解决生活的真实、本质的真实问题。

精心构思，捕捉灵感 好的构思产生好的作品。创作科学美术，实际上并没有独特惊人的造型手段，只有依靠巧妙惊人的构思。构思时要注意作品的结构。结构有内部、外部之分：内部结构是指作者对内容的总的设想和编排；外部结构则指构图。搞好结构，常用的一些办法有：对比、变形（即将现实的素材变为艺术形象），以及贯串、对应，而对称、照应就更为常用了。这些结构方法，既可单独运用，也可交叉结合运用。

构思的极为重要的一个环节是形象的典型化。科学美术创作同样要经过提炼、取舍、概括，以及虚构来创造形象。不过，科学美术里形象的意义，与文学艺术有所不同。科学题材中涉及的对“原型”的加工，不能像文学艺术创作那样，在原型的基础上“改造”和“虚构”。科学要求准确，如仪器、图像，或某种原理、现象等。但是，也不能机械地直接应用原型，必须通过艺术加工，运用概括或夸张等手段，加强形象的典型化。

“灵感”对于构思是很重要的。所谓“灵感”，并非灵机一动、信手拈来，而是经过勤奋积累、深思熟虑后，出现的“稍纵即逝”的思路。由于苦思不得、萦绕脑际，甚至会在梦中醒悟。此刻，就需及时捕捉，记录下来；再经过加工提高、充实、印证，就会得到构思的雏形。

发挥艺术的表现力量　现实主义、浪漫主义，都是科学美术经常运用的创作方法。在这些创作方法范围内，充分发挥艺术的表现力量，可使主题得到完美的表达。

推敲构图　构图要突出主题，使准确的具有典型性的内容在画面上占重要位置。科学美术遵循一般美术的构图法，也可采用拼集、重叠、组合等方法构图。

刻画形象　这里的形象泛指出现在画面上的人物、设备、示意（如原子模型）等形象。它们都是作品中的主体。科学美术作品给人以美的享受，主要通过形象的感染力来体现。这是艺术的灵魂。作者要在创作的题材中寻求有益的、能激动人心的艺术魅力。徐悲鸿画的“奔马”之所以有艺术感染力，与图谱中的马相比，就在于精神气质的不同。科学美术作品要寻求的是类似的“精神韵味”。

艺术语言　根据作品的个性，选用适当的艺术语言是一件细致的工作。写实、夸张、变形、隐喻、比拟、装饰等都是行之有效的手法。工具和材料所产生的艺术语言更不容忽视。油画的色彩、笔触；国画的线条、布局；装饰画的变形处理；展览的多种手段运用；插图的黑白变化等，都可在创作上发挥作用。

运用色彩　色彩是最富有感情的东西。优秀作品的色彩变化无穷，吸引着观众的眼球。它们有的浑成和谐、有的色泽浓重、有的淡雅庄重、有的简洁素净、有的清新活泼、有的神奇诡秘等，既确当地表现了主题，又给人以美感享受；同时，又能够体现时代的精神。

重视表现 科学是用文字、符号、公式等抽象地表现自然；科学美术是用艺术手法具象地表现科学，将科学的“抽象”作一定程度的“还原”，使“科学”表现出“艺术”的美感。

总之，是否可以这样说：科学美术是以美术作为载体，传播科学知识，以及宣传科学思想、科学方法和科学精神的一种艺术类别。它必须尊重科学，具有科学的审美特征；又需要遵循美术创作的普遍规律，具有美术的审美特征。科学美术的发展，有待于在准确表现“科学”的前提下，不断进行艺术形式的探索；在现有艺术形式的发展中，不断进行表现科学题材深度、广度的探索。为此，科学美术家要不断提高思想境界、积累科技知识、锻炼艺术表现功力，以形成自己独特的风格。

（本节演绎、编写自《科普创作概论》第十一章 科普美术作品，作者：杨悦浦）

第八章　科学漫画的审美

汤寿根

8.1　漫画的涵义

漫画是绘画艺术的一个品种，属于大众艺术，为群众所喜闻乐见。它在反映社会内容方面起到了相当大的作用；在反映科学内容方面，也已经显露出它的积极作用。

漫画常用夸张、比喻、象征、拟人、寓意等手法来描绘生活或时事的图画，批评或歌颂某些人和事，直接或隐晦、含蓄地表达作者对纷纭世事的理解及态度，具有较强的社会性。它是含有讽刺或幽默的一种浪漫主义的绘画；也有纯为娱乐的作品，具有较强娱乐性，娱乐性质的作品往往存在搞笑型和人物创造型。

漫画同其他绘画的主要区别在于独特的构思方法和表现手法。它可以把古今中外的人物同时邀集到一起，让他们在一个画面上演出奇异怪诞而又意蕴深邃的喜剧。它不受时空观念的限制，人与物之间可以对话；不同质、不同类的事物，可以嫁接、杂交；可以借物喻人、借古喻今；可以人神交游，幻想与现实同存，从而使画面产生幽默、诙谐、怪诞、风趣的艺术效果。上述审美特征，使漫画产生了认知和教育的社会效果。因此，漫画作品类似文学作品中的随笔（抒发感情）、杂文（针砭时弊）、小品（蕴含哲理）；漫画是美术的随笔、杂文、小品。

中国漫画产生于20世纪20年代。其时，资本主义的萌芽开始出现，在上海和北京开办了银行、邮局、铁路、报纸。报纸的出现，带动了漫画在中国的发展。很多报纸都办有漫画专栏，并拥有专栏漫画作家。时至今日，主要的政治漫画、时事性和评议性漫画都是在报纸上发表的。当然，也有幽默漫画、儿童漫画在文艺副刊或儿童读物上发表。

1925年，上海《文学周报》连载了丰子恺的画。该刊主编郑振铎把丰子恺这种独特风格的画定名为“漫画”，从此“漫画”一词开始在中国流行。不过，日本的漫画家片寄贡写了一本《日本近代漫画史》，提出漫画二字是从《漫画随笔》这本书上来的，书中谈到一种鸟叫“漫画鸟”，终日求索不停，“漫画”二字由此而来。但是，这个有关漫画鸟的寓言，起源于中国北宋，最初用“漫画”二字的是北宋学者、画家晁以道。他在《景迂生集》中说：“黄河多淘河之属，有曰漫画者，常以嘴画水求鱼。”这里说的漫画是一种水鸟的名称，因为它捕鱼时潇洒自如，像在水上作画而得名。可见，日本的《漫画随笔》引用了宋代的这篇寓言，后来又借用了漫画鸟这一名字命名了漫画。如此说来，郑振铎、丰子恺是把“漫画”一词再引回了中国。

还有另一种说法，据《新闻研究资料》的《“漫画”探源》一文说：1904年2月26日创刊的《警钟日报》，每隔几天就刊登一幅漫画，从 1904 年 3 月 27 日起又以“时事漫画”四个显著的大字为题，陆续在第四版连载漫画。可见，我国现代漫画的产生尚在 20 世纪初，最早的漫画载体是报纸，而不是文学期刊。《警钟日报》使用“漫画”一词要比《文学周报》刊载的“子恺漫画”早 21 年。

以上几种说法涉及历史事实，尚待专家们作进一步研讨论定。

8.2 漫画的沿革

8.2.1 西方漫画的历史

溯本求源，漫画自诞生那天起，就象征着它高贵的艺术血统。据史料记载，早在 15 世纪的欧洲，一些夸张变形的人物形象就出现在绘画作品中。有史可查的是：意大利文艺复兴时期的著名画家达・芬奇和英国产业革命时期的画家威廉・贺加斯在他们的素描和油画中频频出现一些夸张变形人物造型，尤其是贺加斯的代表作《打瞌睡的教友》《时髦婚姻》《性格与漫画》等，标志着近代西洋漫画的形成。被后人尊为“现代漫画之父”的托马斯・罗兰森，虽然受到贺加斯很大影响，但在人物造型上和立意上更具有现代意识的漫画特征，从而奠定了现代西方漫画的风格。

也许是漫画的夸张变形特征，以及指桑骂槐的隐喻性，在它萌芽期就成为教派之间斗争中血不见刃的利器。随着资产阶级的兴起，它又承担起政治派别斗争的重要任务。由于社会的不断发展，讽刺漫画已不能满足人们的精神需求，漫画逐渐向多元化拓展。虽然，20 世纪以来漫画家继续用其犀利的画笔针砭时弊，不过随着个性化社会的到来，随着人们越来越关注于自身生活和感觉的体验，曾经是政治斗争工具的漫画，发展成为具有人性化特征的幽默画，更加贴近普通人的日常生活，同时不断派生出不同风格和内涵的漫画艺术作品，使漫画赢得更大的发展空间。正是在这个意义上，当提及现代漫画的时候，在很大程度上所指的不仅仅是政治讽刺的漫画了。从历史的视角来看，应该说讽刺漫画是当代漫画发展的鼻祖。17 世纪的欧洲，在英国产业革命的背景下，一批优秀漫画家筑起了英国现代漫画的黄金时代，诞生了讽刺漫画大家威廉·贺加斯。到了 19 世纪后半叶，欧洲一些大都市纷纷创刊漫画杂志，漫画家之间的交流日渐频繁。他们用讽刺幽默的画笔描绘都市生活以及为市民宣泄心中的情绪，深得人们的喜爱。1841 年英国伦敦《笨拙》（*Punch*）讽刺杂志创刊，在 19 世纪的欧洲掀起了批判风潮，而这股风潮迅速席卷了整个世界，中国、日本也感染了这股热潮。由于受西方人道主义思想，以及人文、科学精神的影响，漫画家以人为本、关注人性，创作了大量作品，各种类型的漫画如雨后春笋破土而出。这个时期出现了幽默漫画、多格漫画、长篇连环漫画等。而漫画的商业成功运作，当数 20 世纪的日本和美国，漫画已成为这两个国家的支柱产业。他们把 19 世纪一枝独秀的漫画开山鼻祖——英国，远远地抛在了后面，并开创了现代漫画的新纪元。

8.2.2 中国漫画的历史

清末民初　清朝末年至民国初年，“漫画”的名称还未被正式使用，多数仍被称为“讽喻画”、“寓意画”等，但这并不影响漫画的迅速发展和壮大。《俄事警闻》《时事画报》等漫画报刊作为这些漫画的“根据地”，从揭露列强的侵略行径到抨击清政府的卖国；从讽刺官场的虚伪腐败到针对民间的封建迷信，都有优秀的作品予以体现。如《时局全图》《看尽世人梦未醒》等漫画便直指问题关键，一针见血地揭露了列强瓜分中国的野心。

五四时期　五四运动中出现一些群众绘制的漫画传单，如《全国同志莫被日奴耻笑》《他肯为国受苦，我们应如何？》等，具有极大的鼓动性。漫画家的作品有《工学商打倒曹、陆、章》（沈泊尘）、《民气一致之效果》（马星驰）等。杜宇的《国耻画谱》是中国最早的漫画家个人画集。

1918 年，沈泊尘创办的《上海泼克》（“泼克”来自英文字 punch，意为“诙谐善谑”）是中国最早的专门漫画刊物，因其创办者为漫画先驱沈泊尘，刊物又名《泊尘滑稽画报》。此刊作风严肃、内容精炼、编排大方，从内容到形式都十分讲究。其作品不但将矛头对准帝国主义和封建军阀，还大声疾呼严禁鸦片烟，抨击官僚主义和资本主义勾结，危害国家及人民。这一漫画专刊的问世，对于启发中国民众的觉醒、发展漫画艺术、发挥漫画威力，皆有重大意义。

1936 年 11 月 4 日，上海南京路大新公司开展了第一届全国漫画展览会。漫画展览会的发起者是《时代漫画》和《上海漫画》的编辑，展览得到全国各地和侨居海外的漫画家的热烈回应。参展的六百多幅漫画反映了社会现实生活，与当时的社会政治形势结合极为紧密。这次漫画展，对中国漫画史来说，是一次总结，也是一个开端。它为漫画事业组织和团结了更多的漫画作者，也为日后漫画在战斗中发挥力量奠定了基础。同时，全国漫画家协会也由此得以成立。

鲁迅曾于五四运动前夕，在《新青年》提出，讽刺画应针砭社会痼疾，并以立论鲜明的漫画理论指出了确当的方向。1938 年，刘枕青的《漫画概论》问世，成为中国第一部专门探讨漫画理论的专著。该书就漫画的起源、种类、功能、特点、发展概况等方面作了专述，还对漫像（即漫画塑像创作）和画法进行了示范讲解。

解放战争时期　解放区的漫画作为一种艺术武器，发挥了强大的战斗威力，紧密地配合了人民解放战争的进程。同时，在漫画的民族化、大众化方面进行了可贵的探索。华君武是解放区有突出成就的政治讽刺画家，主要作品有《磨好刀再杀》《在反革命的后台》等。重要作家作品还有蔡若虹的《苦从何来》、张仃的《城头变幻大王旗》等。国统区的漫画配合了反内战、反饥饿、反迫害的民主运动。米谷是颇有代表性的政治讽刺画家，主要作品有《蒋小二过年》等。沈同衡领导的漫画工学团与学生运动相结合，在上海巡回展出《春梦图》《送葬曲》。张乐平的《三毛流浪记》有着广泛的社会影响。丁聪的《现实图》也是此时期的重要作品。在各地的群众爱国运动中，特别是学生运动中，出现了一批很有战斗性的漫画宣传品。

新中国成立以后　20 世纪 50 年代初期，漫画创作出现新的高潮，在反美运动中发挥了重要作用，反映人民内部矛盾的漫画迅速兴起。1950 年创刊的《漫画》月刊（米谷主编）历时 10 年，对提高漫画的思想和艺术水平，培养青年漫画作者，做出了贡献。著名漫画家华君武历任《人民日报》美术组组长、文艺部主任，1953 年后兼管全国美协工作。20 世纪 50 年代起，活跃在这一时期的中国漫画家有华君武、方成、米谷、廖冰兄、丁聪、张乐平、英韬、江有生、李滨声、江帆、韦启美、詹同、毕克官等。60 年代后期开始的“文化大革命”中，不少漫画作者遭受迫害和批判。1976 年后，漫画在粉碎“四人帮”的斗争中发挥了战斗作用并得到迅速发展。此后，出现了漫画创作的新局面。内部讽刺漫画对社会上的不正之风和人民内部的错误思想进行了揭露和批评。幽默漫画、科学漫画等受到人们的欢迎。1979 年《人民日报》漫画增刊《讽刺与幽默》创刊，各地的漫画报刊也相继问世。漫画学会、研究会等也在各地纷纷成立。1982 年举办漫画展览。1984 年漫画作为一个独立的画种参加第 6 届全国美术作品展览。漫画理论研究的重要成果有:《漫画漫谈》(沈同衡)、《我怎样想和怎样画漫画》(华君武)、《幽默·讽刺·漫画》(方成)等。1986 年中国美术家协会漫画艺术委员会成立。广大专业和业余漫画作者为繁荣发展中国漫画艺术做出了新的贡献。

21 世纪　21 世纪的中国漫画主要流传于网络。由于当代漫画人才的短缺和一些错综复杂的原因，中国漫画正处在瓶颈期。报刊上新闻、评论的漫画有所减少，但出现了“科学漫画”、“水墨漫画”等新品种。市场上更多的是日式风格的长篇故事漫画。这也说明中国漫画正在艰难地探索前进。

水墨漫画在构思上具有漫画特点，而在表现手法上，运用了中国传统水墨画的技巧，兼具国画雅致的特色。虽然，它尚处于探索期，却有着不可忽视的前景。它的出现，扩展了漫画的表现风格，提高了漫画的观赏价值。我国水墨漫画，虽历时不久，也涌现了不少名家，如丰子恺、华君武、方成、缪印堂等。

缪印堂《古树新芽》（见彩图 70）

2004 年 1 月 11 日，中国科普作家协会科学美术专业委员会于北京中国科学技术馆举办了“全国科学漫画、连环画、插图大展”。中国科普研究所研究员、科学漫画家缪印堂，在评论这次大展时说：“我国画坛历经十年的沉寂迎来了第二个春天，其中又绽开出科学漫画这朵新花，令人欣喜。这次展出的科学漫画是近二十多年中国漫画人创新的结晶，其内容涉及科学观念、科学知识到科学方法的传播与普及。这是中国漫画家对科学、对漫画的一种探索和贡献。科学漫画让人们在快乐中走近科学、理解科学。千里之行始于足下，中国科学漫画刚刚迈出了重要的一步。我们相信它的科普功能，在各级科技宣传部门重视下继续发展、深化，成为中国科普队伍中一支劲旅！”

我们期待着中国漫画的复兴。

华君武《诤友》（见彩图 71）

华君武《不可牛饮》（见彩图 72）

8.3　漫画的类别

按照篇幅分类：有单幅漫画、四格漫画（由四个格子，每格各一幅漫画组成）、组合漫画、长篇连环漫画（带有故事情节的连环漫画，俗称“小人书”）等不同的形式。

按照题材分类（题材并没有局限）：有讽刺漫画、歌颂漫画、幽默漫画、生活漫画、科普漫画、风俗漫画、儿童漫画、肖像漫画、漫画插图等。其中，科普漫画包含：科学漫画——以科学技术为题材的漫画作品，其内容为宣传普及某些科技知识；科幻漫画——以科幻故事为题材的漫画作品，其内容主要为宣传科学精神和科学思想。肖像漫画——用变形、夸张等漫画的手法表现肖像的漫画。

按照地区分类：不同国家或地区的漫画，有其不同的特色，例如：

美国漫画——由美国出版的漫画作品，大多为彩色。其画风：有一种像花生漫画和加菲猫卡通，线条简单明了；另一种则像超级英雄这类硬派写实。

欧洲漫画——主要指由欧洲地区出版的漫画作品。多数欧洲漫画画面和装帧十分精美，有精英艺术气质。其绘画周期较长，以彩色为主。

日本漫画——当代日本漫画业非常兴盛，在世界上有其不可取代的地位。相对于美国漫画的英雄主义，日本漫画更注重精致小巧、一丝不苟。其特色为：个性化的角色造型、对比鲜明的画面，以及超现实的想象空间。

中国台湾漫画——主要指由台湾出版的漫画作品，受日式漫画影响很深。此外，部分漫画家在漫画中加入工笔画的绘画技法，看起来非常精致，以黑白为主。代表人物有敖幼祥、陈某、蔡志忠和郑问等。

中国香港漫画——主要指由香港出版的漫画作品，经常以武侠小说、流氓生涯和打斗为题材。例如，龙虎门、神兵玄奇等。亦有不少喜剧作品，如老夫子、牛仔、麦兜等，以彩色为主。代表香港的漫画家有王泽、马荣成和黄玉郎等。如今备受注视的独立漫画家，如欧阳应霁、杨学德、杨朗晴等作品，风格则较个人化，题材反映时代面貌，被视为较具文化水平的作品。

8.4 漫画的审美特征

漫画作为一种艺术形式存在，首先必须具有审美价值。漫画艺术的审美价值，主要表现在思维美学形态和视觉美学形态两个方面，二者之间是不可分割的。它们相互依存、相互联系，构成了漫画艺术美的基本形态。

朱自尊《爱因斯坦》（见彩图 73）

夸张变形　漫画是求新、求变的艺术，可以荒诞、与众不同、独树一帜。夸张变形是漫画创意和造型的主要手法，能令人惊奇感叹又忍俊不禁，在轻松愉悦的氛围中认识事物、颐养心性。

幽默风趣　幽默是一种行为的特性，能引发喜悦、带来欢乐，给人以精神上的快感和灵感。幽默是智慧的产物。会幽默的人经常是机智型人物，例如阿凡提就是一位典型人物。幽默感则是一种处世的能力，是一种能够理解他人的幽默和表达自己幽默的能力。漫画能让您在会心一笑之间，留下了深刻的印象。

缪印堂《绿林“好汉”》（见彩图 74）

讽刺诙谐　针砭时弊是漫画的主要社会功能。它采用比喻诙谐的手法来揭露社会生活中消极、落后、丑恶的事物，以达到贬斥、否定的效果。它

既能触及被讽刺人物的痛处，同时又用诙谐风趣的形象启发和唤醒人们羞耻的天良。

含蓄隐喻 漫画常用含蓄隐喻的方式——露而不显、耐人寻味，留有余地、隐含深意，可以令人浮想联翩、意味未尽。

请看下面这幅漫画：三个人扛的是一棵长长的原木，两头的两名伐木工人汗流浃背，中间的一名干部模样的喜笑颜开，而那位记者的镜头中只取中间部分，于是留下了那位被采访的干部，独自扛着一根原木。联想一下，这幅画似乎与“环境保护”、“政绩工程”、“新闻报道”……有关，确实耐人寻味、隐含深意！

佚名《无题》(见彩图 75)

8.5　漫画的创作要领

漫画可以将各种绘画形式、技法为己所用。在绘画工具和物质材料的使用上没有专一的选择。在造型手段上也没有什么限制，使用毛笔、钢笔，借用木刻、油画、剪纸、拼贴、中国画等手段来绘制都可以，主要取决于作者自己的特长，以及内容、用途的需要。漫画中的人物造型大多夸张变形，可繁可简；背景视内容需要，可有可无。如果一幅画面表达不了，可以画成多幅的；要是情节较多，还可以画成连续的。

漫画作品的成败，关键在于精心构思。好的构思产生好的作品。其实，并无什么独特惊人的造型手段，只有依靠巧妙惊人的构思。构思时要注意作品的结构。常用的方法是：夸张、变形、比拟（将现实素材变为艺术形象），以及贯串、对称、照应。以上这些结构方法，既可单独运用，也可相互交叉结合使用。构思的一个极为重要的环节是致力于形象的典型化。经过提炼、取舍、概括，以及虚构来创造形象；根据作品的个性，运用夸张、变形、比拟、隐喻等艺术语言，概括某些东西，突出某些东西，从而加强形象的典型性。

8.6　近代漫画发展的美学思考

谈到漫画艺术的审美价值，首先要了解它的美学特征。漫画艺术不同于其他绘画艺术，与其他绘画艺术相比，有其独特的艺术性质和美学特征。在内容和形式上，漫画的内涵和外延远远大于其他绘画艺术。它取材极为广泛，从宏观世界到微观世界；从具象到抽象；从形态到意识都可以通过漫画来表现。在材料使用上，它不受绘画品种的限制，例如油画、雕塑、版画、国画等等，一切绘画手段均可为它所用，从而丰富了漫画艺术的表现形式。因此，漫画艺术无论从内容和形式上，都具有审美情趣和审美价值。

漫画从单一的政治讽刺画发展成幽默漫画及多元漫画，丰富了漫画艺术表现形式和审美情趣。漫画不仅仅有自己的艺术特征，同时包含着喜剧特征，从而标志着漫画艺术具有美的形态和审美价值。

由于多元漫画的产生，更加丰富了漫画艺术的表现形式。它们在精神内核上有别于讽刺漫画和幽默漫画的创作规律，是一种新型的艺术表达形式，如冷幽默漫画中的黑色幽默、荒诞漫画、前卫漫画。

尤其值得一提的是，近年来在国内刚刚萌芽的先锋漫画艺术。它们在形态上不是人们理解的传统漫画风格；在内容上更注重从本我的精神世界里，发掘出更为个性和深度的精神内核。先锋漫画艺术从根本上剥离了传统漫画的特征。它传递给人们的是怪异的梦境，或者是虚拟惊悚的场面。人们根本不能从中感受到欣赏的愉悦。这种形而上的艺术理念，传达给人们更多的是令人匪夷所思的茫然。但是，先锋漫画艺术仍然保留着讽刺和幽默元素。它打破了漫画传统意义上的创作规律，是在讽刺与幽默的基础上重新建构的新类型的艺术形式。欣赏者只有跨越这段意识鸿沟，方可与作者产生精神的共鸣。这种漫画艺术新领域，值得去深入探索和研究，探索其美学价值和审美特征，研究、拓展漫画艺术的表现形式。

徐滔《曲线救国》（先锋漫画）（见彩图 76）

在上节《漫画的审美特征》中，谈到了漫画艺术的审美价值主要表现在思维美学形态和视觉美学形态两个方面，现分别阐述如下。

8.6.1　思维美学形态

任何一类艺术是通过人的思维活动来完成的，漫画艺术也不例外。漫画通过夸张变形、诙谐幽默和荒诞不经等手段，表达事物的精神实质，并向人们传递文学和哲学理念。欣赏者通过思维活动，在这种不相协调和出乎意料的状态下，产生审美的愉悦和快感，并形成了审美情趣。

漫画既是讽刺与幽默的艺术，也是逆向思维的艺术。漫画最大的艺术特点是，它以丑的形态开始，却获得了美的愉悦结束，因此也有人称漫画为审丑艺术。众所周知，美与丑是相对立的，但是它们又可以互相转化。生活中的丑和艺术中的丑是有不同的概念和本质上的区别。在现实生活中，邪恶的思想和丑陋的行为总是隐藏在美的形态中，俗话称之为：金玉其外，败絮其中。当丑暴露无遗时，人们就会对其美丽的外表产生厌恶之感，因此美转化为丑。反之，艺术的丑是艺术家通过对事物主体进行艺术加工和刻画，以丑的形态出现，人们对这种丑的形态加以分析和判断，通过对丑的否定而达到对美的肯定，因此，产生了漫画艺术的审美情趣。

无论现实生活中的丑还是艺术中的丑，虽然它们的外部形态并没有发生变化，但却在人们的观念中发生了质的变化，美的转化为丑的，丑的却变成美的。这种美与丑的转变，便是人们的思维过程的变化。这是思维美学形态产生的审美价值。

8.6.2 视觉美学形态

众所周知，漫画又是视觉艺术。它囊括了一切绘画表现手段，通过对漫画作品的描绘，对漫画主题起到了渲染和烘托作用，使漫画主题思想深化。

由于漫画表现手段丰富，形式多样化，不免使人产生误解或模糊的认识，分不清有多少绘画表现形式。因此，我们有必要对丰富多彩的绘画表现形式，进行理性和科学划分，便于清楚地认识漫画的表现手段，并了解和掌握视觉美学形态。

从这些丰富的表现手法上来分析，不难发现有两种类型尤为突出：一类注重构思，把绘画手段当作表达思想的载体，我们姑且称其为“点子派”；一类是注重漫画的视觉艺术效果，通过细腻的刻画来烘托漫画的主题思想，这种类型的漫画称之为“技法派”。无论点子派还是技法派，他们只是侧重于不同形式的表达方法，最终还是服务于漫画主体。

对于漫画的表现形式，基本上可以概括为两大类：其一，突出构思、概括性强、画面简洁的简笔画；其二，注重艺术、叙事性强、刻画入微的繁体画。前者，在作品中更多地体现作者敏捷的思维和哲学的理念，通过简洁的画面，表达出明确的主题和丰富的思想内涵；后者，通过细致入微的描绘，强化了视觉艺术效果，艺术含量高，体现了作者睿智的思想和扎实的绘画功底，营造一种非现实的虚拟场景，引起人们的欣赏趣味，并从中体会作品的主题和思想内涵。虽然，二者的表现形式不同，但其结果却是殊途同归，最终目的是表达漫画的特有功能。

综上所述，现代漫画艺术形成了多元共存的格局。客观地说，表现形式不局限于上面谈到的两种类型，它可以运用现代美术的一切手段，也可以运用装置艺术、行为艺术等。但是，如果从审美价值的角度说，任何形式的表现手法，都离不开高度概括和细致描绘两大类型，两者对于漫画艺术都是具有价值和意义的。在当代艺术领域中，真正懂得漫画艺术内涵的人并不多；相反，很多人囿于偏见或一知半解，将漫画艺术简单化并错误地理解成为“小儿科”、逗笑艺术。

如果进一步联系当前的现实，漫画艺术精神的现实针对性就更清楚了。其实，漫画艺术的真正内涵是文学的、哲学的理念，科学的世界观和人文主义思想。它的核心法则是合乎自然、合乎人性。从这个意义上理解，漫画艺术具有革命性的意义，因而更加具有现实的审美价值。

漫画是永恒的艺术！

8.7 科学漫画的涵义

《科普创作概论》（章道义，陶世龙，郭正谊主编．北京：北京大学出版社，1983 年 9 月）对科学漫画的定义为：“以科学技术为题材的幽默绘画。科学漫画工作者运用夸张、比喻、象征、寓意等手法表现出幽默、诙谐、风趣的画面，宣传普及某些科技知识。这种形式具有活泼浪漫的特点，适用于歌颂宣传一些科研成就、批评或讽刺一些违反科学规律的现象。有些较难叙述清楚的原理，用漫画手法加以处理反而会产生独到的效果。”

8.7.1 科学漫画的社会功能

科学漫画家缪印堂认为，科学漫画有七大社会功能：（1）传播科学意识、科学思想　向全民大力宣传尊重科学、尊重人才，宣扬科技工作者的钻研精神和献身精神，鼓励人们爱科学、学科学、用科学的科技意识和科学观念。（2）传播科学知识　科学漫画中有相当数量的作品是传播科学知识、讲述科学原理，让人们知道怎么做是科学的和正确的，知道其作用。（3）倡导科学方法　嘲讽不科学的方法，启迪、帮助人们掌握正确的思想方法和工作方法。（4）报道科技成就　及时向群众介绍世界科技新成就、新产品，使他们的知识得到不断更新。（5）讽刺违反科学的观念和行为　揭露封建迷信，讽刺破坏生态平衡；批评违反科技政策和不重视科技人员的现象，等等。（6）活跃思维方式　丰富人们的想象力、开阔思路，学会运用创造性思维。（7）幽默娱乐作用　培育人们幽默感，引发人们轻松一笑，有益人们身心健康。

缪印堂《四大发明的反思》（组画）（见彩图 77）

8.7.2　科学漫画的沿革

科学漫画是新生的事物。

漫画过去很长时间仅用来反映人类世界，传播的只是人类社会的知识和人类的意愿。一直以来漫画基本上囿于歌颂与讽刺、褒与贬的功能之内。其实，人类世界仅是大千世界的一部分。从宏观世界到微观世界还存在许多世界……漫画尚未进入其中去反映它们。而漫画就其功能而言，是完全可以担当反映、传播大千世界信息的重任的。

从现有资料看到，在国外的众多科普图书中已较多地采用了漫画插图、图解、图表；还有一本 1800 年以来的医学漫画集；有些英语课本中也采用了漫画插图，以引起学生的兴趣。美国有两位漫画家创作了大量的科学漫画作品：一位是海利·高夫，自 1955 年起便在美国《机械画刊》上开辟了专栏《我要发明的东西》，办了 25 年，到 1980 年，作者从发表的 1500 幅作品中精选了 400 幅汇编成集，出版了《拍脑袋的发明》；另一位是罗依·多蒂，在他笔下创造了一位爱动脑筋、爱动手的漫画人物，绘成连环画，有头有尾、有因有果，在美国的一本科普杂志上连载，其漫画不仅看了有趣，而且都能照样仿制，具有实用价值，中译本名为《益智百图》。

在中国，漫画的历史仅有百年左右。近百年来，漫画的使命就是战斗，揭露黑暗、讽刺丑恶、反对压迫。直到中华人民共和国成立后，某些科普杂志上才出现一些漫画式的插图和图解。“文化大革命”以后，科普事业出现高潮，众多科普刊物纷纷采用漫画插图或开辟科学技术漫画专栏，使科学漫画出现了发展的局面。

1981 年，中国科普作家协会在上海举办了“全国科普图书插图科学漫画展览”。许多专业漫画家参展。此后，科普领域成为漫画家经常光顾的园地。科普界曾经组织漫画界参与有关环境保护、计划生育、破除迷信、卫生保健等方面的科学漫画创作和展览。其中，以中国科普创作研究所和中国美术家协会漫画艺术委员会合作主办的“别了，愚昧迷信！”漫画展览最为成功，引起了中央电视台和十多家报纸转播及转载。2004 年，中国科普作家协会科学美术专业委员会联合八家单位举办了“全国科学漫画、连环画、插图大展”。画展受到了中国科学技术协会，以及科技界、美术界人士的关注和赞誉，引起了广大观众的热烈反应。

当今，科学技术已成为“第一生产力”，全社会科技意识日益增强，科学漫画必将适应时代的要求而不断发展、创新。

8.7.3　我国科学漫画的滥觞

谈到中国科学漫画的起源，首先要提到我国科学漫画的探索者缪印堂。

缪印堂，著名漫画家，被誉为“科学漫画第一人”；1935 年 1 月出生于南京，1956 年起，先后在《漫画》杂志社、中国美术馆、《文艺研究》杂志社、《民间文学》杂志社等单位工作。1981 年调中国科普创作研究所，为该所研究员、高级工艺美术师；1996 年退休。

缪印堂调任中国科普创作研究所（后更名为“中国科普研究所”）研究员时，中国的科学漫画创作还处于空白状态，这给缪印堂提供了一个极大的创作舞台。在 20 世纪 80 年代到 90 年代十年里，缪印堂手不停笔，连星期日也从不荒度，大量优秀作品应运而生。他创作了一系列脍炙人口的科学漫画，用他自己的话说，“到了科普研究所，我像是看到了自己真正价值所在，我又写又画又编忙得不亦乐乎，也出了不少好作品。”1980 年、1981 年、1982 年、1985 年，缪印堂先后四次在《读卖新闻》世界漫

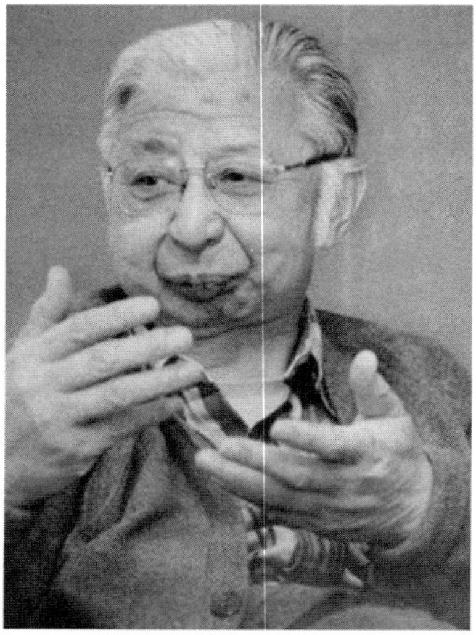
缪印堂（见彩图 78）

画大赛上获得了优秀奖和佳作奖；1989 年缪印堂的漫画《四大发明的反思》在全国第七届美展上获得了银奖；1992 年参加“世界高血压联盟”（WHL）美术比赛中获第二名，2003 年又获 WHL 第一名（金奖）；2004 年获“全国科学漫画、连环画、插图大展”最高荣誉奖，并荣获中国美术家协会颁发的中国漫画最高奖“金猴奖”（终身荣誉奖）。诸多的荣誉使得缪印堂成为《英国剑桥名人传记》中的一员，也让他成为享受国务院特殊津贴的专家、全国先进科普工作者。

缪印堂的专著有《缪印堂漫画选》《漫画艺术入门》《科学漫画创作概论》《世界幽默画赏析大观》《儿童益智漫画》等。

缪印堂曾受聘为中国美术家协会漫画艺术委员会副主任、《漫画月刊》高级顾问、《漫画大王》顾问、北京电影学院动画学院客座教授、河南大学客座教授等。

缪印堂在自述中说：“我转到科学漫画领域，有内因也有外因。内因是因为我的性格就是不喜欢随大流，我喜欢做别人从来没有做过的、具有探索性的事情。同时，选择科学漫画也有当时的时代背景。20 世纪 80 年代，国家大力宣传‘四化’，最需要科学漫画，但当时独立的科学漫画就是没有人画。政治、时事、儿童、旅游、生活、幽默题材的漫画，我都画过了，最后选择了科学漫画。而且，科学漫画的发表园地也较多，约稿也多。我画科学漫画是从画科学

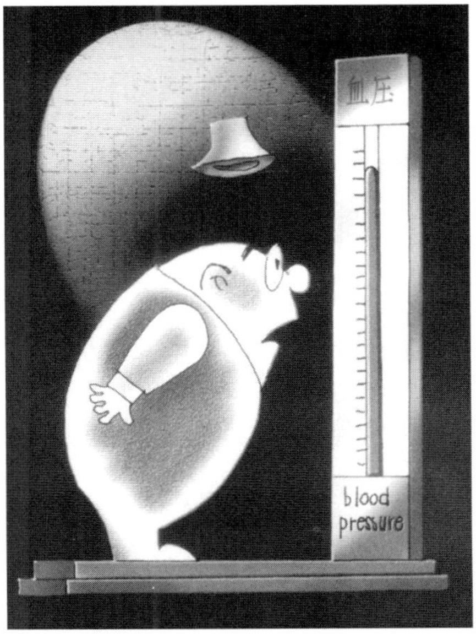

缪印堂《你重它就高》（见彩图 79）
（获 WHL 美术比赛第一名　金奖）

插图开始的。画插图是为他人作嫁衣，别人的主题，让你来帮助图像化，没有自己的思想。于是，我开始进行独立的思考，画独立的科学题材的漫画，包括环境保护、环境污染、吸烟的危害等方面的科学漫画，慢慢地完成了从画科学插图到独立的、正式的创作科学漫画的转变，也就是开始了独立的科普创作。”

缪印堂认为，科学漫画的发生与发展是有其内在原因的。“一般认为科学是逻辑思维，漫画是形象思维，两者是冰与炭毫不相容的事物，很难结合。其实不然，我认为以下三点是值得我们注意的：

“**科学与漫画都需要创新意识和创造力**　科学除了发现客观规律外就是发明世界上从来没有过的事物，即发明创造。而漫画作为一种艺术也是人类文明的创造。如果一幅幽默漫画重复别人的构思，那就不能算创作。许多漫画佳作无一不是画家绞尽脑汁构想出来的，是‘无中生有’的。因为漫画家不屑于去依样画葫芦，而热衷于创新。漫画家和科学家一样，都具有强烈的创新意识和创造能力。所以，他们才能创造出别具匠心的产品。”

“**漫画和科学都需要超前意识和想象力**　这也是漫画家必需和必备的条件。历史上许多发明最先起源于幻想，或者从民间神话故事中得到启示进而变成研制课题。君不见神话中的‘千里眼’、‘顺风耳’不早已从幻想变成了现实？而科学漫画家丰富想象力的成果，也真有实现的可能，说不定哪天它会拨动某位天才发明家的某根神经，而成为现实。‘想’总要走在‘做’的前面，没有超前意识也就谈不上创造了。”

“智慧和知识是科学与漫画的灵魂　无知者当不了科学家，傻瓜也当不了漫画家。无论物质产品或精神产品都是智慧和知识积累后的质的飞跃。科学家与漫画家如果没有智慧和知识，就绝不会产生智慧的火花——灵感和巧思。所以，科学家和漫画家都是智慧和知识的占有者，都是高级精神产品的劳动者。归结到一点，科学与漫画既有共同的内涵，也有共同的轨道。”

综合以上论述，可见科学漫画的产生和发展是历史进展的产物、是时代的需要、是科学与艺术结合的实践和成果。

8.7.4　科学漫画的类别

独幅漫画　画面只有一幅，内容高度集中。由于图面限制，所以作者要做更多的提炼，往往不是从纵的发展来揭示主题，而是从横的剖面来揭示主题，较多地运用概括、比喻、象征的手法来进行表现。一般来说，它表达的内容有一定的局限，不可能面面俱到。

对比漫画　往往采用两幅画面来表达两件相反的事物或相似的事物，加以对照，其效果强烈、鲜明、幽默、风趣，有的也可以在一幅画中进行对比。

组画　这是科学漫画中常用的表现形式。它把一个物体作多侧面的分析介绍，可以全面地看到各个面的细部。这种组画形式比较自由，可以是同类事物的组合，如中外各种桥的介绍、各种灯具的功能或科学家生活的方方面面；也可以按同一功能、同一外形来加以组合为各种图形的组画；也可以画一个地方的方方面面，如南极趣图。组图的知识含量丰富，是表现知识的最好形式。

连续漫画　采用多幅画面组成的叙事漫画。它最善于表现事物的发展变化、前因后果，富于情节性，所以易于编制出妙趣横生的情节，是读者喜闻乐见的好形式。一般在 2 ~ 10 幅之间。其特点在于要求作者自编自画，并具备漫画的巧思。

漫画式的连环画　在报刊中常见的一种长篇连环画，造型夸张，画面中有旁白和对话，往往是有人专门写文学脚本并由画家作画。这种连环画虽有漫画形象，但不具备连续漫画的巧思，只是一则有趣味的故事，篇幅可以很长、知识容量大、故事性强。它也是目前少年科普画刊中经常采用的艺术形式。

漫画式插图　在一般科普报刊上经常可见到以漫画来作插图，容易引起人们的阅读兴趣。

漫画式图解　在科学传播中，图解是一种通俗化的好形式，尤其是漫画式图解，更为生动直观。虽然在艺术中图解并不为人们重视，但在科普宣传中，它却备受青睐。

漫画式宣传画　利用漫画形式来画宣传画，作者往往富有漫画创意，张贴于街头橱窗和公共场所，以达到对广大群众进行科普宣传的目的。

8.7.5　科学漫画的美学价值

8.7.5.1　科学漫画的本质特征

科学性　科学性是科学漫画最本质的特征。若与科学毫不沾边，或是反科学的漫画，也就不能称其为科学漫画了。

趣味性　趣味性是指漫画作品的构想和表现手法是幽默有趣的。

变形性　变形性是指漫画作品在造型上是夸张变形的，并非是写实的。

后二者也是一般漫画所共有的特征。“科学性”应是科学漫画的“灵魂”。

科学漫画尚有广义和狭义之分：狭义的科学漫画，仅指具有科学思想、科学知识、科学幻想元素的漫画；广义的科学漫画有歌颂科学、尊重科学、爱科学、讲科学，以及宣扬科学观念、传播科学知识和科学方法、培养科技意识、报道科技信息、批判违背科学规律、揭露封建迷信和伪科学等漫画（包括科学题材的幽默画）。

8.7.5.2　科学漫画的审美特征

由于漫画所共有的审美特征，传播科学知识的“科学漫画”，较之其他种类的科普作品（传媒和体裁），有其独到之处：

形象生动　说理通俗　漫画是介于绘画与文字边缘的艺术，历来被用作论辩、说理、战斗、宣传的工具。它在阐述道理、传播信息上已形成一套方式方法。因此，它用于传播科学信息时，同样具有文字简要、知识通俗、形象生动、易于为大众接受等长处。

幽默风趣　构思奇巧　漫画也是喜剧性、幽默性的艺术。它的取材、视角、表现都具有喜谑的因素。因此，它在传播科技知识时，往往采用人们喜闻乐见的事例和语言来讲述道理。而且，构思奇巧，常常出人意料，大有“语不惊人死不休”之感。

例如，漫画《风把水吹开了》，从标题上看，是风把水吹得“跑开”了，读者会以为接下来肯定是发生“水灾”或“海啸”了！岂知，此“开”非那开。原来说的是风电的原理：是风吹动了风车，风车转动带动发电机，产生了电，电热烧“开”了水。

漫无止境　时空变幻　漫画本身就是交叉艺术。它可以随意地使用文字，使用标题、对话，以及在物体上面标字等手段。“漫”字本身又赋予漫画更多的自由。漫画虽不及图谱那样能够准确再现原形，但它有自己的功能，可以自如地表现大至宏观世界，小到微观世界，既可画银河系中的趣事，又可画原子世界里的奇闻。它可用拟人化手法，将人类肉眼看不见的原子核、电子等表现出来。漫画还能将无形的物体画为有形的图面，如风和空气等。漫画还可不受时空的限制，让古人和今人相聚交谈。这样的表现形式，常为人们乐于接受，觉得趣味盎然，从而加深了印象。

8.7.6　科学漫画的创作要领

第一，学会并掌握漫画这个工具　学会漫画构思；学会漫画造型。这些是创作科学漫画的基本功。

第二，积累文字素材　尤其是积累具有趣味性的科学材料；平时多读科普书刊，持之以恒。选材很重要，不太合适的题材，往往事倍功半。

第三，积累形象资料　画科学漫画，要比画一般漫画，需要掌握更多的图形资料，以便准确地使用它们。

第四，用有趣的构思来表达科学内容　必须强调“有趣的构思”，让人们在笑声中得到教益。“有趣的”三个字却不简单，漫画作者常常为之煞费苦心，熬得“油干灯尽”。若要达到“有趣的”目的，首先要选择有趣的素材，不是什么科技题材都可以画科学漫画的；然后，进行巧妙的构思，正如人们常说的“点子”，即“巧思”；继而，用有趣的漫画形象画出来。这样的作品就能引起人们的兴趣。如何培养作者的“巧思”能力呢？平时可以多阅读一些漫画作品、看笑话、听相声，分析他们的“点子”和“包袱”，找出其中规律，日积月累，慢慢就能掌握了。另外，观察生活也是很重要的基本功。它不仅是素材的源泉，也是艺术形式的源泉。例如，看到孩子们玩跷跷板，就会受到启发，从中吸收素材和形式来表现杠杆原理。有一幅有趣的漫画：两个孩子在玩跷跷板，而在跷跷板中间支点的两边按上了两个唧筒，两个孩子一上一下，带动两个唧筒一吸一压，抽出了水井中的水，既玩耍又做工。所以，要学会联想思维，学会举一反三、延伸发散。

第五，充分发挥漫画的长处 漫画有它的短处，不像图谱那样能准确地再现原形；但它有长处，即能富有情趣地运用拟人、造型、虚构、夸张等构思技巧，超越时空，来表现大千世界。只要不违背科学原理，都是允许的，读者反而觉得很有意思。漫画作者要解放思想、敞开思路，胸有古今中外，放眼宏观、微观。

科学漫画的天地是极为广阔的！

致谢：本节《科学漫画》的资料，摘编自：任福君、姚义贤主编的《科漫大家——缪印堂》，并得到了缪印堂先生的订正。笔者谨表谢忱！